"十四五"职业教育国家规划教材

"十二五"职业教育国家规划教材（修订版）

经全国职业教育教材审定委员会审定

典型机械零件的加工工艺

第3版

主　编　蒋兆宏

副主编　陈亚梅　　葛胜兰

参　编　沈世广　　蒋　晔

主　审　褚守云

U0218116

机械工业出版社

CHINA MACHINE PRESS

本书是"十四五"职业教育国家规划教材，是根据高职学生学习的认知规律，以企业的生产特点来设计典型课题，选取支轴、主动轴、支架套、主动齿轮、拨叉、主轴箱箱体、凹模、轴承套、集成块、模具型芯、叶轮轴共 11 个零件的加工工艺，以生产中的工作过程为导向，细化工作任务，根据工作任务对技能与知识的需求以及生产任务的流程，重新构建机械加工工艺知识体系，并把知识点穿插到任务执行的过程中，以使学生更好地掌握知识点，并提高实践能力，增强学习兴趣。

本书在传统加工工艺的基础上，添加反映先进制造业的新知识、新技术、新工艺和新方法。

为便于教学，本书配套有电子教案、助教课件等教学资源，选择本书作为教材的教师可登录 www.cmpedu.com 网站，注册、免费下载。另外，本书对重点与难点内容嵌入了二维码，扫码观看视频资源，为实现课堂一体化教学创造了条件。

本书可作为高等职业院校机械类及近机械类的专业教材，也可作为从事机械制造的工程技术人员、技术工人的职业技能鉴定的岗位培训教材。

图书在版编目（CIP）数据

典型机械零件的加工工艺/蒋兆宏主编．—3 版（修订本）．—北京：机械工业出版社，2021.3（2024.7 重印）

"十二五"职业教育国家规划教材

ISBN 978-7-111-67583-9

Ⅰ．①典…　Ⅱ．①蒋…　Ⅲ．①机械元件–加工–高等职业教育–教材　Ⅳ．①TH16

中国版本图书馆 CIP 数据核字（2021）第 033082 号

机械工业出版社（北京市百万庄大街 22 号　邮政编码 100037）
策划编辑：汪光灿　　责任编辑：汪光灿　赵文婕
责任校对：张晓蓉　　封面设计：张　静
责任印制：单爱军
三河市骏杰印刷有限公司印刷
2024 年 7 月第 3 版第 6 次印刷
184mm×260mm · 20 印张 · 490 千字
标准书号：ISBN 978-7-111-67583-9
定价：59.80 元

电话服务　　　　　　　　　网络服务
客服电话：010-88361066　　机　工　官　网：www.cmpbook.com
　　　　　010-88379833　　机　工　官　博：weibo.com/cmp1952
　　　　　010-68326294　　金　书　网：www.golden-book.com
封底无防伪标均为盗版　　　机工教育服务网：www.cmpedu.com

关于"十四五"职业教育
国家规划教材的出版说明

为贯彻落实《中共中央关于认真学习宣传贯彻党的二十大精神的决定》《习近平新时代中国特色社会主义思想进课程教材指南》《职业院校教材管理办法》等文件精神，机械工业出版社与教材编写团队一道，认真执行思政内容进教材、进课堂、进头脑要求，尊重教育规律，遵循学科特点，对教材内容进行了更新，着力落实以下要求：

1. 提升教材铸魂育人功能，培育、践行社会主义核心价值观，教育引导学生树立共产主义远大理想和中国特色社会主义共同理想，坚定"四个自信"，厚植爱国主义情怀，把爱国情、强国志、报国行自觉融入建设社会主义现代化强国、实现中华民族伟大复兴的奋斗之中。同时，弘扬中华优秀传统文化，深入开展宪法法治教育。

2. 注重科学思维方法训练和科学伦理教育，培养学生探索未知、追求真理、勇攀科学高峰的责任感和使命感；强化学生工程伦理教育，培养学生精益求精的大国工匠精神，激发学生科技报国的家国情怀和使命担当。加快构建中国特色哲学社会科学学科体系、学术体系、话语体系。帮助学生了解相关专业和行业领域的国家战略、法律法规和相关政策，引导学生深入社会实践、关注现实问题，培育学生经世济民、诚信服务、德法兼修的职业素养。

3. 教育引导学生深刻理解并自觉实践各行业的职业精神、职业规范，增强职业责任感，培养遵纪守法、爱岗敬业、无私奉献、诚实守信、公道办事、开拓创新的职业品格和行为习惯。

在此基础上，及时更新教材知识内容，体现产业发展的新技术、新工艺、新规范、新标准。加强教材数字化建设，丰富配套资源，形成可听、可视、可练、可互动的融媒体教材。

教材建设需要各方的共同努力，也欢迎相关教材使用院校的师生及时反馈意见和建议，我们将认真组织力量进行研究，在后续重印及再版时吸纳改进，不断推动高质量教材出版。

机械工业出版社

第3版前言

本书是"十四五"职业教育国家规划教材，是根据教育部颁布的《高等职业学校专业教学标准（试行)》，同时参考车工、铣工、镗工等职业资格标准，在"十二五"职业教育国家规划教材《典型机械零件的加工工艺》第2版基础上修订而成的。

本书自第1版出版以来，得到了广大读者的大力支持，在此向各位读者和同仁致以深深的谢意！

党的二十大报告中指出"实施科教兴国战略，强化现代化建设人才支撑"，将"大国工匠"和"高技能人才"纳入国家战略人才行列，为职业教育的进一步发展指明了方向。为深入贯彻二十大精神，推动育人方式、办学模式、管理体制的改革，编者根据多位一线教师的教学实践，结合高职高专机械类专业的知识结构要求以及学生的认知能力和水平，以提升学生技能为目标来组织教材内容，对有关内容进行了增补和调整，体现了学以致用的理念，使之更加适合高职高专院校学生使用。

本书编写过程中根据机械类专业人才培养目标，选取11个有代表性的企业真实案例为学习载体，通过学习，学生可以系统地掌握机械加工工艺基础知识，并能够灵活运用所学知识解决实际问题。

本次修订的工作重点体现在以下几个方面：

1. 以工作过程为导向，细化工作任务，采用任务驱动的方法，随着任务的推进完成学习。

2. 重新构建机械加工工艺知识体系，把知识点穿插到任务中去。

3. 通过任务实施和任务拓展，培养学生的实践能力，把能力培养放在首位。

4. 在传统工艺的基础上，强化数控加工工艺，培养更多高技能人才。

5. 选取的零件是有代表性的企业真实产品，通过学习，学生在今后工作时能尽快适应工作岗位。

6. 引入"互联网+"技术，在部分难点、重点处嵌入二维码，学生可扫码学习视频资源。

教师根据机械类各专业的不同，可选取不同课题进行分层教学，建议学时安排如下：

课　题	建议学时		
	层次一 （数控技术专业、模具设计与制造专业）	层次二 （机械设计与制造专业、机械制造与自动化专业）	层次三 （近机械类）
课题一　支轴的加工工艺	16	16	16
课题二　主动轴的加工工艺	8	8	6
课题三　支架套的加工工艺	4	4	4
课题四　主动齿轮的加工工艺	4	4	4
课题五　拨叉的加工工艺	16	16	10
课题六　主轴箱箱体的加工工艺	4	4	4
课题七　凹模的加工工艺	4		
课题八　轴承套数控车削的加工工艺	4	4	2
课题九　集成块数控铣削的加工工艺	4	4	2
课题十　模具型芯数控加工的加工工艺	4		
课题十一　叶轮轴的加工工艺	4		
合　　计	72	60	48

　　本书由常州工业职业技术学院蒋兆宏任主编，陈亚梅、葛胜兰任副主编。具体编写分工如下：课题一~课题三和附录由蒋兆宏编写，课题四~课题六由常州工业职业技术学院葛胜兰编写，课题七由中车集团戚墅堰机车有限公司沈世广编写，课题八、课题九、课题十一由常州工业职业技术学院陈亚梅编写，课题十由常州纺织服装职业技术学院蒋晔编写。本书由常州工业职业技术学院褚守云主审。

　　本次修订得到了有关院校和企业的支持和协助，得到一些同行专家的指点，在此一并表示衷心的感谢！

　　鉴于编者水平有限，书中难免存在疏漏之处，恳请广大读者批评指正。

编　者

PREFACE

  本书是按照教育部《关于开展"十二五"职业教育国家规划教材选题立项工作的通知》，经过出版社初评、申报，由教育部专家组评审确定的"十二五"职业教育国家规划教材，是根据《教育部关于"十二五"职业教育教材建设的若干意见》及教育部新颁布的《高等职业学校专业教学标准（试行）》，同时参考车工、铣工、镗工、数控车工和加工中心操作工等职业资格标准，在第1版的基础上修订而成的。

  本书通过 11 个典型机械零件的工艺设计，详细地介绍了机械制造工艺的基本概念，基准、加工方法的选择，机床、夹具、刀具和切削用量的选择，加工顺序的确定、工艺路线的拟定等内容。本书在编写过程中选择企业最常见的典型零件为例，力求体现以工作过程为导向，根据学习认知规律，任务驱动的方法完成具体零件加工工艺设计的全过程。本书的针对性强，根据机械制造专业的培养目标，特别注重对学生应用能力的培养，专业性强。本书以专业能力的培养为主线，遵循知识分层次、分技能、分台阶的指导思想，注重基础理论和实践操作的综合应用突出实用性。在内容上，本着够用为度，实用、应用为主的原则，将必要的专业理论知识与相应的实践教学相结合，以提高学生分析问题和解决生产实际问题的能力。本书编写模式新颖，通过典型案例，基于工作过程的实施来提高学生的工艺编制能力。

  本书在内容处理上主要有以下几点需要说明：

  1. 本书在内容的编排设计上，力图体现"以工作过程为导向，任务驱动"的教学理念，把能力培养放在首位，将加工工艺编制的基本原理与典型零件工艺编制实际相结合，注重对学生实践技能的培养。注意反映机械制造领域的新知识、新技术、新工艺和新材料。总体设计体现理论与实践一体化的编写模式，精心整合理论课程，合理安排知识点、技能点。

  2. 本书根据机械类各专业的不同，可进行分层教学，建议学时安排如下：

课　题	建议学时数		
	层次一	层次二	层次三
课题一　支轴的加工工艺	16	16	16
课题二　主动轴的加工工艺	8	8	6
课题三　支架套的加工工艺	4	4	4

（续）

课　题	建议学时数		
	层次一	层次二	层次三
课题四　主动齿轮的加工工艺	4	4	4
课题五　拨叉的加工工艺	18	16	14
课题六　主轴箱箱体的加工工艺	6	4	4
课题七　凹模的加工工艺	4	4	4
课题八　轴承套数控车削的加工工艺	6	4	4
课题九　集成块数控铣削的加工工艺	6	4	4
课题十　模具型芯数控加工的加工工艺	6	4	
课题十一　叶轮轴的加工工艺	6	4	
合　　计	84	72	60

注：1. 课题五含夹具拆装实验（车、铣、钻、镗夹具）4 课时。

2. 层次一适用于数控、模具专业教学，层次二适用于机械设计与制造专业教学，层次三适用于其他近机类专业教学。

　　全书共 11 个课题，由常州轻工职业技术学院蒋兆宏任主编，褚守云任副主编。具体编写分工如下：常州轻工职业技术学院蒋兆宏编写课题一至课题六和附录，中国南车戚墅堰机车有限公司沈视广编写课题七，常州轻工职业技术学院倪贵华编写课题八，常州铁道高等职业技术学校苗苗编写课题九，常州纺织服装职业技术学院蒋晔编写课题十，常州轻工职业技术学院褚守云编写课题十一。本书由常州轻工职业技术学院王荣兴主审。本书经全国职业教育教材审定委员会审定，教育部专家在评审过程中对本书提出了很多宝贵的建议，在此对他们表示衷心的感谢！

　　在本书编写过程中，编者参阅了国内外出版的有关教材和资料，得到了常州轻工职业技术学院有关专业教师和中国南车戚墅堰机车有限公司有关专家的指导，在此一并表示衷心感谢。

　　由于编者水平有限，书中不妥之处在所难免，恳请读者批评指正。

编　者

　　制造业是我国国民经济的支柱产业，需要一大批面向生产第一线的熟悉机械零件加工工艺的高素质应用型技术人才。希望通过对本书的学习，读者能提高对机械加工工艺的了解，掌握常见零件的加工方法，能够熟练编制机械零件加工工艺。

　　一直以来，很多同类教材都强调系统知识的重要性，要求读者掌握大量的基础理论和专业知识，而对知识运用的介绍则相对薄弱，导致读者根本无法做到学以致用，在实际操作中常不知所措。在这种传统的方式下，学习过程缺少针对性和应用性，读者虽具备基础理论和专业知识，但不能真正掌握该专业领域所需的基本技能，从而难以适应工作岗位的要求。

　　近年来，全国职业院校技能大赛现代制造技术赛项的成功举办，对高等职业院校的教学改革起到了良好的推动与引领作用。为了将竞赛的成果运用到高等职业院校的教育改革中，同时也为了提高读者应用基础理论和专业知识解决实际问题的能力，编者根据学习的认知规律，以近几年现代制造技术赛项的主题结合企业的生产特点来重新设计典型课题，以生产中的工作过程为导向，细化工作任务。同时，根据工作任务对技能与知识的需求以及生产任务的流程，重新构建机械加工工艺知识体系，并把知识点穿插到任务执行的过程中，以使读者更好地掌握知识点，并提高实践能力。

　　本书选择企业常见的典型零件，根据学习认知规律，以工作过程为导向、任务驱动的方法介绍零件加工工艺的基础知识，具体包括机械零件加工的内容、特点，机械加工工艺规程设计的基本方法和步骤，工艺尺寸的确定，刀具的选用、切削用量的选择，工件安装和定位及夹具等相关知识。读者可通过实例的学习掌握典型零件的加工工艺过程，并在此基础上掌握典型零件的制造工艺，提高工艺规程的编制能力。

　　随着数控技术的发展，国内数控机床的应用越来越广泛。为此，本书在介绍传统加工方法的基础上，以较大篇幅介绍了数控加工工艺的基本思路和关键问题，以使读者掌握数控加工工艺的编制方法和技巧。

　　本书由蒋兆宏任主编，褚守云任副主编，本书由王荣兴主审。具体编写分工如下：课题一至课题六和附录由蒋兆宏编写，课题七、课题八由倪贵华编写，课题九、课题十由褚守云编写。全书的编写大纲由蒋兆宏提出并统稿。

本书在编写过程中参考了许多文献和教学科研成果，在此谨向原作者表示衷心的感谢。

由于编者水平和经验有限，书中难免有错误和不足之处，敬请批评指正。如读者在使用本书的过程中有其他意见或建议，请向编者 jump19682003@sina.com 提出宝贵意见。

编　者

目　录

CONTENTS

课题一 支轴的加工工艺

【课题引入】

生产如图 1-1 所示支轴，该零件材料为 45 钢，生产数量为 1000 件。现制订该零件的加工工艺。

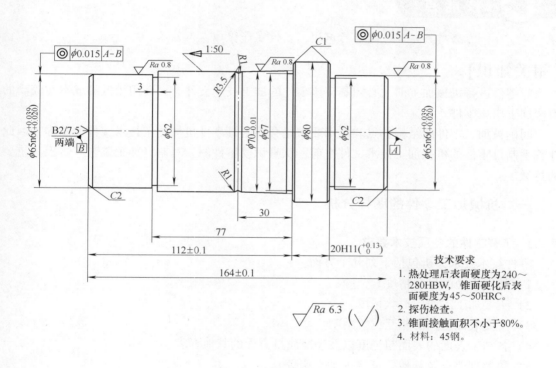

技术要求
1. 热处理后表面硬度为240～280HBW，锥面硬化后表面硬度为45～50HRC。
2. 探伤检查。
3. 锥面接触面积不小于80%。
4. 材料：45钢。

图 1-1 支轴

【课题分析】

该支轴零件属于简单零件，通过本课题的学习，了解制订加工工艺文件的有关基础知识，了解制订工艺文件的全过程。

在制订该零件的加工工艺前，必须对零件进行认真分析，分析零件的技术要求和结构特点，在此基础上进行零件的毛坯设计，最后进行加工工艺设计。

任务一　识读支轴零件图

知识点

1. 零件的技术要求。
2. 零件的结构工艺性。
3. 加工精度、加工误差。
4. 获得加工精度的方法。

技能点

能够对具体零件图进行识读，分析零件的加工工艺性。

【相关知识】

对零件进行机械加工前，必须制订该零件的加工技术文件，保证用较低的成本和较高的效率加工出该零件。

明确被加工零件的结构特点和技术要求是合理制订零件机械加工技术文件的前提，因此在着手制订零件的机械加工技术文件之前，认真识读零件图，对制订加工工艺有着极其重要的意义。

一、机械加工零件的图样分析

1. 了解零件的各项技术要求

零件技术要求分析包括下列几个方面：

1）加工表面的尺寸精度。

2）主要加工表面的形状精度。

3）主要表面之间的相互位置精度。

4）各加工表面的表面粗糙度以及表面质量方面的其他要求。

5）热处理要求及其他要求（如动平衡等）。

分析产品的装配图和零件的工件图，其目的是熟悉该产品的用途、性能及工作条件，明确被加工零件在产品中的位置和作用，进而了解零件上的各项技术要求，找出主要技术要求和加工关键，以便在拟定技术文件时采取适当的措施加以保证。

2. 审查设计图样

从加工的角度出发，审查设计图样的合理性，并建议设计部门修改。审查的内容包括以下几项。

（1）检查图样的完整性和正确性　例如，是否有足够的视图，尺寸、公差和技术要求是否标注齐全等。若有错误或遗漏，应提出修改意见。

（2）审查图样技术要求和材料选择的合理性　产品设计应当遵循经济性原则，即在不影响使用性能的前提下，尽量降低对加工制造的要求。因此，应由工艺技术人员审查在现有的生产条件下，是否能够达到零件的技术要求，以便会同设计人员共同研究探讨通过改进设计的方法使之经济合理。同样，材料的选择上不仅要考虑使用性能及材料成本，还要考虑加工需要。

如果材料选用得不合理，可能使零件整个加工过程的安排发生问题。如图 1-2 所示的方头销，其选用的材料为 T8A（碳素工具钢），方头部分要淬硬到 55～60HRC，零件上有一个 φ2H7 的孔，装配时需和另一个零件配作，不能预先加工好。如用 T8A 的材

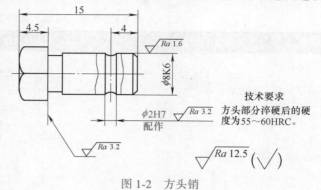

图 1-2 方头销

料淬火，因零件很短，总长仅为 15mm，淬硬头部时，势必使整个零件全部被淬硬，以致 φ2H7 的孔难以用普通的钻削方法进行加工。若改用 20Cr，可采用局部渗碳，在 φ2H7 处镀铜保护（或用其他方法保护），就比较合理。

（3）零件的结构及其工艺性分析　在制订零件的工艺规程时，必须首先对零件进行工艺分析。对零件进行工艺分析时主要应注意以下问题：

1）零件组成表面的形式。各种零件都是由一些基本表面和特形表面组成的。基本表面有内、外圆柱表面、圆锥面和平面等；特形表面有螺旋面、渐开线齿形面和一些成形面等。因为表面形状是选择加工方法的基本因素，因此认清零件的组成表面是确定各表面正确加工方法的基础。

2）构成零件的各表面的组合关系。同种类型表面的不同组合决定了零件结构上的不同特点。例如以内、外圆为主要表面，既可组成盘、环类零件，也可组成套类零件；对于套类零件，既可以是一般的轴套，也可以是形状复杂或刚性很差的薄壁套。显然，上述不同零件在选用加工方法时存在很大差异。

3）零件的结构工艺性。零件的结构工艺性是指零件的结构在保证使用要求的前提下，是否能以较高的生产率和最低的成本方便地制造出来的特性。许多功能作用完全相同而在结构上却不相同的两个零件，它们的加工方法和制造成本往往差别很大。

如果阶梯轴的形状如图 1-3 所示，则从结构上看，该零件的槽的加工结构工艺性不好，因为槽的轴向尺寸分别为 5mm、4mm、3mm，在切槽时必须换刀或用同一刀具进行多次加工，故该图结构工艺性不好，应修改才可加工。

零件的机械加工结构工艺性可以概括为对零件结构三方面的要求：①有利于减少切削加工量；②便于工件

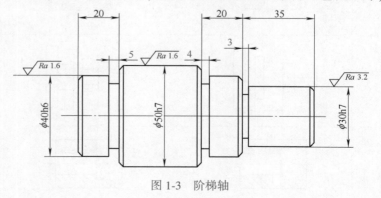

图 1-3 阶梯轴

安装、加工与检测；③有利于提高生产率。表 1-1 列出了在单件小批量生产中，机械加工对零件结构工艺性要求的一些实例，供参考。

表 1-1 零件机械加工结构工艺性实例

序号	工艺性不合理	工艺性合理	说　明
1			键槽的尺寸、方位相同，可在一次装夹中加工出全部键槽，以提高生产率
2			孔中心与箱体壁之间尺寸太小，刀具无法引进
3			减少接触面积，减少加工量，提高稳定性
4			应设计退刀槽，减少刀具或砂轮的磨损
5			钻头容易引偏或折断，应避免在斜面或圆弧面处钻孔
6			避免深孔加工，提高连接强度，节约材料，减少加工量
7			为减少刀具种类和换刀时间，应设计为相同的宽度
8			为便于加工，槽的底面不应与其他加工面重合

序号	工艺性不合理	工艺性合理	说　明
9			为便于加工，内螺纹根部应有退刀槽
10			为便于一次加工，提高生产率，凸台表面应处于同一水平面

二、获得加工精度的方法

1. 加工精度

所谓加工精度是指零件经过加工后几何参数（尺寸、形状及位置等参数）的实际值与理想值的符合程度。它们之间的差异值称为加工误差。任何加工方式都会存在一定的加工误差。加工精度在数值上通过加工误差的大小来表示，精度和误差是对同一问题的两种不同的描述，即精度越高、误差越小；精度越低、误差越大。

零件的几何参数包括尺寸、形状和位置三个方面，故加工精度包括如下几项。

1）尺寸精度：限制加工表面与其基准间的尺寸误差不超过一定的范围。

2）形状精度：限制加工表面的宏观几何形状误差，如圆度、圆柱度、平面度和直线度。

3）位置精度：限制加工表面与其基准间的相互位置误差，如平行度、垂直度、同轴度和位置度等。

加工精度的三个方面既有区别，又有联系。一般来说，形状精度应高于尺寸精度，而位置精度在大多数情况下也高于相应的尺寸精度。

2. 获得预定加工精度的方法

（1）获得尺寸精度的方法　机械加工中获得工件尺寸精度的方法主要有以下几种。

1）试切法：即先试切出很小部分加工表面，测量试切所得的尺寸，按照加工要求适当调整刀具切削刃相对工件的位置；再试切、测量，如此经过两三次试切和测量，当被加工尺寸达到要求后，再切削整个待加工表面。

试切法通过"试切—测量—调整—再试切"反复进行，直到达到要求的尺寸精度为止。如图 1-4 所示，轴的外圆车削加工即采用试切法。

试切法达到的精度可能很高，它不需要复杂的加工装置，但由于这种方法费时（需做多次调整、试切、测量、计算）、效率低，依赖工人的技术水平和计量器

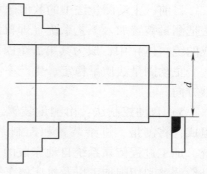

图 1-4　轴的外圆车削加工

具的精度，质量不稳定，所以只用于单件小批量生产。

作为试切法的一种类型——配作，其在生产中也被广泛应用。它是以已加工件为基准，加工与其相配的另一工件，或将两个（或两个以上）工件组合在一起进行加工的方法。配作中，被加工尺寸最终达到的要求是以与已加工件的配合要求为准的。

2）调整法：即预先用样件或标准件调整好机床、夹具、刀具和工件的准确相对位置，用以保证工件的尺寸精度的方法。因为尺寸事先调整到位，所以加工时不用再试切，尺寸自动获得，并在一批零件的加工过程中保持不变。图1-5所示是用调整法加工一批工件，获得工序尺寸 l。通过反装的自定心卡盘确定工件的轴向位置，用挡铁调整好刀具与工件的相对位置，并保持挡铁位置不变。这样，加工每一个工件时都具有相同的轴向位置，从而保证了尺寸 l。

在机床上按照刻度盘进给然后切削，也是调整法的一种。这种方法需要先按试切法确定刻度盘上的刻度。大批量生产中，多用定程挡铁、样件、样板等对刀装置进行调整。

调整法比试切法的加工精度稳定性好，其加工精度主要取决于机床、夹具的精度和调整误差，有较高的生产率，对机床操作工的要求不高，但对机床调整工的要求高，常用于成批生产和大量生产。

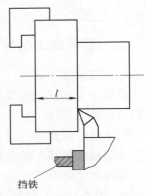

图1-5　挡铁调整法

3）定尺寸法：即用刀具的相应尺寸来保证工件被加工部位尺寸的方法。它是利用标准尺寸的刀具进行加工，加工面的尺寸由刀具尺寸确定，即用具有一定尺寸精度的刀具（如铰刀、扩孔钻、钻头等）来保证工件被加工部位（如孔）的精度。

用成形刀具加工也属于定尺寸法。

定尺寸法操作方便，零件精度由刀具来保证，加工精度比较稳定，几乎与工人的技术水平无关，生产率较高，在各种类型的生产中被广泛应用，如钻孔、铰孔等。

由于刀具磨损后尺寸就不能保证，所以定尺寸法成本较高，多用于大批量生产。

4）主动测量法：在加工过程中，边加工边测量加工尺寸，并将所测结果与设计要求的尺寸比较后，使机床继续工作或停止工作，如图1-6所示。

目前，主动测量法中的数值已可用数字显示。主动测量法把测量装置加入工艺系统（即机床、刀具、夹具和工件组成的统一体）中，成为其第五个因素。

主动测量法质量稳定、生产率高，是获得尺寸精度的发展方向。

5）自动控制法：由测量装置、进给装置和控制系统等组成，将测量、进给装置和控制系统组成一个自动加工系统，加工过程依靠系统自动完成的方法。其尺寸测量、刀具

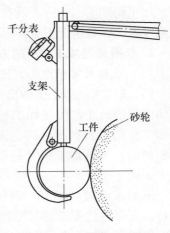

图1-6　主动测量法

补偿调整和切削加工以及机床停车等一系列工作自动完成，自动达到所要求的尺寸精度。例如在数控机床上加工零件时，就是通过程序的各种指令控制加工顺序和加工精度的。

自动控制的具体方法有自动测量和数字控制两种。

① 自动测量：即机床上有自动测量工件尺寸的装置，在工件达到要求的尺寸时，测量装置即发出指令使机床自动退刀并停止工作。

② 数字控制：即机床上有控制刀架或工作台精确移动的伺服电动机、滚动丝杠螺母副及整套数字控制装置，尺寸的获得（刀架的移动或工作台的移动）由预先编制好的程序通过计算机数字控制装置自动控制。

初期的自动控制法是利用主动测量和机械或液压等控制系统完成的。目前已广泛采用按加工要求预先编排的程序，由控制系统发出指令进行工作的程序控制机床（简称程控机床）或由控制系统发出数字信息指令进行工作的数字控制机床（简称数控机床）以及能适应加工过程中加工条件的变化，自动调整加工用量，按规定条件实现加工过程最佳化的适应控制机床进行自动控制加工。

自动控制法的加工质量稳定、生产率高、加工柔性好，能适应多品种生产，是目前机械制造的发展方向和计算机辅助制造（CAM）的基础。

（2）获得形状精度的方法

1）轨迹法：也称刀尖轨迹法，是依靠刀尖的运动轨迹获得形状精度的方法，即让刀具相对于工件作有规律的运动，以其刀尖轨迹获得所要求的表面几何形状。刀尖的运动轨迹取决于刀具和工件的相对成形运动，因而所获得的形状精度取决于成形运动的精度。数控车床、数控铣床，普通车削、铣削、刨削和磨削等均属轨迹法。如图 1-7 所示为用轨迹法车圆锥面。

2）成形法：利用成形刀具对工件进行加工的方法，即用成形刀具取代普通刀具，其切削刃和工件外形一致，成形刀具替代一个成形运动。图 1-8 所示为用成形法车球面。成形法可以简化机床或切削运动，提高生产率。成形法所获得的形状精度取决于成形刀具的形状精度及其成形运动的精度。

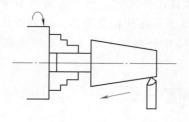

图 1-7 轨迹法车圆锥面

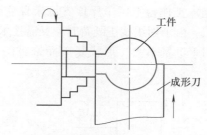

图 1-8 成形法车球面

3）仿形法：刀具按照仿形装置进给对工件进行加工的方法。仿形法所得到的形状精度取决于仿形装置的精度及其成形运动的精度。如图 1-9 所示为用仿形法车成形面。仿形铣等也属于仿形法。

4）展成法：利用工件和刀具做展成切削运动进行加工的方法。展成法所得的被加工表面是切削刃和工件做展成运动过程中所形成的包络面，切削刃形状必须是被加工面的共轭曲线。它所获得的精度取决于切削刃的形状和展成运动的精度等。这种方法用于各种齿轮齿廓、花键键齿、蜗轮轮齿等表面的加工，其特点是切削刃的形状与所需表面的几何形状不同，如齿轮加工，切削刃为直线（滚刀、齿条刀），而加工表面为渐开线。展成法形成的渐开线是滚刀与工件按严格速比转动时，切削刃的一系列切削位置的包络线。图 1-10 所示为用展成法插削直齿圆柱齿轮。

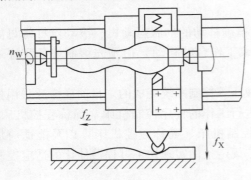

图 1-9　仿形法车成形面

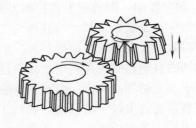

图 1-10　展成法插削直齿圆柱齿轮

（3）获得位置精度的方法　加工面的相互位置精度是指零件上的加工面之间或相对于基准面的平行度、垂直度和同轴度等。与零件上的相对位置精度要求较高时，图样上应规定出公差值的大小；当要求不高时，由相应的尺寸公差加以限制。

工件位置要求的保证取决于工件的装夹方法及其精度。工件的装夹方法有如下几种。

1）直接找正装夹。将工件直接放在机床上，用划针、百分表和直角尺或通过目测直接找正工件在机床上的正确位置之后再夹紧。图 1-11 所示为用单动卡盘装夹套筒，先用百分表按工件外圆 A 进行找正，再夹紧工件加工外圆 B，保证 A、B 圆柱面的同轴度。此法生产率极低，对工人的技术水平要求高，一般用于单件小批量生产。

2）划线找正装夹。工件在切削加工前，预先在毛坯表面上划出加工表面的轮廓线，然后按所划线将工件在机床上找正（定位）后再夹紧。如图 1-12 所示的机床床身毛坯，为保证床身各加工面和非加工面的位置尺寸及各加工面的余量，可先在钳工台上划好线，然后在龙门刨床工作台上用千斤顶支承床身毛坯，用划针按线找正并夹紧，再对床身底平面进行刨削加工。由于划线找正既费时，又需技术水平高的划线工，且定位精度较低，故划线找正装夹只适用于批量不大、形状复杂而笨重的工件，或毛坯尺寸公差很大而无法采用夹具装夹的工件。

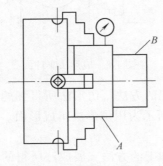

图 1-11　直接找正装夹

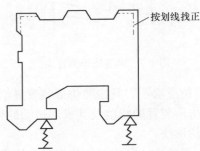

按划线找正

图 1-12　划线找正装夹

3）用夹具装夹。夹具是用于装夹工件的工艺装备。夹具固定在机床上，工件在夹具上定位、夹紧以后便获得了相对刀具的正确位置。因此，用夹具装夹工件定位方便，定位精度高而稳定，生产率高，广泛用于大批量生产中。

相互位置精度高的表面，应尽量在一次装夹中完成加工。

三、影响加工精度的因素

零件在加工过程中可能存在各种原始误差，它们会引起工艺系统各环节相互位置关系的变化而造成加工误差，加工过程中可能存在的误差包括加工原理误差、工件安装误差、工艺系统静误差和工艺系统动误差。

1. 加工原理误差

加工原理误差是在加工中采用近似的加工运动、刀具轮廓和加工方法而产生的原始误差，如图 1-13 所示。

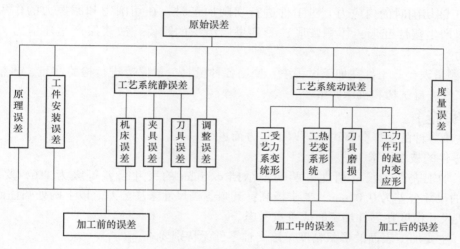

图 1-13 原始误差的组成

完全符合理论要求的加工方法，有时很难实现，甚至是不可能的。这种情况下，只要能满足零件的精度要求，就可以采用近似的方法进行加工。这样能够使加工难度大为降低，有利于提高生产率，降低成本。

2. 工艺系统静误差

工艺系统静误差主要是指机床、刀具和夹具本身在制作时所产生的误差，以及使用中产生的磨损和调整误差。

（1）机床误差 机床误差是通过机床的各种成形运动反映到工件加工表面的，机床的成形运动主要包括主轴的回转误差、导轨导向误差和传动链误差。

（2）夹具误差 夹具误差主要是指工件的定位误差、夹紧误差、夹具装夹误差和对刀误差以及夹具的磨损等。

（3）刀具误差 刀具误差主要是指刀具的制造、磨损和装夹误差等。定尺寸刀具（如钻头、铰刀、拉刀等）的制造误差及磨损误差将直接影响工件的加工尺寸精度；成形刀具（如成形车刀、成形铣刀、螺纹刀具、齿轮刀具等）的制造和磨损误差，主要影响被加工表面的形状精度。

3. 工艺系统动误差

（1）加工中误差

1）工艺系统受力变形。由机床、夹具、刀具、工件组成的系统，在切削力、传动力、惯性力、夹紧力以及重力等的作用下，会产生变形。变形会破坏工艺系统间已调整好的正确位置关系，从而产生加工误差。

2）工艺系统受热变形。在机械加工过程中，工艺系统在各种热源的影响下，常产生复杂的变形，破坏了工艺系统间的相对位置精度，造成加工误差。

（2）加工后误差

1）内应力误差。在没有外加载荷的情况下，仍然残存在工件内部的应力称为内应力或残余应力。

① 毛坯的内应力。铸、锻、焊等方式加工的毛坯在生产过程中，因工件各部分的厚薄不均、冷却速度不均而产生的内应力。

② 工件切削时的内应力。对工件进行切削加工时，在切削力和摩擦力的作用下，其表层金属产生塑性变形，体积膨胀，受到里层组织的阻碍，故表层产生压应力，里层产生拉应力。

2）测量误差。工件在加工过程中，要用各种量具、量仪等进行检验测量，再根据测量结果对工件进行试切和机床调整。

【任务实施】

对支轴零件的图样分析可以分以下三方面进行。

1. 零件的技术要求

（1）加工表面的尺寸精度 两端轴承挡 $\phi65$mm 的尺寸公差等级为 IT6，要求较高；$\phi70$mm 的尺寸公差为 0.01mm，要求极高；其余各挡尺寸未注公差。以上两处圆柱面尺寸和圆锥大头尺寸精度在零件加工时应重点考虑。

（2）主要加工表面的形状精度 该支轴零件无特别要求。

（3）主要表面之间的位置精度 两端轴承挡 $\phi65$mm 相对于中心孔公共轴线的同轴度要求为 $\phi0.015$mm。

（4）各加工表面的表面粗糙度以及表面质量方面的其他要求 $\phi65$mm 圆柱面、$\phi70$mm 圆锥面处的表面粗糙度值要求为 $Ra0.8\mu$m，这三处均为配合面，故要求较高。其余各表面粗糙度值要求为 $Ra6.3\mu$m。

（5）热处理要求及其他要求 支轴整体热处理硬度要求为 240~280HBW，锥面硬化硬度要求为 45~50HRC。

2. 审查图样的完整性和正确性

1）该支轴主视图足以反映零件的特征，无须增加其余视图；尺寸标注中右端两挡退刀槽宽度尺寸未标注，需要和设计人员沟通；尺寸公差、位置公差和技术要求标注齐全。

2）通过审查，支轴图样设计时技术要求相对合理，没有过高地提高产品的设计精度，未增加加工制造的难度。材料选择 45 钢，为常用钢材，在考虑满足使用性能的前提下材料成本较低，且 45 钢切削工艺性较高，遵循了经济性原则。

3. 零件的结构及其工艺性分析

（1）零件组成表面的形式 该支轴零件由外圆柱表面、圆锥面端面和退刀槽组成。相对来说，该零件结构简单、直观。

（2）构成零件的各表面的组合关系 构成该支轴零件的外圆柱表面、圆锥面和退刀槽共用同一根轴线，为典型的轴类零件，可采用多种方法进行加工。

（3）零件的结构工艺性　该支轴零件从结构上看，所有要求较高的圆柱、圆锥面处都有退刀槽，为磨削加工提供了方便；而所有退刀槽的轴向尺寸为便于用同一刀具加工，均可设计为 3mm，因此可判断该零件具备较好的结构工艺性。

【任务拓展与练习】

1. 如图 1-14 所示，各组零件都有两种不同的结构，试分析比较哪一种结构的工艺性较好，并说明理由。

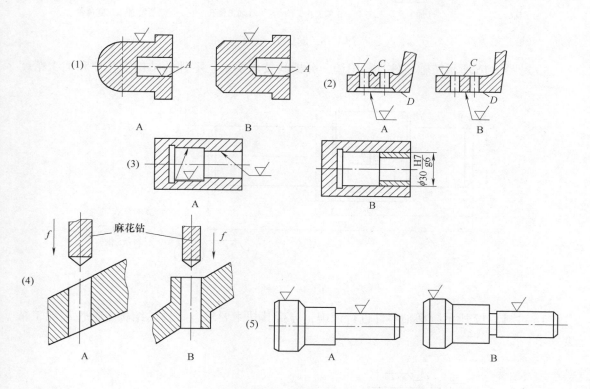

图 1-14　题 1 图

2. 分析如图 1-15 所示零件的结构，找出结构工艺性不恰当的部位，并说明为原因。给出改进后的图形。

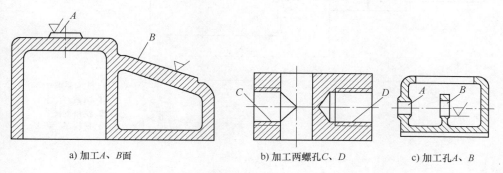

a) 加工 A、B 面　　　　　b) 加工两螺孔 C、D　　　　c) 加工孔 A、B

图 1-15　题 2 图

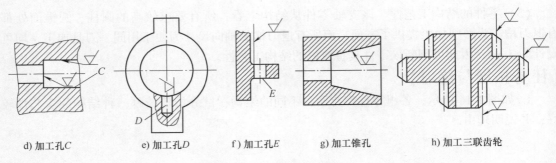

d) 加工孔C   e) 加工孔D   f) 加工孔E   g) 加工锥孔   h) 加工三联齿轮

图 1-15 题 2 图（续）

3. 对图 1-16 所示转轴零件进行识读，分析其技术要求、零件的结构工艺性和加工精度要求。

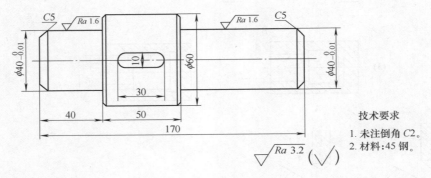

技术要求

1. 未注倒角 C2。
2. 材料：45 钢。

图 1-16 转轴

4. 对图 1-17 所示阶梯轴零件进行识读，分析其技术要求、零件的结构工艺性和加工精度要求。

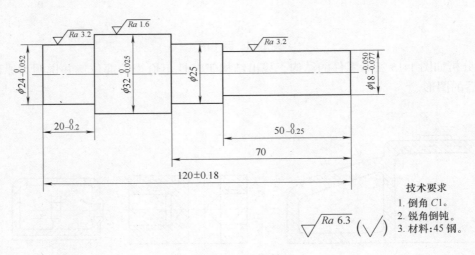

技术要求

1. 倒角 C1。
2. 锐角倒钝。
3. 材料：45 钢。

图 1-17 阶梯轴

任务二 支轴毛坯的选择

 知 识 点

1. 毛坯的种类。
2. 毛坯选择考虑的因素。
3. 毛坯的形状。
4. 毛坯的尺寸。

 技 能 点

能够对具体零件图进行毛坯设计。

【相关知识】

机械零件的制造包括毛坯成形和切削加工两个阶段。零件毛坯是指还没加工的原料，也可指成品未完成前的那一阶段。毛坯成形不仅会对后续的切削加工产生很大的影响，而且对零件乃至产品的质量、使用性能、生产周期和成本等都有影响。因此，正确选择毛坯的类型和生产方法对于机械制造具有重要意义。

一、机械加工中常见的毛坯

1. 铸件

铸件（图 1-18）应用历史悠久，古代人们用铸件制作钱币、祭器、兵器、工具和一些生活用具。在近代，铸件主要用作机器零部件的毛坯，有些精密铸件也可直接用作机器的零部件。铸件在机械产品中占有很大的比重，如拖拉机中，铸件重量约占整机重量的 50%～70%，农业机械中占 40%～70%，机床、内燃机等中达 70%～90%。各类铸件中，以机械用的铸件品种最多，形状最复杂，用量也最大，约占铸件总产量的 60%。

a）机床床身铸件毛坯

b）变速箱铸件毛坯

图 1-18 铸件

形状复杂的毛坯，宜采用铸件毛坯。目前生产中的铸件大多采用砂型铸造，少数尺寸小的优质铸件可采用特种铸造。

铸件有优良的力学性能和物理性能，可以有各种不同的强度、硬度、韧性配合的综合性能，还可兼具一种或多种特殊性能，如耐磨性、耐高温和低温性、耐蚀性等。

2. 锻件

锻件是金属被施加压力，通过塑性变形塑造要求的形状或合适的压缩力的物件。锻件有自由锻造锻件和模锻件两种。

通过锻造能消除金属在冶炼过程中产生的铸态疏松等缺陷，优化微观组织结构，同时由于保存了完整的金属流线，锻件的力学性能一般优于同样材料的铸件。相关机械中负载高、工作条件严峻的重要零件，除形状较简单的可用轧制的板材、型材或焊接件外，多采用锻件。图 1-19 所示为连杆锻件毛坯。

图 1-19　连杆锻件毛坯

自由锻造锻件是在各种锻锤或压力机上由手工操作而成形的锻件。这种锻件的精度低，加工余量大，生产率不高，工件结构简单，但锻造时不需要专用模具，适用于单件和小批量生产以及大型锻件的生产。

模锻件是用一套专用的锻模，在吨位较大的锻锤或压力机上锻出的锻件。这种锻件的精度、表面质量比自由锻件好，锻件的形状也可复杂一些，且加工余量较小。模锻件的材料组织分布比较有利，因而机械强度较高。模锻的生产率也高，适用于产量较大的中小型锻件。

3. 型材

金属型材是指具有一定强度和韧性的金属材料（如钢、铁、铝等）通过轧制、挤出、铸造等工艺制成的具有一定几何形状的物体。

型材有热轧和冷拉两类，热轧型材尺寸较大、精度较低，多用于一般零件的毛坯；冷拉型材的尺寸较小、精度较高，多用于制造毛坯精度要求较高的中小型零件，适用于自动机械加工。

按照钢的冶炼质量不同，型钢分为普通型钢和优质型钢。普通型钢按现行金属产品目录又分为大型型钢、中型型钢和小型型钢；按其断面形状又可分为工字钢、槽钢、角钢和圆钢等。大型型钢中的工字钢、槽钢、角钢和扁钢都是热轧的，圆钢、方钢、六角钢除热轧外，还可锻制和冷拉等。

4. 焊接件

对于大件来说，焊接件简单方便，特别是单件小批量生产时可以大大缩短生产周期。但焊接件的变形较大，需要经过时效处理后才能进行机械加工。

5. 冲压件

冲压件适用于形状复杂的板料零件，多用于中小尺寸零件的大批、大量生产。

二、毛坯的选择原则

在进行毛坯选择时，应考虑下列因素。

1. 零件材料的工艺性 （如可铸性和可塑性）

各种材料的加工工艺性和制坯方法可参阅有关资料。如铸铁和青铜不能锻造，只能铸造。

2. 零件对材料组织和性能的要求

对于钢质零件，还要考虑力学性能要求。毛坯制造方法不同，将影响其力学性能。例如锻件的力学性能高于型材；对重要的零件，如吊具，不论其结构和形状的复杂程度如何，均不宜直接选用轧制型材而要选用锻件。金属型浇注的铸件强度高于砂型浇注的铸件。

3. 零件的结构形状与外形尺寸

零件的结构形状决定了选用加工方法的可能性和经济性。例如常见的各种阶梯轴，如果各台阶直径相差不大，则可直接选择型材（圆棒料）；如果各台阶直径相差较大，为减少材料消耗和机械加工劳动量，则宜选择锻件毛坯。至于一些非旋转体的板条形钢质零件，一般多用锻件毛坯。形状复杂的薄壁件毛坯，往往不采用金属型铸造。

零件外形尺寸对毛坯的选择也有较大的影响，尺寸较大的毛坯往往不采用模锻和压铸，而选择自由锻造毛坯或砂型铸造；中小型零件则可选择模锻及各种特种铸造的毛坯。某些外形特殊的小零件，由于机械加工困难，往往采用较精密的毛坯制造方法，如压铸和熔模铸造等，以最大限度地减少机械加工余量。

4. 生产类型

当零件的年产量较大时，应选择精度和生产率都较高的毛坯制造方法；当零件的年产量较小时，应选择精度和生产率均较低的毛坯制造方法。

5. 现有生产条件

选择毛坯时，还要考虑现有毛坯制造的实际工艺水平、设备状况以及对外协作的可能性。

三、毛坯形状和尺寸的确定

现代机械制造的发展趋势之一，是通过毛坯精化使毛坯的形状和尺寸尽量与零件接近，以减少机械加工的劳动量，力求实现少切屑或无屑加工。但是，由于现有毛坯制造工艺和技术的限制，加之产品零件的精度和表面质量的要求越来越高，所以毛坯上某些表面仍需留有一定的加工余量，以便通过机械加工来达到零件的质量要求。毛坯尺寸和零件尺寸的差值称为毛坯加工余量，毛坯尺寸的公差称为毛坯公差。毛坯加工余量和公差与毛坯的制造方法有关，生产中可参照有关工艺手册或标准确定。

毛坯加工余量确定后，除了将毛坯加工余量附加在工件相应的加工面上之外，还要考虑毛坯制造、机械加工以及热处理等许多工艺因素对毛坯形状和尺寸的影响。在确定毛坯形状和尺寸时，应注意以下问题。

1. 工艺凸台的设置

为了加工时工件装夹方便，有些铸件毛坯需要铸出便于装夹的工艺凸台（见图1-20）。工艺凸台在零件加工后一般应切除，如对使用和外观没有影响，也可保留在零件上。

2. 组合毛坯的采用

在机械加工中，有时会遇到像车床上进给系统中的开合螺母外壳（见图1-21）那样的零件。开合螺母外壳在装配后需要形成同一个工作表面的两个相关零件，为了保证该种零件的加工质量和加工方便，常将这些零件先做成一个整体毛坯，加工到一定阶段后再切割分离。

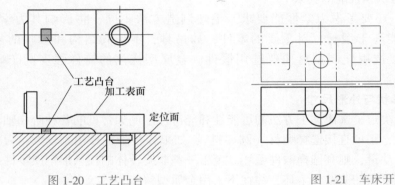

图1-20　工艺凸台　　　　　　　　　　图1-21　车床开合螺母外壳

3. 合件毛坯的采用

为了提高生产率和在加工中便于装夹，对一些垫圈类零件，应将多件合成一个毛坯，先加工外圆和切槽，然后钻孔切割成若干个零件，如图1-22所示。

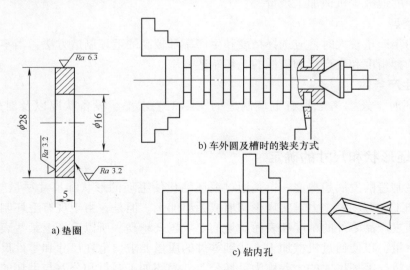

a) 垫圈

b) 车外圆及槽时的装夹方式

c) 钻内孔

图1-22　垫圈的整体毛坯及其加工

【任务实施】

1. 毛坯种类的选择

该支轴零件为轴类零件，材料为 45 钢，生产数量为 1000 件，各段直径相差不大，同时技术要求中未提出过高的强度要求，故选用型材中的圆钢。圆钢能满足设计要求和工艺需求，同时圆钢采购较方便，毛坯准备方便。

2. 毛坯的形状和尺寸的确定

根据上面所述，支轴零件毛坯选择型材中的圆钢，根据机械加工常识，毛坯仍需留有一定的加工余量，以便通过机械加工来达到零件的质量要求。通过查阅有关标准，选定支轴毛坯为 $\phi90mm \times 175mm$ 的圆钢。

【任务拓展与练习】

1. 识读图 1-23 所示的法兰盘零件图，进行毛坯设计并具体确定毛坯的种类、形状及毛坯的尺寸。

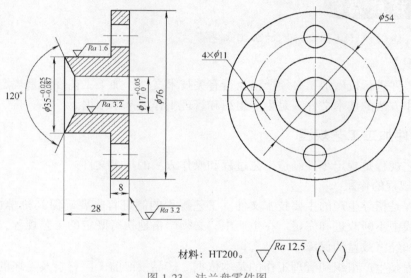

材料：HT200。

图 1-23　法兰盘零件图

2. 识读图 1-24 所示的销钉零件图，进行毛坯设计并具体确定毛坯的种类、形状及毛坯的尺寸。

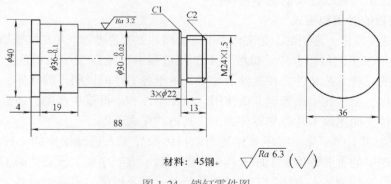

材料：45钢。

图 1-24　销钉零件图

任务三　识读机械加工工艺过程卡

知 识 点

1. 生产过程与工艺过程。
2. 生产类型。
3. 六点定位原则。
4. 基准。
5. 加工顺序。
6. 工序尺寸。

技 能 点

能够识读具体零件图的加工工艺卡片。

【相关知识】

对机械零件进行机械加工必须严格执行有关技术文件。加工工艺规程是规定零件制造工艺过程和操作方法的技术文件，是生产组织和管理工作的基本依据。

一、零件加工工艺规程

加工工艺规程是规定零件制造工艺过程和操作方法的技术文件。

1. 工艺规程的作用

工艺规程是指导生产的主要技术文件。工艺规程的制订首先要确保其科学性与合理性，并在生产实践中不断改进和完善。在生产中，必须严格地执行既定的工艺规程，这是产品质量、生产率和经济效益的保障。

工艺规程是生产组织和管理工作的基本依据。产品投产前，原材料及毛坯的供应、通用工艺装备的准备、机床负荷的调整、专用工艺装备的设计与制造、作业计划的编排、劳动力的组织以及生产成本的核算等，都是以工艺规程为依据的。

工艺规程是工厂基础建设的基本资料。

2. 工艺规程的类型和格式

在机械制造工厂里，常用的工艺文件类型有机械加工工艺过程卡片和机械加工工序卡片。

（1）机械加工工艺过程卡片　机械加工工艺过程卡片是以工序为单位，说明零件整个机械加工过程的一种工艺文件。在这种卡片中，由于各工序的说明不够具体，故一般不能直接指导工人操作，而多在生产管理方面使用。但在单件和小批量生产中，通常不编制其他较详细的工艺文件，而用该卡片指导零件加工。其格式见表1-2。

（2）机械加工工序卡片　工序卡片是用来具体指导工人进行操作的一种工艺文件，多用于大批量生产中的重要零件。工序卡片中详细记载了该工序加工所必需的工艺资料，如定位基准的选择、工件的装夹方法、工序尺寸及公差，以及机床、刀具、量具、切削用量的选择和工时定额的确定等。其格式见表1-3。

表 1-2　机械加工工艺过程卡片

机械加工工艺过程卡片		产品型号		零(部)件图号			共( )页　第( )页
		产品名称		零(部)件名称			
材料牌号		毛坯种类		毛坯外形尺寸		每毛坯可制件数	每台件数	备注

工序号	工序名称	工序内容	车间	工段	设备	工艺装备	工时
							准终 / 单件

			设计(日期)	审核(日期)	标准化(日期)	会签(日期)

标记	处数	更改文件号	签字	日期	标记	处数	更改文件号	签字	日期

课题一　支轴的加工工艺

1 CHAPTER

表 1-3 机械加工工序卡片

机械加工工序卡片	产品型号		零(部)件图号				共( )页	第( )页
	产品名称		零(部)件名称					

(工序简图)

	车 间	工序号	工序名称		材料牌号
	毛坯种类	毛坯外形尺寸	每毛坯可制件数	每台件数	
	设备名称	设备型号	设备编号		同时加工件数
	夹 具 编 号	夹 具 名 称			切 削 液
	工位器具编号	工位器具名称		工序工时	
				准终	单件

工步号	工步内容	工艺装备	主轴转速 /(r/min)	切削速度 /(m/min)	进给量 /(mm/r)	背吃刀量 mm	进给次数	工序工时	
								机动	辅助

			设计(日期)	审核(日期)	标准化(日期)	会签(日期)
标记	处数	更改文件号	签字	日期	标记	处数	更改文件号	签字	日期

3. 制订工艺规程的步骤

1）分析研究零件图样，了解该零件在产品或部件中的作用，找出其要求较高的主要表面及主要技术要求，并了解各项技术要求制订的依据，审查其结构工艺性。

2）选择和确定毛坯。

3）拟订工艺路线。

4）详细拟订工序具体内容。

5）对工艺方案进行技术经济分析。

6）填写工艺文件。

二、生产过程与工艺过程

1. 生产过程

制造机械产品时，将原材料或半成品转变为成品的全过程，称为生产过程。机械产品的生产过程主要包括以下内容。

（1）生产技术准备过程　产品投入生产前的各项生产和技术准备工作，如产品的设计和试验研究、工艺设计和专用工装设计与制造等。

（2）毛坯的制造过程　如铸造、锻造和冲压等。

（3）零件的各种加工过程　如机械加工、焊接、热处理和其他表面处理。

（4）产品的装配过程　如部件装配、总装配和调试等。

（5）各种生产服务活动　如生产中原材料、半成品和工具的供应、运输、保管以及产品的包装和发运等。

2. 工艺过程

在机械产品的生产过程中，那些与将原材料变为成品直接有关的过程（如毛坯制造、机械加工、热处理和装配等），称为工艺过程。

3. 机械加工工艺过程

采用机械加工方法，直接改变生产对象的尺寸、形状和表面质量，使之成为产品零件的过程称为机械加工工艺过程。

在机械加工工艺过程中，根据被加工对象的结构特点和技术要求，常需要采用各种不同的加工方法和设备，并须通过一系列的加工步骤，才能将毛坯变成零件。因此，机械加工工艺过程是由一个或几个顺次排列的工序组成的，而工序又可细分为若干工步、安装和进给。

（1）工序　一个（或一组）工人，在一台机床（或一个工作地）对一个（或同时对几个）零件所连续完成的那部分工艺过程，称为工序。工序是组成机械加工工艺过程的基本单元。

区分工序的主要依据是看工作地是否变动和加工过程是否连续。加工中设备是否变化很容易判断，但连续性是指加工过程的连续而非时间上的连续。例如，在支轴的加工过程中，车端面和外圆时，如果先加工完一端后马上掉头加工另一端，则此加工内容为一个工序；如果把一批工件的一端全部加工完后再加工全部工件的另一端，那么同样是这些加工内容，由于对每个工件而言是不连续的，则应算作两道工序。

（2）工步与进给　在加工表面、加工工具、切削速度和进给量不变的情况下，所连续完成的那一部分工艺过程，称为工步。一个工序可以包括一个或多个工步。如图 1-25 所示，第一工步为车削阶梯轴 ϕ80mm 外圆面，第二工步为车削 ϕ60mm 外圆面。

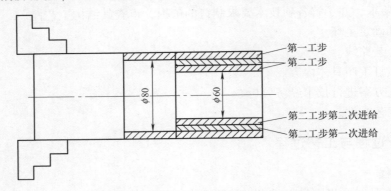

图 1-25　车削阶梯轴

构成工步的任一因素（加工表面、切削工具或切削用量）改变后，一般即变为另一工步。有关工步的特殊情况有以下几种：

1）在一次安装中连续进行的若干相同的工步，为简化工序内容的叙述，通常看作一个工步。例如，对于图 1-26a 所示零件上的 4 个 ϕ15mm 孔的钻削可写成一个工步。

2）为了提高生产率，用几把刀具同时加工几个表面的工步，称为复合工步（见图 1-26b）。在工艺文件上，复合工步应视为一个工步。

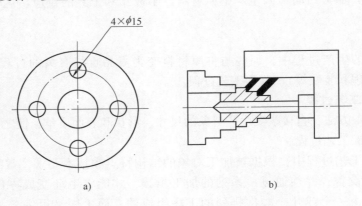

图 1-26　有关工步的特殊情况

3）在数控机床加工中，往往将用同一把刀加工出不同表面的全部加工内容看作一个工步。

4）在一个工步中，若被加工表面需切去的金属层很厚，需要经过几次切削，则每一次切削就称为一次进给。一个工步包括一次或几次进给。在图 1-25 所示的车削阶梯轴的第二工步中，就包含两次进给。

（3）装夹与工位

1）工件的装夹。在机械加工过程中，为了保证加工精度，在加工前应确定工件在机床上的位置并将其固定好，以接受加工或检测。将工件在机床上或夹具中定位、夹紧的过程称为装夹。图 1-27 所示为采用平口钳装夹。

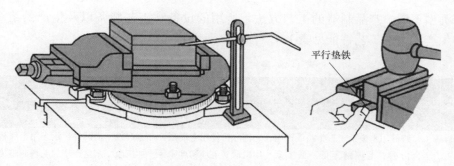

平行垫铁

图1-27 采用平口钳装夹

工件的装夹包含了两个方面的内容：

① 定位。确定工件在机床上或夹具中正确位置的过程，称为定位。

② 夹紧。加工过程中切削力产生后，为保证工件在该力作用下不改变其定位时所确定的正确位置，工件定位后将工件固定的操作，称为夹紧。

2）工位。在一个工序中，工件可能只需要装夹一次，也可能需要装夹几次。工件在一次装夹后，在机床上占据的每一个加工位置称为一个工位。

三、生产类型

产品（或零件）的生产纲领是指企业在计划期内生产的产品产量和进度计划。计划期一般为一年。对于零件而言，除了制造出所需的数量外，还应包括一定数量的备品和废品。

零件的生产纲领可按下式计算

$$N = Qn(1 + a)(1 + b)$$

式中　N——零件的生产纲领；

Q——产品的生产纲领；

n——每台产品中的零件数；

a——备品百分率（%）；

b——废品百分率（%）。

生产类型是指工厂或车间生产专业化程度的分类，通常分为三种类型。

1. 单件生产

单件生产生产的产品品种繁多，每种产品仅制造一个或少数几个，而且很少再重复生产，例如重型机械产品制造和新产品试制。

2. 成批生产

成批生产生产的产品品种较多，每种产品均有一定的数量，各种产品是分期分批地轮番进行生产的，如机床制造和机车制造等。

同一产品（或零件）每批投入生产的数量称为批量。根据产品的特征和批量大小，成批生产可分为小批生产、中批生产和大批生产。

3. 大量生产

大量生产生产的产品品种少、产量大，大多数长期、重复地进行某一零件某一工序的加工，如汽车、轴承和摩托车等的制造。

生产类型不同，产品制造的工艺方法、所用的设备和工艺装备以及生产的组织均不相同。各种生产类型的工艺特征见表1-4。

表1-4　各种生产类型的工艺特征

工艺特征	生产类型		
	单件生产	成批生产	大量生产
毛坯的制造方法及加工余量	铸件用木模手工造型；锻件用自由锻。毛坯精度低，加工余量大	部分铸件用金属型；部分锻件用模锻。毛坯精度中等，加工余量中等	锻件广泛采用金属模锻及其他高生产率的毛坯制造方法。毛坯精度高，加工余量小
机床设备及其布置形式	采用通用机床。机床按类型和规格大小采用"机群式"排列布置，也可用数控机床和加工中心等	部分通用机床和高效机床。按工件类别分工段排列设备，也可用数控机床和加工中心等	广泛采用高效专用机床及自动机床。按流水线和自动线排列设备
零件的互换性	用修配法，钳工修配缺乏互换性	大部分具有互换性。装配精度要求高时，可用分组装配法和调整法，同时保留某些修配法	具有广泛的互换性，少数装配精度较高处采用分组装配法和调整法
工艺装备	大多采用通用夹具标准附件、通用刀具和万能量具，靠划线和试切达到精度要求	广泛采用夹具，部分靠找正装夹，较多采用专用刀具和量具	广泛采用高效夹具、复合刀具、专用量具或自动检测装置，靠调整法达到精度要求
对工人的技术要求	需技术水平较高的工人	需一定技术水平的工人	对调整工的技术水平要求高，对操作工的技术水平要求低
工艺文件	有简单的工艺过程卡	有工艺过程卡，关键工序要有工序卡	有工艺过程卡和工序卡，关键工序要有调整卡和检验卡

生产类型要根据零件的生产数量（生产纲领）和其自身特点进行判别，具体情况见表1-5。

表1-5　生产类型与生产纲领的关系

生产类型	同类零件的年产量/件		
	重　型（零件质量大于2000kg）	中　型（零件质量为100~2000kg）	轻　型（零件质量小于100kg）
单件生产	≤5	≤20	≤100
小批生产	5~100	20~200	100~500
中批生产	100~300	200~500	500~5 000
大批生产	300~1000	500~5000	5000~50 000
大量生产	>1000	>5000	>50 000

四、基准与定位

1. 基准及分类

工件是一个几何体，它是由一些几何元素（点、线、面）构成的，其上任何一个点、线、面的位置总是用它与另一些点、线、面的相互关系（距离尺寸、平行度、同轴度）来确定。用来确定生产对象（工件）上几何要素间的几何关系所依据的那些点、线、面称为基准。根据作用不同，基准可分为设计基准和工艺基准两类。

（1）设计基准　在设计图样上所采用的基准为设计基准。图 1-28 所示的轴套零件，外圆的设计基准是它们的中心线；端面 A 是端面 B、C 的设计基准；内孔 D 的轴线是 φ25h6 外圆跳动的设计基准。

对某一位置要求（包括两个表面之间的尺寸或位置精度）而言，在没有特殊指明的情况下，设计基准所指的两个表面之间常是互为设计基准的。如图 1-28 所示，对于尺寸 40mm 来说，A 面是 C 面的设计基准，也可认为 C 面是 A 面的设计基准。

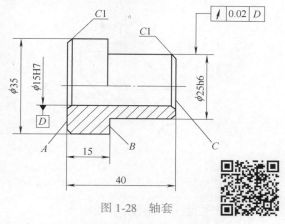

图 1-28　轴套

（2）工艺基准　在工艺过程中所使用的基准，称为工艺基准，工艺基准按其用途不同又可分为定位基准、测量基准、装配基准和工序基准。

1）定位基准。在加工过程中用作定位的基准，称为定位基准。定位基准一般由工艺人员选定，它对于保证零件的尺寸和位置精度起着重要作用。

2）测量基准。测量工件时所采用的基准，称为测量基准。如图 1-28 所示的零件，用游标卡尺测量尺寸 15mm 和 40mm，表面 A 是表面 B、C 的测量基准。

3）装配基准。用来确定零件或部件在产品中的相对位置所采用的基准，称为装配基准，如主轴的轴颈、齿轮的孔和端面等。

4）工序基准。在工序图上，用来确定本工序所加工表面加工后的尺寸、形状、位置的基准，称为工序基准。工序基准应尽量与设计基准一致，当考虑定位或试切测量方便时，也可以与定位基准或测量基准一致。

2. 工件定位的基本原理

（1）六点定位原理　一个尚未定位的工件，其位置是不确定的。如图 1-29 所示，在空间直角坐标系中，工件可沿 x、y、z 轴有不同的位置，也可以绕 x、y、z 轴回转。分别用 $\bar{x}$、$\bar{y}$、$\bar{z}$ 和 $\hat{x}$、$\hat{y}$、$\hat{z}$ 表示。这种工件位置的不确定性通常称为自由度，其中 $\bar{x}$、$\bar{y}$、$\bar{z}$ 称为沿 x、y、z 轴线方向的移动自由度；$\hat{x}$、$\hat{y}$、$\hat{z}$ 称为绕 x、y、z 轴回转方向的自由度。定位的任务，首先是消除工件的自由度。

工件在直角坐标系中有六个自由度（$\bar{x}$、$\bar{y}$、$\bar{z}$ 和 $\hat{x}$、$\hat{y}$、$\hat{z}$），工件定位的实质就是要限制对加工有不良影响的自由度。设空间有一个固定点，并要求工件的顶面或底面与该点接触，那么工件沿 z 轴的移动自由度便被限制了。如果按图 1-30 所示设置六个固定点，并限定工件的三个面分别与这些点保持接触，工件的六个自由度便都被限制了。这些用来限制工件自由度的固定点称为定位支承点，简称支承点。

用合理分布的六个支承点即可限制工件的六个自由度，这就是工件定位的基本原理，简称六点定位原理。

支承点的分布必须合理，否则六个支承点将限制不了工件的六个自由度，或不能有效地限制工件的六个自由度。例如，在图 1-30 中，工件底面上的三个支承点限制了 $\vec{z}$、$\hat{x}$、$\hat{y}$，它们应放置成三角形，三角形面积越大，工件越稳定；工件侧面上的两个支承点限制了 $\vec{x}$、$\hat{z}$，它们不能垂直放置，否则工件绕 z 轴的转动自由度 $\hat{z}$ 便不能被限制。

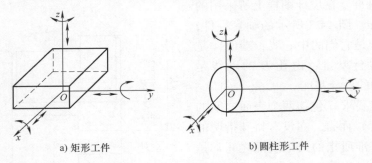

a) 矩形工件   b) 圆柱形工件

图 1-29 工件的六个自由度

六点定位原理可应用于任何形状、类型的工件，具有普遍的意义。无论工件的形状和结构怎么不同，它们的六个自由度都可以用六个支承点限制，只是六个支承点的分布不同而已。

欲使图 1-31a 所示零件在坐标系中取得完全确定的位置，可将支承钉按图 1-31b 所示进行分布，则支承钉 1、2、3、4 限制了工件的 $\hat{x}$、$\vec{z}$、$\hat{x}$、$\hat{z}$ 四个自由度，支承钉 5 限制了工件的 $\vec{y}$ 自由度，支承钉 6 限制了工件的 $\hat{y}$ 自由度。

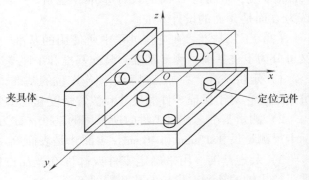

图 1-30 定位支承点的分布

六点定位原理是工件定位的基本原理，用于实际生产时，起支承点作用的是一定形状的几何体。这些用来限制工件自由度的几何体就是定位元件。

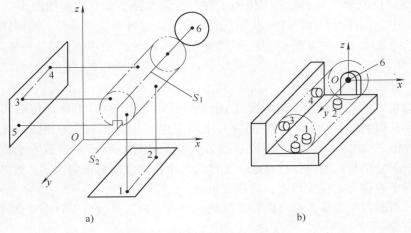

a)   b)

图 1-31 轴类零件的六点定位

（2）限制工件的自由度与加工要求的关系　工件应被限制的自由度与工件被加工面的位置要求存在对应关系：当被加工面只有一个方向的位置要求时，需要限制工件的三个自由度；当被加工工件有两个方向的位置要求时，需要限制工件的五个自由度；当被加工面有三个方向的位置要求时，需要限制工件的六个自由度。

另外，为保证被加工要素对基准的距离尺寸要求，所限制的自由度与工件定位基准的形状有关，而位置公差要求所需限制的自由度则与被加工要素及基准要素的形状均有关系。具体确定被加工零件所需限制自由度数量的方法是：独立拟出确保各单项距离或位置公差要求而应限制的自由度后，再按综合叠加但不重复的方法得到确保多项精度要求应限制的自由度数。

如图 1-32 所示，在工件上铣键槽，有两个方位的位置要求，为保证槽底面与 A 面的距离尺寸及平行度要求，必须限制 $\vec{z}$、$\hat{x}$、$\hat{y}$ 三个自由度；为确保槽侧面与 B 面的平行度及距离尺寸要求，必须限制工件的 $\vec{x}$、$\hat{z}$ 两个自由度。按综合叠加的方法，为保证槽的位置精度，必须限制以上五个自由度。如果槽的长度有要求，则被加工面就有三个方位的位置要求，即必须限制工件的六个自由度。

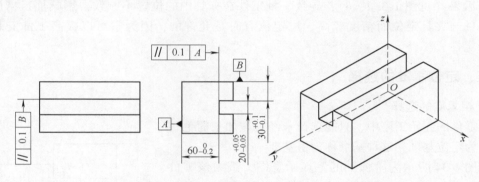

图 1-32　在工件上铣键槽

（3）应用六点定位原理时应注意的问题

1）正确的定位形式。正确的定位形式是指在满足加工要求的情况下，适当地限制工件的自由度数目。如图 1-32 所示，要加工零件上的槽，如槽是不通槽，即在槽的长度方向上有尺寸要求，则工件的六个自由度 $\vec{x}$、$\hat{y}$、$\vec{z}$、$\hat{x}$、$\hat{y}$、$\hat{z}$ 都应限制，这种定位称为完全定位。如果要加工的槽是通槽，则只限制自由度 $\vec{x}$、$\vec{z}$、$\hat{x}$、$\hat{y}$、$\hat{z}$ 就可以了。这种根据零件加工要求限制工件部分自由度的定位，称为不完全定位。

由此可知，工件在定位时应该约束的自由度应由零件的加工要求而定，不影响加工精度的自由度可以不加约束。采用不完全定位可以简化定位装置，因此不完全定位在实际生产中也被广泛应用。

2）防止产生欠定位。根据零件的加工要求应该限制的自由度，在实际定位时有部分（或全部）未被限制的定位，称为欠定位。如图 1-32 中加工槽时，减少上述应限制的自由度中的任何一个都是欠定位。欠定位是不允许的，因为在欠定位的情况下，将不能保证工件加工精度的要求。

3）正确处理过定位。工件在定位时，如果其同一自由度被多于一个定位元件所限制，这种定位称为过定位，也称为重复定位。图 1-33 所示为齿轮毛坯的定位，其中图 1-33a 所示为短销、大平面定位，短销限制自由度$\vec{x}$和$\vec{y}$，大平面限制自由度$\vec{z}$、$\hat{x}$和$\hat{y}$，无过定位；图1-33b所示为长销、小平面定位，长销限制自由度$\vec{x}$、$\vec{y}$、$\hat{x}$和$\hat{y}$，小平面限制自由度$\vec{z}$，也无过定位；图1-33c所示为长销、大平面定位，长销限制自由度$\vec{x}$、$\vec{y}$、$\hat{x}$和$\hat{y}$，大平面限制自由度$\vec{z}$、$\hat{x}$和$\hat{y}$，这里的自由度$\hat{x}$和$\hat{y}$同时被两个定位元件限制，所以产生了过定位。

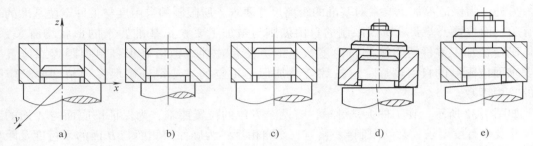

图1-33　过定位情况分析

过定位一般是不允许的，因为它可能产生破坏定位、工件不能装入、工件变形或夹具变形等后果（见图1-33d、e），导致一批工件在夹具中的位置不一致，影响加工精度。但如果工件与夹具定位面精度较高，过定位有时是允许的，因为它可以提高工件安装的刚度和稳定性。

五、定位基准的选择

1. 粗基准的选择

在零件的起始工序中，只能选择未经机械加工的毛坯表面作为定位基准，这种基准称为粗基准。

如图1-34所示为阶梯轴的毛坯示意图，试为该零件的首道机械加工工序选择粗基准。该毛坯结构简单，其加工可在车床上利用自定心卡盘夹持外圆后进行，因而粗基准只有两种选择，即以左端外圆为粗基准或以右端外圆为粗基准。由图可知，由于毛坯制造存在较大误差，使左、右两段圆柱产生了3mm的偏心。

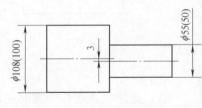

图1-34　阶梯轴毛坯

选择粗基准时，应重点考虑两个问题：一是保证主要加工面有足够而均匀的余量且各待加工面有足够的余量；二是保证加工面和不加工面之间的相互位置精度。具体的选择原则如下。

1）为了保证加工面与不加工面之间的位置要求，应选择不加工面作为定位基准。当工件上有多个不加工面与加工面之间有位置要求时，应以其中要求最高的不加工面为粗基准。如图1-35所示，为保证不加工的外圆表面与内孔的同轴度（壁厚均匀），应选择外圆面作为粗基准。

2）粗基准的选择应使各加工面的余量合理分配。在分配余量时，应考虑以下两点：

① 为保证各加工面都有足够的加工余量，应选择毛坯

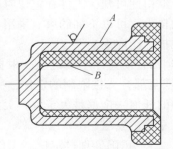

图1-35　工件以非加工面为粗基准

余量最小的面作为粗基准。例如图 1-34 所示的阶梯轴，因 $\phi55mm$ 外圆的余量较小，故应选择 $\phi55mm$ 外圆作为粗基准。如果选择 $\phi108mm$ 外圆作为粗基准，在加工 $\phi50mm$ 外圆时，由于两外圆有 3mm 的偏心，可能因 $\phi50mm$ 外圆的余量不足而使工件报废。

② 为了保证重要加工表面的余量均匀，应选择重要表面作为粗基准。例如机床的床身导轨面不仅精度要求高，而且导轨表面要有均匀的金相组织和较高的耐磨性，这就要求导轨面的加工余量较小而且均匀（因为铸件表面不同深度处的耐磨性相差很多），故首先应以导轨面为粗基准加工床身的底平面，然后以床身的底平面为精基准加工导轨面，如图 1-36 所示；反之，将造成导轨面余量不均匀。

3）粗基准应避免重复使用，在同一尺寸方向上通常只允许使用一次。

粗基准是毛面，一般来说表面比较粗糙，形状误差也大，如重复使用就会造成较大的定位误差。因此，粗基准应避免重复使用。

图 1-36　床身加工的粗基准选择

4）选作粗基准的表面应平整光洁，要避开锻造飞边等缺陷和铸造浇、冒口及分型面等，以保证定位准确、夹紧可靠。

2. 精基准的选择

在零件的整个加工过程中，除首道机械加工工序外的所有机械加工工序都应采用已经加工过的表面定位，这种定位基准称为精基准。

选择精基准时，重点是考虑如何减小工件的定位误差，保证工件的加工精度，同时也要考虑装夹工件的方便，夹具结构简单。选择精基准时一般遵循下列原则。

（1）基准重合原则　即选择工件的设计基准（或工序基准）作为定位基准，以避免由于定位基准与设计基准（或工序基准）不重合而引起的定位误差。图 1-37 所示为某工序的加工要求示意图，该加工工序为加工零件的 C 面。加工 C 面时的工序基准为 B 面，定位时选择 B 面即可满足基准重合的要求，如选择 A 面，则定位基准与工序基准将不重合。

（2）便于工件的装夹，并使夹具结构简单的原则　仍以图 1-37 所示零件为例，当加工 C 面时，如果采用基准重合原则，应选择 B 面为定位基准，但这样不仅使工件的装夹不便，而且夹具的结构也将复杂得多。如果采用 A 面作为定位基准，虽然可使工件装夹方便，夹具结构简单，但又会产生基准不重合误差。实际加工中应综合考虑各种因素，合理确定定位的精基准。如果本工序加工要求不是很高，则采用 A 面定位是合适的；但如果本工序加工要求很高，则采用 B 面定位比较合理。

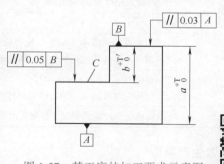

图 1-37　某工序的加工要求示意图

（3）基准统一原则　当工件以某一组精基准定位，可以比较方便地加工其他各表面时，应尽可能在多数工序中采用此同一组精基准定位，这就是基准统一原则。例如，轴类零件的大多数工序都采用顶尖孔作为定位基准。

（4）自为基准原则　某些要求加工余量小而均匀的精加工工序，可选择加工表面本身作为定位基准，称为自为基准原则。这时本工序的位置精度是不能得到提高的，只能提高加工面本身的尺寸精度，因而其位置精度应在前一工序保证。浮动镗刀、浮动铰刀和珩磨等加工孔的方法属于自为基准的实例。

（5）互为基准原则　为了获得均匀的加工余量或较高的位置精度，可采用互为基准、反复加工的原则。例如加工精密齿轮（图1-38）时，先以内孔定位加工齿形面，齿面淬硬后需进行磨齿，因齿面淬硬层较薄，为保证小而均匀的磨削余量，此时采用齿面为定位基准磨内孔，再以内孔为定位基准磨齿面，这样既保证了齿面的磨削余量均匀，又保证了齿面与内孔之间的相互位置精度。

图1-38　精密齿轮

【任务实施】

识读支轴的加工工艺过程卡片，见表1-6。

表1-6　支轴的加工工艺过程卡片

序号	工序名称	工序内容	定位基准	设备
1	毛坯	棒料 ϕ90mm×175mm		
2	粗车	（1）粗车右端面，钻中心孔，粗车 ϕ80mm 外圆，留后续加工余量5mm；粗车 ϕ80mm 端面，留 0.3mm 余量；粗车 ϕ65mm 外圆，留2mm 余量 （2）粗车左端面保证总长，钻中心孔，粗车左端各处外圆及外圆锥，留加工余量2mm；粗车各处端面，留加工余量0.2mm	外圆 外圆及中心孔	卧式车床
3	热处理	调质后硬度为 240～280HBW		
4	半精车	（1）半精车 ϕ80mm 外圆至尺寸，半精车 ϕ65mm 外圆及端面、外圆，留 0.5mm 余量，切退刀槽 （2）半精车左端各处外圆及外圆锥，留加工余量0.5mm；半精车各处端面至尺寸；加工槽至尺寸	外圆及中心孔	数控车床
5	热处理	锥面淬硬后硬度为 45～50HRC		
6	钳	研磨中心孔		
7	粗磨	（1）粗磨右端外圆 ϕ65mm，留精磨量 （2）粗磨左端外圆及外圆锥面，留精磨量	中心孔	外圆磨床
8	精磨	（1）精磨右端外圆 ϕ65mm 至尺寸 （2）精磨左端外圆及外圆锥面至尺寸	中心孔	外圆磨床
9	检验	按图样检查工件各部分尺寸及精度		

1. 识读生产类型

该支轴生产纲领为1000件，根据表1-5可以判断为中批量生产。

2. 识读装夹方案

因该支轴为回转件的实心轴，设计基准为公共轴线，为保证各挡圆柱、圆锥面同轴，通过工艺卡片可以看出粗车时定位夹紧方式为以外圆为定位基面，采用自定心卡盘夹紧；半精车和磨削时以两中心顶尖定位，即左端采用固定顶尖定心，右端采用回转顶尖支承的装夹方式。

3. 识读工序

该支轴共分九个工序。为满足生产需要，其中粗车工序定位、安装各两次；半精车工序安装两次，定位基准为公共轴线，采用数控车床加工；磨削工序安装定位同半精车，采用外圆磨床加工；其中还穿插两次热处理工序，最后有一道检验工序。

【任务拓展与练习】

1. 图 1-39 所示为定位螺钉的零件图，毛坯为 $\phi30mm$ 的 45 钢棒料，其小批量生产的工艺过程见表 1-7。试在表中简要说明划分工序、安装、工步、工位、走刀的理由。

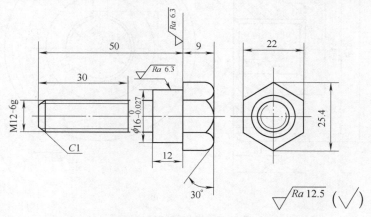

图 1-39　定位螺钉

表 1-7　定位螺钉的生产工艺过程

工序号	工序内容、安装、工位、工步	设备	划分的理由
1	下料	锯床	
2	车（安装一次） （1）车小端端面 （2）车 $\phi25.4mm$ 外圆 （3）车小端外圆 $\phi18mm\times49.8mm$ （4）车 M12 外圆，保证长度 38mm （5）车外圆 $\phi16_{-0.027}^{0}mm\times12mm$（两次走刀） （6）倒角 C1 （7）车螺纹 M12-6g （8）切断	卧式车床	
3	车（掉头安装一次） （1）车大端端面 （2）倒角 30°	同一台车床	
4	铣六角头（安装一次） 用组合铣刀和分度头分三个工位进行加工	卧式铣床	
5	钳工去毛刺	钳工工作台	
6	发黑	热处理炉	
7	检验		

2. 在成批生产条件下，加工如图 1-40 所示的齿轮，加工内容见表 1-8。试在表 1-8 中用

数码区分工序（1，2，3…）、安装（一、二…）、工位（（1）、（2）、（3）…）及工步（①，②，③…）。

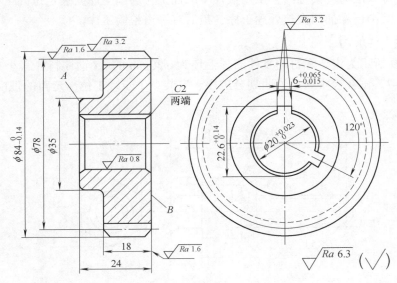

图 1-40　齿轮

表 1-8　齿轮的加工内容

顺序	加工内容	工序	安装	工位	工步
1	在立式钻床上钻 φ19.2mm 孔（图中 φ20mm 处）				
2	在同一立钻上锪端面 A				
3	在同一立式钻床上倒角 C2				
4	掉头，在同一立式钻床上倒角 C2				
5	在拉床上拉 φ20mm 内孔				
6	在插床上插一键槽				
7	在同一插床上插另一键槽				
8	在多刀车床上粗车外圆、台阶、端面 B				
9	在卧式车床上精车 φ84mm				
10	在同一车床上精车端面 B				
11	在滚齿机上滚齿				
12	在钳工工作台上去毛刺				
13	检验				

3. 如图 1-41 所示壳体零件的毛坯，在铸造时内孔 2 与外圆 1 有偏心。问：①如果要求获得与外圆有较高同轴度的内孔，应该如何选择粗基准？②若要求内孔 2 的加工余量均匀，应该如何选择粗基准？

4. 图 1-42 所示为一铸造或锻造的轴套，通常孔的加工余量较大，外圆的加工余量较小，试选择粗、精基准。

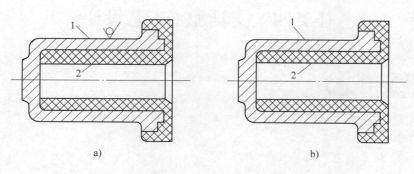

图 1-41 壳体毛坯

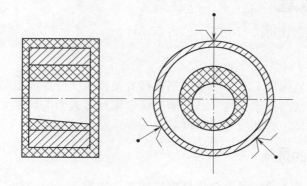

图 1-42 轴套

5. 图 1-43 所示支座零件的 A、B、C 面，ϕ10H7 及 ϕ30H7 孔均已加工。试分析加工 ϕ12H7 孔时，选用哪些表面定位最合理？为什么？

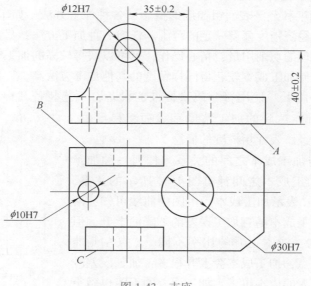

图 1-43 支座

任务四　支轴加工工艺设计

知 识 点

1. 加工方法、经济精度。
2. 加工顺序。
3. 加工余量、工序尺寸。

技 能 点

能够对零件图进行加工工艺内容设计。

【相关知识】

对机械零件进行机械加工时，必须严格执行有关技术文件。加工工艺规程是规定零件制造工艺过程和操作方法的技术文件，其中需要规定零件各表面的加工方法和加工顺序，并明确各工序中零件需要加工到的尺寸及精度。

一、加工方法的选择

选择加工方法的基本原则是既要保证零件的加工质量，又要使加工成本最低。为此，必须熟悉各种加工方法所能达到的经济精度及表面粗糙度。由于获得同一精度和同一表面粗糙度值的方案有多种，在具体选择时，还应考虑工件材料的可加工性、生产类型、工件的形状和尺寸、现有生产条件等。

1. 加工经济精度和经济表面粗糙度

（1）加工经济精度和经济表面粗糙度的概念　各种加工方法，如车、铣、刨、磨、钻、镗、铰等所能达到的经济精度都有一定的范围。任何一种加工方法，只要仔细刃磨刀具，认真调整机床，选择合理的切削用量，精心操作，就可以获得较高的加工精度，但同时也会因耗时多、效率低，而使加工成本较获得同样精度的其他加工方法高。

在正常的加工条件下（使用符合质量标准的设备、工艺装备和标准技术等级的工人、合理的工时定额）所能达到的加工精度和表面粗糙度值，就是加工经济精度和经济表面粗糙度的概念。

（2）加工精度与加工成本之间的关系　任何一种加工方法的加工精度与加工成本之间都有图 1-44 所示的关系，图中 δ 为加工误差，C 表示加工成本。由图中曲线可知，两者关系的总趋势是加工成本随着加工误差的下降而上升，但在不同的误差范围内，成本上升的比率不同。A 点左侧曲线，加工误差减少一点，加工成本会上升很多；加工误差减少到一定程度时，投入的成本再多，加工误差的下降也微乎其微，这说明某种加工方法加工精度的提高是有极限的

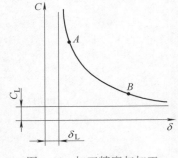

图 1-44　加工精度与加工成本之间的关系

（图中 δ_L）。在 B 点右侧，即使加工误差放大许多，成本下降也很少，这说明对于一种加工方法，成本的下降也是有极限的，即有最低成本（图中 C_L）。只有在曲线的 AB 段，加工成本随着加工误差的减少而上升的比率才相对稳定。可见，只有当加工误差等于曲线 AB 段对应的误差值时，采用相应的加工方法进行加工才是经济的，该误差值所对应的精度即为该加工方法的经济精度。因此，加工公差等级是指一个精度范围，而不是一个值。

（3）各种加工方法的加工公差等级及经济表面粗糙度

1）外圆加工中各种加工方法的公差等级及表面粗糙度值见表 1-9。

表 1-9 外圆加工中各种加工方法的公差等级及表面粗糙度值

加工方法	加工情况	公差等级 IT	表面粗糙度值 $Ra/\mu m$
车	粗车	13~12	80~10
	半精车	11~10	10~2.5
	精车	8~7	5~1.25
	金刚石车（镜面车）	6~5	1.25~0.02
铣	粗铣	13~12	80~10
	半精铣	12~11	10~2.5
	精铣	9~8	25~1.25
车槽	一次行程	12~11	20~10
	二次行程	11~10	10~2.5
磨	粗磨	9~8	10~1.25
	半精磨	8~7	2.5~0.63
	精磨	7~6	1.25~0.16
	精密磨（精修整砂轮）	6~5	0.32~0.08
	镜面磨	5	0.08~0.008
抛光			1.25~0.008
研磨	粗研	6~5	0.63~0.16
	精研	5	0.32~0.04
	精密研	5	0.08~0.008
超精加工	精	5	0.32~0.08
	精密	5	0.16~0.01
砂带磨	精磨	6~5	0.16~0.02
	精密磨	5	0.04~0.01
滚压		7~6	1.25~0.16

注：加工非铁金属时，表面粗糙度值 Ra 取低值。

2）孔加工中各种加工方法的公差等级及表面粗糙度值见表 1-10。

3）平面加工中各种加工方法的公差等级及表面粗糙度值见表 1-11。

表 1-10 孔加工中各种加工方法的公差等级及表面粗糙度值

加工方法	加工情况	公差等级 IT	表面粗糙度值 $Ra/\mu m$
钻	φ15mm 以下	13~1	80~5
	φ15mm 以上	12~10	80~20
扩	粗扩	13~12	20~5
	一次扩孔	13~11	40~10
	精扩	11~9	10~1.25
铰	半精铰	9~8	10~1.25
	精铰	7~6	5~0.32
	手铰	5	1.25~0.08
拉	粗拉	10~9	5~1.25
	一次拉孔	11~10	2.5~0.32
	精拉	9~7	0.63~0.16
推	半精推	8~6	1.25~0.32
	精推	6	0.32~0.08
镗	粗镗	13~12	20~5
	半精镗	11~10	10~2.5
	精镗（浮动镗）	9~7	5~0.63
	金刚镗	7~5	1.25~0.16
磨孔	粗磨	11~9	10~1.25
	半精磨	10~9	1.25~0.32
	精磨	8~7	0.63~0.08
	精密磨（精修整砂轮）	7~6	0.16~0.04
珩磨	粗珩	6~5	1.25~0.16
	精珩	5	0.32~0.04
研磨	粗研	6~5	0.63~0.16
	精研	5	0.32~0.04
	精密研	5	0.08~0.008
挤	滚珠、滚柱扩孔器，挤压头	8~6	1.25~0.01

注：加工非铁金属时，表面粗糙度值 Ra 取低值。

表 1-11 平面加工中各种加工方法的公差等级及表面粗糙度值

加工方法	加工情况	公差等级 IT	表面粗糙度值 $Ra/\mu m$
周铣	粗铣	13~11	20~5
	半精铣	11~8	10~2.5
	精铣	8~6	5~0.63
端铣	粗铣	13~11	20~5
	半精铣	11~8	10~2.5
	精铣	8~6	5~0.63

（续）

加工方法	加工情况		公差等级 IT	表面粗糙度值 $Ra/\mu m$
车	粗车		11~8	10~2.5
	半精车		8~6	5~1.25
	细车		8	1.25~0.02
刨	粗刨		13~11	20~5
	半精刨		11~8	10~2.5
	精刨		8~6	5~0.63
	宽刀精刨		6	1.25~0.16
插				20~2.5
拉	粗拉		11~10	20~5
	精拉		9~6	2.5~0.32
平磨	粗磨		10~8	10~1.25
	半精磨		9~8	2.5~0.63
	精磨		8~6	1.25~0.16
	精密磨		6	0.32~0.04
刮	$25\times25mm^2$ 内点数	8~10		1.25~0.63
		10~13		0.63~0.32
		13~16		0.32~0.16
		16~20		0.16~0.08
		20~25		0.08~0.04
研磨	粗磨		6	0.63~0.16
	精磨		5	0.32~0.04
	精密磨		5	0.08~0.008
砂带磨	精磨		6~5	0.32~0.04
	精密磨		5	0.04~0.01
滚压			10~7	2.5~0.16

注：加工非铁金属时，表面粗糙度值 Ra 取低值。

必须指出，各种加工方法的公差等级不是不变的。随着生产技术的发展和工艺水平的提高，同一种加工方法所能达到的公差等级会提高，表面粗糙度值会减小。

加工表面的技术要求是决定表面加工方法的首要因素，必须强调的是，这些技术要求除了零件设计图样上所规定的以外，还包括由于基准不重合而提高的对某些表面的加工要求，以及由于被作为精基准面而对其提出的更高加工要求。

2. 零件材料的可加工性

硬度很低而韧性较大的金属材料，如非铁金属材料应采用切削的方法加工，而不宜用磨削的方法加工，因为磨屑会堵塞砂轮的工作表面。例如，加工尺寸的公差等级为IT7、表面粗糙度值为 $Ra1.25~0.8\mu m$ 的内孔，若材料为非铁金属，则采用镗、铰、拉等切削加工方法比较适宜，而很少采用磨削加工。淬火钢、耐热钢因硬度高很难切削，最好采用磨削方法加工。如加工尺寸的公差等级为IT6、表面粗糙度值为 $Ra1.25~0.8\mu m$ 的外圆，若零件要求淬硬到 $58~60HRC$，则宜采用磨削而不能用车削。

3. 生产类型

大批大量生产时，应尽量采用先进的加工方法和高效率的机床设备。例如用拉削加工内孔和平面、用半自动液压仿形车床加工轴类零件、用组合铣或组合磨同时加工几个表面等，此时生产率高，设备和专用工装能得到充分利用，因而加工成本也低。在单件小批量生产中，一般多采用通用机床和常规加工方法。为了提高企业的竞争能力，也应该注意采用数控机床、柔性制造系统（FMS）以及成组技术等先进设备和先进的加工方法。

4. 工件的形状和尺寸

由于受结构的限制，箱体上的某些孔不宜用拉削和磨削加工时，可采用其他加工方法。如大孔可用镗削，小孔可用铰削，有轴向沟槽的内孔不能采用直齿铰刀加工；形状不规则的工件外圆表面则不能采用无心磨削。

5. 现有生产条件

选择表面加工方法不能脱离本企业现有的设备状况和工人的技术水平，既要充分利用现有设备，也要注意不断地对原有设备和工艺进行技术改造，挖掘企业潜力。

6. 选择表面加工方法时的注意事项

1）加工方法选择的步骤总是首先确定被加工零件主要表面的最终加工方法，然后依次向前选定各预备工序的加工方法。例如，加工一个公差等级为 IT6、表面粗糙度值为 $Ra0.2\mu m$ 的外圆表面，其最终工序的加工方法如选用精磨，则前面的各预备工序可选为粗车、半精车、精车、粗磨和半精磨。

主要表面的加工方法选定以后，再选定各次要表面的加工方法。

2）在被加工零件各表面加工方法分别初步选定以后，还应综合考虑为保证各加工表面位置精度要求而采取的工艺措施。例如，几个同轴度要求较高的外圆或孔应安排在同一工序的一次装夹中加工，这时就可能要对已选定的加工方法做适当的调整。

3）一个零件通常由许多表面组成，但各个表面的几何性质不外乎是外圆、孔、平面及各种成形表面等。因此，熟悉和掌握这些典型表面的各种加工方案对制订零件加工工艺过程是十分必要的。工件上各种典型表面所采用的典型工艺路线见表 1-12～表 1-14，可供选择表面加工方法时参考。

表 1-12　外圆柱面加工方案

序号	加工方法	公差等级 IT	表面粗糙度值 $Ra/\mu m$	适用范围
1	粗车	13～11	20～12.5	适用于除淬火钢以外的各种金属
2	粗车→半精车	10～8	6.3～3.2	
3	粗车→半精车→精车	8～7	1.6～0.8	
4	粗车→半精车→精车→滚压（或抛光）	8～7	0.2～0.022	
5	粗车→半精车→磨削	8～7	0.8～0.4	主要用于淬火钢，也可用于未淬火钢，但不宜加工非铁金属
6	粗车→半精车→粗磨→精磨	7～6	0.4～0.1	
7	粗车→半精车→粗磨→精磨→超精加工（或轮式超精磨）	2	0.022～$Rz0.1$	
8	粗车→半精车→精车→精细车（金刚车）	7～6	0.4～0.022	主要用于要求较高的非铁金属的加工

（续）

序号	加工方法	公差等级 IT	表面粗糙度值 $Ra/\mu m$	适用范围
9	粗车→半精车→粗磨→精磨→超精磨（或镜面磨）	2 以上	$0.022 \sim Rz0.02$	极高精度的外圆加工
10	粗车→半精车→粗磨→精磨→研磨	2 以上	$0.1 \sim Rz0.02$	

表 1-13　孔加工方案

序号	加工方法	经济精度（公差等级 IT）	表面粗糙度值 $Ra/\mu m$	适用范围
1	钻	12~11	12.2	加工未淬火钢及铸铁的实心毛坯，也可用于加工非铁金属（但表面粗糙度值稍大，孔径小于 10~18mm）
2	钻→铰	9	3.2~1.6	
3	钻→铰→精铰	8~7	1.6~0.8	
4	钻→扩	11~10	12.2~6.3	同上（但孔径大于 10~18mm）
5	钻→扩→铰	9~8	3.2~1.6	
6	钻→扩→粗铰→精铰	7	1.6~0.8	
7	钻→扩→机铰→手铰	7~6	0.4~0.1	
8	钻→扩→拉	9~7	1.6~0.1	大批大量生产（精度由拉刀的精度而定）
9	粗镗（或扩孔）	12~11	12.2~6.3	除淬火钢外的各种材料，毛坯有铸出孔或锻出孔
10	粗镗（粗扩）→半精镗（精扩）	9~8	3.2~1.6	
11	粗镗（扩）→半精镗（精扩）→精镗（铰）	8~7	1.6~0.8	
12	粗镗（扩）→半精镗（精扩）→精镗→浮动镗刀精镗	7~6	0.8~0.4	
13	粗镗（扩）→半精镗→磨孔	8~7	0.8~0.2	主要用于淬火钢，也可用于未淬火钢，但不宜用于非铁金属
14	粗镗（扩）→半精镗→粗磨→精磨	7~6	0.2~0.1	
15	粗镗→半精镗→精镗→金刚镗	7~6	0.4~0.02	主要用于精度要求高的非铁金属的加工
16	钻→（扩）→粗铰→精铰→珩磨；钻→（扩）→拉→珩磨，粗镗→半精镗→精镗→珩磨	7~6	0.2~0.022	精度要求很高的孔
17	以研磨代替上述方案中的珩磨	6 以上		

课题一　支轴的加工工艺

表 1-14　平面加工方案

序号	加工方法	公差等级 IT	表面粗糙度值 Ra/μm	适用范围
1	粗车→半精车	9	6.3~3.2	
2	粗车→半精车→精车	8~7	1.6~0.8	端面
3	粗车→半精车→磨削	9~8	0.8~0.22	
4	粗刨（或粗铣）→精刨（或精铣）	9~8	6.3~1.6	一般不淬硬平面（端铣表面粗糙度值较小）
5	粗刨（或粗铣）→精刨（或精铣）→刮研	7~6	0.8~0.1	精度要求较高的不淬硬平面，批量较大时宜采用宽刃精刨方案
6	以宽刃刨削代替上述方案刮研	7	0.8~0.2	
7	粗刨（或粗铣）→精刨（或精铣）→磨削	7	0.8~0.2	精度要求高的淬硬平面或不淬硬平面
8	粗刨（或粗铣）→精刨（或精铣）→粗磨→精磨	7~6	0.4~0.02	
9	粗铣→拉	9~7	0.8~0.2	大量生产，较小的平面（精度视拉刀精度而定）
10	粗铣→精铣→磨削→研磨	6 以上	0.1~Rz0.02	高精度平面

二、加工顺序的确定

工件一般不可能在一个工序中加工完成，而是需要分几个阶段进行加工。在加工方法确定后，开始安排加工顺序，即确定哪些结构先加工、哪些结构后加工以及热处理工序和辅助工序等。合理安排零件的加工顺序，能够提高加工质量和生产率，降低加工成本，获得较好的经济效益。在安排加工顺序时应注意以下几个问题。

1. 加工阶段的划分

从毛坯到合格零件，一般要经过以下几个加工阶段。

（1）粗加工阶段　主要切除各表面上的大部分加工余量，使毛坯形状和尺寸接近于成品，为后续加工创造条件。

（2）半精加工阶段　完成次要表面的加工，并为主要表面的精加工在余量和精度方面做好准备。

（3）精加工阶段　完成主要表面的加工，达到图样要求。

（4）光整加工阶段　对于表面粗糙度和加工精度要求高的表面，还需要进行光整加工，以提高表面层的表面质量。这个阶段一般不能用于提高零件的位置精度。

2. 划分加工阶段的原因

（1）便于保证加工质量　工件粗加工因加工余量大，其切削力、夹紧力也较大，将造成加工误差。工件划分加工阶段后，可以在以后的加工阶段中纠正或减小误差，提高加工质量。

（2）便于合理使用设备　粗加工可采用刚度好、效率高、功率大、精度相对低的机床，精加工则要求机床精度高。划分加工阶段后，可以充分发挥各类设备的优势，满足加工的要求。

（3）便于安排热处理工序　粗加工后，工件残余应力大，一般要安排去应力的热处理工序。精加工前要安排淬火等最终热处理，其变形可以通过精加工予以消除。

（4）便于及时发现毛坯缺陷　毛坯经粗加工阶段后，可以及时发现和处理缺陷，以免因对缺陷工件继续进行加工而造成浪费。

（5）避免损伤已加工表面　精加工工序安排在最后，可以避免加工好的表面在搬运和夹紧中受到损伤。

应当指出，工艺过程划分阶段是对零件加工的整个过程而言的，不能从某一表面的加工或某一工序的性质来判断。例如，某些定位基准面的精加工，在半精加工甚至粗加工阶段就加工得很准确，则无须放在精加工阶段进行加工。

3. 工序集中与工序分散

工序集中与工序分散是拟订工艺路线时确定工序数目或工序内容多少的两种不同的原则，它们与设备类型的选择有密切关系。

（1）工序集中与工序分散的性质　工序集中就是将工件的加工集中在少数几道工序内完成，每道工序的加工内容较多。工序集中可采用技术的措施集中，称为机械集中，如多刃、多刀加工，自动机床和多轴机床加工等；也可采用人为的组织措施集中，称为组织集中，如卧式车床的顺序加工。工序分散是将工件的加工分散在较多的工序内进行，每道工序的加工内容较少，有些工序只包含一个工步。

（2）工序集中与工序分散的特点

1）工序集中的特点。

① 采用高效率的机床或自动线、数控机床等，生产率高。

② 工件装夹次数减少，易于保证表面间的位置精度，还能减少工序间的运输量，有利于缩短生产周期。

③ 工序数目少，可减少机床数量、操作人员数量和生产面积，还可减少生产计划和生产组织工作。

④ 因采用结构复杂的专用设备及工艺装备，故投资大，调整和维修复杂，生产准备工作量大，转换新产品比较费时。

2）工序分散的特点。

① 机床设备及工艺装备简单，调整和维修方便，工人易于掌握，生产准备工作量少，易于平衡工序时间，能较快地更换和生产不同产品。

② 可采用最为合理的切削用量，减少基本时间。

③ 设备数量多，操作工人多，占用场地大。

④ 对工人的技术水平要求较低。

（3）工序集中与工序分散的选用　工序集中与工序分散各有利弊，应根据生产类型、现有生产条件、企业能力、工件结构特点和技术要求等进行综合分析，具体选择原则如下：

1）单件小批生产适合采用工序集中的原则，以便简化生产计划和组织工作。成批生产宜采用工序集中原则，以便选用效率较高的机床。大批大量生产中，若工件结构较复杂，则适合采用工序集中原则，可以采用各种高效组合机床、自动机床等进行加工；对于结构较简单的工件（如轴承）和刚度较差、精度较高的精密工件，也可采用工序分散原则。

2）产品品种较多，又经常变换时，适合采用工序分散原则。同时，由于数控机床和柔性制造技术的发展，也可以采用工序集中原则。

3）工件加工质量要求较高时，一般采用工序分散原则，可以用高精度机床来保证加工质量要求。

4）对于重型工件，宜采用适当的工序集中原则，以减少工件装卸和运输的工作量。

4. 加工顺序的确定

工件的加工过程通常包括机械加工工序、热处理工序及辅助工序。在安排加工顺序时，常遵循以下原则。

（1）机械加工工序的安排

1）基面先行。先以粗基准定位加工出精基准，以便尽快为后续工序提供基准；如果基准不统一，则应按基准转换顺序逐步提高精度的原则安排基准面加工。

2）先粗后精。先粗加工，其次半精加工，最后安排精加工和光整加工。

3）先主后次。先考虑主要表面（装配基面、工作表面等）的加工，后考虑次要表面（键槽、螺孔、光孔等）的加工。主要表面的加工容易产生废品，应放在前阶段进行，以减少工时的浪费。由于次要表面的加工量较少，而且与主要表面有位置精度要求，所以次要表面的加工一般应放在主要表面半精加工或光整加工之前完成。

4）先面后孔。对于箱体、支架、连杆等类零件（其结构主要由平面和孔组成），由于平面的轮廓尺寸较大，且表面平整，用以定位比较稳定可靠，故一般是以平面为基准来加工孔，这样能够确保孔与平面的位置精度，加工孔时也较方便，所以应先加工平面，后加工孔。

5）就近不就远。在安排加工顺序时，还要考虑车间的机床布置情况。当类似机床布置在同一区域时，应尽量把类似工种的加工工序就近布置，以避免工件在车间内往返搬运。

（2）热处理工序的安排

1）预备热处理。

① 退火、正火和调质处理。退火、正火和调质处理的目的是改善工件材料的力学性能和可加工性，一般安排在粗加工以前或粗加工以后、半精加工之前进行，放在粗加工之前可改善粗加工时材料的可加工性，并减少车间之间的运输工作量；放在粗加工与半精加工之间进行，有利于消除粗加工所产生的残余应力对工件的影响，并可保证调质层的厚度。

② 时效处理。时效处理的目的是消除毛坯制造和机械加工过程中产生的残余应力，一般安排在粗加工以后、精加工以前进行。为了减少运输工作量，对于加工精度要求不高的工件，一般把消除残余应力的热处理安排在毛坯进入机械加工车间之前进行；对于机床床身、立柱等结构复杂的铸件，则在粗加工前、后都要进行时效处理；对于精度要求较高的工件（如镗床的箱体），应安排两次或多次时效处理；对于精度要求很高的精密丝杠、主轴等零件，则应在粗加工和半精加工之间安排多次时效处理。

2）最终热处理。

① 普通淬火。淬火的目的是提高工件的表面硬度，一般安排在半精加工之后、磨削等

精加工之前进行。因为工件在淬火后，表面会产生氧化层，而且会产生一定的变形，所以在淬火后必须进行磨削或其他能够加工淬硬层的工序。

② 渗碳淬火。渗碳淬火的目的是改善工件的表面力学性能，高温渗碳淬火工件变形大，加之渗碳时渗碳层深度一般为 0.5～2mm，所以渗碳淬火工序常安排在半精加工和精加工之间进行。

③ 渗氮、碳氮共渗处理。目的也是改善工件的表面力学性能，可根据零件的加工要求，安排在粗、精磨之间或精磨之后进行。

（3）辅助工序的安排　辅助工序一般包括去毛刺、倒棱、清洗、防锈、去磁和检验等。检验工序是主要的辅助工序，是保证产品质量的重要措施。除了各工序操作者自检外，在粗加工结束后、精加工开始前，重要工序或耗时较长的工序前后，零件换车间前后，零件全部加工结束以后，均应安排检验工序。

三、加工余量的确定

1. 加工余量的概念

加工余量是在加工过程中，从被加工表面上切除的金属层厚度。加工余量分为工序余量和加工总余量（毛坯余量）两种。

（1）工序余量 Z　工序余量为在某工序从工件加工表面切除的金属层厚度，其大小为相邻两个工序的工序尺寸之差。

1）基本余量。根据加工表面的形状不同，加工余量又可分为单边余量和双边余量两种。

平面加工（见图 1-45a、b）的加工余量为单边余量，即实际切除的金属层厚度。

对于外表面 $$Z_2 = A_1 - A_2$$

对于内表面 $$Z_2 = A_2 - A_1$$

式中　Z_2——本道工序的工序余量（mm）；

A_1——前道工序的工序尺寸（mm）；

A_2——本道工序的工序尺寸（mm）。

轴和孔的回转面加工（见图 1-45c、d），加工余量为双边余量，实际切除的金属层厚度为加工余量的一半。

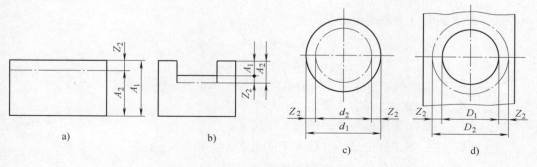

图 1-45　基本余量

对于轴 $$2Z_2 = d_1 - d_2$$

对于孔 $\qquad 2Z_2 = D_2 - D_1$

式中 $2Z_2$——本道工序直径上的工序余量（mm）；

$\qquad d_1$、D_1——前道工序的工序尺寸（mm）；

$\qquad d_2$、D_2——本道工序的工序尺寸（mm）。

当加工某个表面的一道工序包括几个工步时，相邻两工步尺寸之差就是工步余量，即在一个工步中从某一加工表面切除的材料层厚度。

2）最大余量、最小余量和余量公差。因各工序尺寸都有公差，故实际切除的金属层厚度大小不等，这就产生了工序余量的最大值和最小值。

工序尺寸的公差一般规定按"入体原则"标注，故对于被包容面（轴），最大工序尺寸就是公称尺寸，取上极限偏差为零；而对于包容面（孔），最小工序尺寸就是公称尺寸，取下极限偏差为零。采用这种标注方法，便于工人在加工时控制尺寸，进行尺寸检验时可以使用通用量具，而不必设计和制造专用量具。

由于毛坯尺寸和各个工序尺寸都不可避免地存在着误差，所以无论加工总余量还是加工工序余量都是变动值。因此，加工余量可分为基本加工余量（Z）、最大加工余量（Z_{max}）和最小加工余量（Z_{min}）。由图1-46可知：

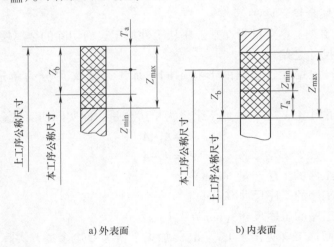

a) 外表面 　　　　 b) 内表面

图1-46 加工余量及公差

在加工外表面时（见图1-46a），

$$Z_{min} = a_{min} - b_{max}$$

$$Z_{max} = a_{max} - b_{min}$$

$$T_Z = Z_{max} - Z_{min} = a_{max} - b_{min} - (a_{min} - b_{max}) = a_{max} - a_{min} + b_{max} - b_{min} = T_a + T_b$$

式中 Z_{min}、Z_{max}——最小、最大工序余量；

$\qquad a_{min}$、a_{max}——上工序的最小、最大工序尺寸；

$\qquad b_{min}$、b_{max}——本工序的最小、最大工序尺寸；

$\qquad T_Z$——余量公差（工序余量的变化范围）；

$\qquad T_a$、T_b——上工序与本工序的工序尺寸的公差。

在加工内表面时（见图1-46b），

$$Z_{min} = b_{min} - a_{max}$$
$$Z_{max} = b_{max} - a_{min}$$
$$T_Z = Z_{max} - Z_{min} = b_{max} - a_{min} - (b_{min} - a_{max}) = a_{max} - a_{min} + b_{max} - b_{min} = T_a + T_b$$

计算结果表明，无论是加工外表面还是加工内表面，本工序的余量公差总是等于上工序和本工序的尺寸公差之和。但应注意，毛坯的公称尺寸一般都注以双向偏差（可用对称偏差或不对称偏差），这是因为毛坯的尺寸比较难于控制。

（2）加工总余量　在机械加工的整个过程中，从毛坯表面切除的金属层的厚度即加工总余量，用公式表示为

$$Z_0 = Z_1 + Z_2 + \cdots + Z_n = \sum_{i=1}^{n} Z_i$$

图 1-47 所示为外圆表面和内孔表面经过多次加工后，加工总余量、工序尺寸和加工尺寸的分布。

2. 影响加工余量的因素

1）上工序的尺寸公差 T_a 的影响。

2）上工序产生的表面粗糙度值 R_y 和表面缺陷层深度 H_s 的影响。

3）上工序留下的需要单独考虑的空间误差。

4）本工序的装夹误差。

3. 确定加工余量的方法

（1）计算法　按公式计算最经济合理，但难以获得齐全可靠的数据资料。

（2）经验估计法　凭经验确定加工余量，仅用于单件小批生产。

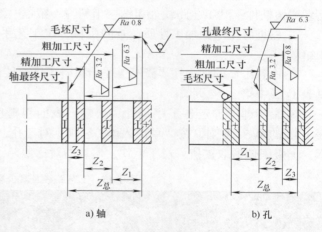

图 1-47　加工余量与加工尺寸的分布

（3）查表修正法　实际生产中常用的方法是将生产实践和试验研究积累的大量数据列成表格，以便使用时直接查找，同时应根据实际情况加以修正。

四、工序尺寸及其公差的确定

1. 工序尺寸的概念

工序尺寸是指某一个工序加工应达到的尺寸，其公差即为工序尺寸公差。各个工序的加工余量确定后，即可确定工序尺寸及公差。

工件从毛坯加工到成品的过程中，要经过多道工序，每道工序都将得到相应的工序尺寸。制订合理的工序尺寸及其公差是确保加工工艺规程、加工精度和加工质量的重要内容。工序尺寸及其公差可根据加工基准情况分别予以确定。

2. 基准重合时工序尺寸及其公差的设计

（1）根据零件图的设计尺寸及公差确定工序尺寸及公差　利用零件图的设计尺寸及公差作为工序尺寸及公差。例如，对于轴类零件的精加工工序，就可直接用零件图上标注的直

径尺寸及公差作为该工序对零件加工的要求。

（2）在确定加工余量的同时确定工序尺寸及其公差　加工内、外圆柱面和某些平面时，可在确定加工余量的同时确定工序尺寸及其公差。确定时只需考虑各工序的加工余量和该种加工方法所能达到的经济精度，确定顺序是从最后一道工序开始向前推算，其步骤如下。

1）确定各工序余量和毛坯总余量。

2）确定各工序尺寸公差及表面粗糙度值。最终工序尺寸公差等于设计公差，表面粗糙度值为设计表面粗糙度值。其他工序公差和表面粗糙度值按此工序加工方法的经济精度和经济表面粗糙度确定。

3）求工序的公称尺寸。从零件图的设计要求开始，一直往前推算至毛坯尺寸，某工序的公称尺寸等于后道工序的公称尺寸加上或减去后道工序的基本余量。

4）标注工序尺寸公差。最后一道工序按设计尺寸公差标注，其余工序尺寸按"单向入体"原则标注。

例如某主轴箱箱体零件上有一个孔，孔径为 $\phi100^{+0.035}_{0}$ mm，表面粗糙度值 Ra 为 0.8μm，毛坯为铸铁件，其工艺路线为粗镗→半精镗→精镗→浮动镗，其设计步骤如下：

① 根据各工序的加工性质，查阅机械加工工艺手册得到它们的工序间余量，见表 1-15 中第 2 列。

② 由各工序的加工性质查有关手册得各工序所能达到的经济精度与经济表面粗糙度值，见表 1-15 中第 3、4 列。

③ 最后即可确定各工序尺寸、公差、表面粗糙度值及毛坯尺寸，具体计算及结果见表 1-15 的第 5、6 列。按"单向入体"原则，对于孔，公称尺寸值为公差带的下极限偏差为零，上极限偏差取正值；对于毛坯，取双向对称偏差。

表 1-15　工艺路线及其公差的计算

工序名称	工序间余量 /mm	精度等级	表面粗糙度值 Ra/μm	工序尺寸/mm	工序尺寸及其偏差 /mm
浮动镗	0.1	H7 $\left(^{+0.035}_{0}\right)$	0.8	100	$\phi100^{+0.035}_{0}$
精镗	0.5	H8 $\left(^{+0.054}_{0}\right)$	1.25	100−0.1=99.9	$\phi99.9^{+0.054}_{0}$
半精镗	2.4	H10 $\left(^{+0.14}_{0}\right)$	2.5	99.9−0.5=99.4	$\phi99.4^{+0.14}_{0}$
粗镗	5	H13 $\left(^{+0.54}_{0}\right)$	16	99.4−2.4=97	$\phi97^{+0.54}_{0}$
毛坯		±2		97−5=92	$\phi92\pm2$

3. 基准不重合时工序尺寸及其公差的确定

当机械加工过程中的定位基准、测量基准等与设计基准（工序基准）不重合时，工序尺寸及其公差的确定要用工艺尺寸链来进行计算。

（1）工艺尺寸链的定义与组成

1）尺寸链的定义。尺寸链是机器装配或零件加工过程中，由若干相互连接的尺寸形成的尺寸组合。由零件加工过程中相互连接的尺寸形成的尺寸组合即为工艺尺寸链。下列所述内容即为工艺尺寸链的有关问题，以下简称尺寸链。

图 1-48a 所示台阶形零件的 A_1、A_0 尺寸在零件图中已注出。当上、下表面加工完毕，用表面 M 作为定位基准加工表面 N 时，需要确定尺寸 A_2，以便按该尺寸对刀后用调整法加

工表面 N。尺寸 A_2 及公差虽未在零件图中注出，但却与尺寸 A_1 和 A_0 相互关联，它们的关系可用图 1-48b 所示的尺寸链表示出来。

2）工艺尺寸链的特征。

① 工艺尺寸链是由一个间接得到的尺寸和若干个直接得到的尺寸组成的。如图 1-48b 所示，尺寸 A_1、A_2 是直接得到的尺寸，而 A_0 是间接得到的尺寸，其中间接得到的尺寸和加工精度受直接得到的尺寸的大小和加工精度的影响，且间接得到的尺寸的加工精度低于任何一个直接得到的尺寸的加工精度。

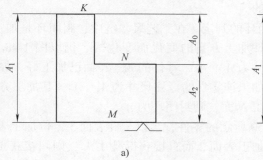
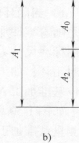

图 1-48　零件加工中的尺寸链

② 尺寸链一定是封闭的且各尺寸按一定的顺序首尾相连。即尺寸链包含两个特性：一是尺寸链中各尺寸应构成封闭图形；二是尺寸链中任何一个尺寸变化都直接影响其他尺寸的变化。

3）尺寸链的组成。

① 环。列入尺寸链的每一尺寸称为环，如图 1-48b 中的 A_1、A_2 和 A_0。

② 封闭环。在加工过程中，间接获得的一环称为封闭环，如图 1-43b 中的 A_0。每个尺寸链必须有且仅能有一个封闭环。

③ 组成环。除封闭环外的其他环称为组成环，如图 1-48b 中的 A_1 和 A_2。

④ 增环。在所有组成环中，如果某一环的增大会引起封闭环的增大，其减小会引起封闭环的减小，则该环称为增环。通常在增环符号上标以向右的箭头，如 $\overrightarrow{A_1}$。

⑤ 减环。在所有组成环中，如果某一环的增大会引起封闭环的减小，其减小会引起封闭环的增大，则该环称为减环。通常在减环符号上标以向左的箭头，如 $\overleftarrow{A_2}$。

4）增环和减环的判断。尺寸链组成环中的增环和减环的判断可根据其定义进行，如上述判断方法，该方法主要用于尺寸链中总环数较少的尺寸链；也可用画"箭头"的方法进行判断，尺寸链环数较多时可采用该方法，具体如下：

在尺寸链图上先给封闭环任意定出方向并画出箭头，然后顺这个箭头方向环绕尺寸链形成一个回路，依次给每个组成环画出箭头。此时凡是与封闭环箭头相反的组成环为增环，相同的为减环，如图 1-49 所示（其中 A_0 为封闭环）。由图可知，A_3、A_5、A_8 的方向与 A_0 的方向相反，是增环；A_1、A_2、A_4、A_6、A_7 的方向与 A_0 的方向相同，是减环。

（2）工艺尺寸链的建立　在利用尺寸链解决有关工序尺寸及公差的计算问题时，首先应建立工艺尺寸链。一旦工艺尺寸链建立了，解尺寸链是很容易的。在工艺尺寸链的建立过程中，首先要做的工作就是正确确定封闭环，然后查找出所

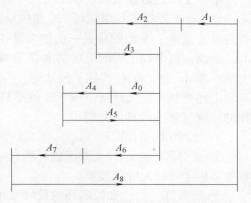

图 1-49　增环和减环的判断

有的组成环。封闭环的判定和组成环的查找必须引起初学者的重视，因为封闭环判定错误，会使整个尺寸链求解出错误的结果；组成环查找不对，将得不到最少环数的尺寸链，求解结果也是错误的。

1) 封闭环的判定。在工艺尺寸链中，封闭环是加工过程中间接形成的尺寸。因此封闭环是随着零件加工方案的变化而变化的。仍以图 1-48 所示零件为例，由上面的分析可知，图中标注尺寸为 A_1、A_0，零件的 M、K 面已加工好，如以 M 面为定位基准加工 N 面，则 A_0 为封闭环；如果该零件的标注尺寸为 A_1、A_2，其加工方案为先加工好 M、K 面后，以 K 面为定位基准加工 N 面，则封闭环为 A_2。

如图 1-50 所示的零件，当以工件表面 3 定位加工表面 1 时，获得尺寸 A_1，然后以表面 1 为测量基准加工表面 2 而直接获得尺寸 A_2，则间接获得的尺寸 A_0 为封闭环。但是，如果先以加工过的表面 1 为测量基准加工表面 2，直接获得尺寸 A_2，再以表面 2 为定位基准加工表面 3 直接获得尺寸 A_0，则尺寸 A_1 便为间接形成的尺寸而成为封闭环。因此，封闭环的判定必须根据零件加工的具体方案，紧紧抓住"间接形成"这一要领。

2) 组成环的查找。查找组成环的方法是：从构成封闭环的两表面开始，同步地按照工艺过程顺序，分别向前查找各表面最后一次加工的尺寸，之后再进一步查找此加工尺寸工序基准的最后一次加工时的尺寸，如此继续向前查找，直到两条路线最后得到的加工尺寸的工序基准重合（即重合的工序基准为同一表面），至此上述尺寸系统即形成封闭轮廓，从而构成了工艺尺寸链。

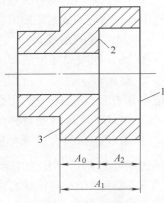

查找组成环时必须掌握的基本要点是组成环是加工过程中"直接获得"的，而且对封闭环有影响。仍以前述图 1-48a 所示零件为例，说明工艺尺寸链中组成环的查找方法。如果该零件有关高度方向尺寸的加工顺序如下：

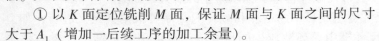

图 1-50　封闭环的判定

① 以 K 面定位铣削 M 面，保证 M 面与 K 面之间的尺寸大于 A_1（增加一后续工序的加工余量）。

② 以 M 面为定位基准铣削表面 K，保证尺寸 A_1。

③ 以 M 面为定位基准铣削 N 面，保证尺寸 A_2，同时保证尺寸 A_0。

由以上工艺过程可知，加工过程中尺寸 A_0 是间接获得的，是封闭环。从构成该尺寸的两端面 K、N 开始查找组成环。K 面的最近一次加工为铣削加工，工艺基准是 M 面，直接获得的尺寸是 A_1；N 面的最近一次加工是铣削加工，工艺基准也是 M 面，直接获得的尺寸为 A_2。至此，两个加工面的工序基准都是 M 面，即两个方向的工序基准重合了，组成环查找完毕，即 A_1、A_2 和 A_0 构成了尺寸链。

上述查找工艺尺寸链组成环的例子只有两环，比较简单，当组成环数较多时，方法是一样的，这里就不做具体介绍了。

3) 尺寸链的计算。

① 正计算：即已知全部组成环的尺寸及偏差，计算封闭环的尺寸及偏差。尺寸链正计算主要用于设计尺寸的校验。

② 反计算：即已知封闭环的尺寸及偏差，计算各组成环的尺寸及偏差。由于尺寸链的计算公式是一元一次方程，只能求解一个未知数，而组成环数量大于 1，所以必须有另外的

附加条件才能求解。该方法主要用于根据机器装配精度确定各零件尺寸及偏差的设计计算。

③ 中间计算：即已知封闭环及某些组成环的尺寸及偏差，计算某一未知组成环的尺寸及偏差。求解工艺尺寸链一般用中间计算。

4）极值法解尺寸链的基本计算公式。尺寸链计算方法有极值法和概率法两种。极值法适用于组成环数较少的尺寸链计算，而概率法适用于组成环较多的尺寸链计算。工艺尺寸链计算主要应用极值法。

① 封闭环的公称尺寸。封闭环的公称尺寸 A_0 等于所有增环公称尺寸之和减去所有减环公称尺寸之和，即

$$A_0 = \sum_{i=1}^{m} \overrightarrow{A_i} - \sum_{j=m+1}^{n-1} \overleftarrow{A_j}$$

式中　A_0——封闭环的公称尺寸；

$\overrightarrow{A_i}$——组成环中增环的公称尺寸；

$\overleftarrow{A_j}$——组成环中减环的公称尺寸；

m——增环数；

n——包括封闭环在内的总环数。

② 封闭环的极限尺寸。封闭环的上极限尺寸等于所有增环的上极限尺寸之和减去所有减环的下极限尺寸之和，其下极限尺寸等于所有增环的下极限尺寸之和减去所有减环的上极限尺寸之和，即

$$A_{0max} = \sum_{i=1}^{m} \overrightarrow{A}_{imax} - \sum_{j=m+1}^{n-1} \overleftarrow{A}_{jmin}$$

$$A_{0min} = \sum_{i=1}^{m} \overrightarrow{A}_{imin} - \sum_{j=m+1}^{n-1} \overleftarrow{A}_{jmax}$$

式中　A_{0max}、A_{0min}——封闭环的上极限尺寸及下极限尺寸；

$\overrightarrow{A}_{imax}$、$\overrightarrow{A}_{imin}$——增环的上极限尺寸及下极限尺寸；

$\overleftarrow{A}_{jmax}$、$\overleftarrow{A}_{jmin}$——减环的上极限尺寸及下极限尺寸。

③ 封闭环的极限偏差。封闭环的上极限偏差等于所有增环的上极限偏差之和减去所有减环的下极限偏差之和；封闭环的下极限偏差等于所有增环的下极限偏差之和减去所有减环的上极限偏差之和，即

$$ESA_0 = \sum_{i=1}^{m} ES\overrightarrow{A_i} - \sum_{j=m+1}^{n-1} EI\overleftarrow{A_j}$$

$$EIA_0 = \sum_{i=1}^{m} EI\overrightarrow{A_i} - \sum_{j=m+1}^{n-1} ES\overleftarrow{A_j}$$

式中　ESA_0、EIA_0——封闭环的上、下极限偏差；

$ES\overrightarrow{A_i}$、$EI\overrightarrow{A_i}$——增环的上、下极限偏差；

$ES\overleftarrow{A_j}$、$EI\overleftarrow{A_j}$——减环的上、下极限偏差。

④ 封闭环的公差。封闭环的公差等于各组成环的公差之和，即

$$T_0 = \Sigma T_i$$

式中　T_0——封闭环公差；

T_i——组成环公差。

⑤ 封闭环的中间偏差。封闭环的中间偏差等于所有增环的中间偏差之和减去所有减环的中间偏差之和，即

$$\Delta_0 = \sum_{i=1}^{m} \Delta_i - \sum_{j=m+1}^{n-1} \Delta_j$$

式中 Δ_0、Δ_i、Δ_j——封闭环、增环、减环的中间偏差。

5）工艺尺寸链的解题步骤。

① 确定封闭环。解工艺尺寸链问题时，能否正确找出封闭环是求解关键。

② 查明全部组成环，画出尺寸链图。

③ 判定组成环中的增、减环，并用箭头标出。

④ 利用基本计算公式求解。

【例1】 图 1-51a 所示的零件以底面 N 为定位基准镗孔，确定孔位置的设计基准是 M 面（设计尺寸为 $100 \pm 0.15\text{mm}$）。用镗夹具镗孔时，镗杆相对于定位基准 N 的位置（A_1）预先由夹具确定。设计尺寸 A_0 是在 A_1、A_2 确定后间接得到的。问如何确定 A_1 尺寸及公差，才能使间接获得的 A_0 尺寸在规定的公差范围之内？

解：

1）判断封闭环并画尺寸链图。根据加工情况，设计尺寸 A_0 是加工过程中间接获得的尺寸，因此 A_0（$100 \pm 0.15\text{mm}$）是封闭环。然后从组成尺寸链的任一端出发，按顺序将 A_0、A_1、A_2 连接为一封闭尺寸组，即为求解的工艺尺寸链（见图 1-51b）。

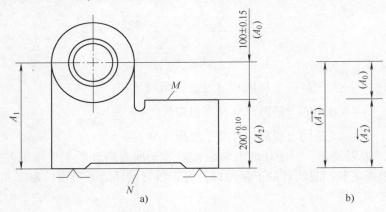

图 1-51 轴承座工序尺寸的计算

2）判定增、减环。由定义或画箭头的方法可判定 A_1 为增环，A_2（$200^{+0.10}_{0}\text{mm}$）为减环，将其标在尺寸链图上。

3）按公式计算工序尺寸 A_1 的公称尺寸。

由式 $A_0 = \sum_{i=1}^{m} \overrightarrow{A_i} - \sum_{j=m+1}^{n-1} \overleftarrow{A_j}$ 可得

$$100\text{mm} = A_1 - 200\text{mm}$$

故　　　　　　　　$A_1 = (100 + 200)\text{mm} = 300\text{mm}$

4）按公式计算工序尺寸 A_1 的极限偏差。

由式　　　　　　　$\text{ES}A_0 = \sum_{i=1}^{m} \text{ES}\overrightarrow{A_i} - \sum_{j=m+1}^{n-1} \text{EI}\overleftarrow{A_j}$

$$EIA_0 = \sum_{i=1}^{m} \overrightarrow{EIA_i} - \sum_{j=m+1}^{n-1} \overleftarrow{ESA_j}$$

$$0.15\text{mm} = ESA_1 - 0$$

$$-0.15\text{mm} = EIA_1 - 0.10\text{mm}$$

故 A_1 的上、下极限偏差分别为　　　$ESA_1 = 0.15\text{mm}$

$$EIA_1 = (-0.15 + 0.10)\text{ mm} = -0.05\text{mm}$$

因此 A_1 尺寸应为　　　　　　　　$A_1 = 300^{+0.15}_{-0.05}\text{mm}$

A_1 为中心高，按双向标注，则 $A_1 = (300.05 \pm 0.10)\text{ mm}$

【任务实施】

1. 主要加工面加工方法的选择

该支轴为回转件的实心轴，主要加工面为圆柱面、圆锥面和端面。因圆柱面要求的公差等级为 IT6，表面粗糙度值为 $Ra0.8\mu m$，根据表 1-12 所列外圆柱面加工方案综合考虑，选择外圆加工路线中的第六种，见表 1-16。

表 1-16　主要加工面的加工方法

序号	加工方法	经济精度 （公差等级 IT）	表面粗糙度 值 $Ra/\mu m$	适用范围
6	粗车—半精车—粗磨—精磨	7~6	0.4~0.1	主要用于淬火钢，也可用于未淬火钢，但不宜加工非铁金属

加工方案为：粗车→半精车→粗磨→精磨。

表 1-6 中支轴的工艺过程卡完全符合以上选择。

2. 加工顺序设计

由工艺过程卡得知该零件分三个加工阶段，粗加工阶段为粗车，切除外圆面、端面的大部分加工余量，零件的形状和尺寸接近于成品，为后续加工做准备；半精加工阶段为半精车、粗磨，为主要表面的精加工做准备；精加工阶段为精磨，保证外圆面和圆锥面达到图样要求。

从机械加工工序中可以看出遵循了"基面先行""先粗后精"原则，即先以粗基准定位加工出精基准，为后续工序提供基准；工序安排时先粗加工，其次半精加工，最后安排精加工。

热处理工序的安排：调质后表面硬度达到 240~280HBW 属于预备热处理，安排在粗车和半精车之间，这样安排既有利于消除粗加工产生的残余应力对工件的影响，又可保证调质层的厚度；锥面淬硬后硬度达到 45~50HRC 属于最终热处理，安排在半精车后、磨削前进行，保证锥面硬度的同时，又可使热处理过程中产生的氧化层和变形通过磨削消除。

3. 加工余量、工序尺寸的设计

以轴承挡 $\phi65n6$ 为例来说明加工余量、工序尺寸的设计，其步骤如下：

1）根据各工序的加工性质，查阅机械加工工艺手册得到它们的工序间余量，见表 1-17 中第 2 列。

2）由各工序的加工性质查有关手册得各工序所能达到的经济精度与经济表面粗糙度值，见表 1-17 中第 3、4 列。

3）最后即可确定各工序尺寸、公差、表面粗糙度值及毛坯尺寸，具体计算及结果见

表 1-17 第 5、6 列。

表 1-17 工艺路线及其公差的计算

工序名称	工序间余量 /mm	精度等级	表面粗糙度值 Ra/μm	工序尺寸/mm	工序尺寸及其偏差/mm
精磨	0.15	n6（$^{+0.039}_{+0.020}$）	Ra 0.8	65	$\phi 65^{+0.039}_{+0.020}$
粗磨	0.25	h8（$^{0}_{-0.046}$）	Ra1.6	65+0.15=65.15	$\phi 65.15^{0}_{-0.046}$
半精车	1.5	h10（$^{0}_{-0.12}$）	Ra3.2	65.15+0.25=65.4	$\phi 65.4^{0}_{-0.12}$
粗车	2.3	h12（$^{0}_{-0.3}$）	Ra12.5	65.4+1.5=66.9	$\phi 66.9^{0}_{-0.3}$
毛坯		±1		66.9+2.3=69.2	$\phi 69.2±1$

【任务拓展与练习】

1. 说明比较工序集中原则在单件、小批量生产与大批量生产中应用的差异。

2. 机械加工顺序中如何安排机械加工工序和热处理工序?

① 某法兰盘零件上有一孔 $\phi 58^{+0.013}_{0}$mm，孔径的设计尺寸为 $\phi 58^{+0.013}_{0}$mm，工艺过程为粗镗、半精镗、磨削，各工序的工序尺寸为磨削 $\phi 58$mm，半精镗 $\phi 57.6$mm，粗镗 $\phi 56$mm，毛坯孔 $\phi 49$mm，则各工序的工序余量为：磨削_____，半精镗_____，粗镗_____，毛坯余量_____。

② 有一轴类零件经过粗车→半精车→粗磨→精磨达到设计尺寸 $\phi 30^{0}_{-0.013}$mm。各工序的加工余量及工序尺寸公差见表 1-18。试计算各工序尺寸及其偏差，并将其填入表中空白处。

表 1-18 各工序的加工余量及工序尺寸

工序名称	加工余量/mm	工序尺寸公差/mm	工序尺寸及其偏差/mm
精磨	0.1	0.013	
粗磨	0.4	0.033	
半精车	1.5	0.052	
粗车	6	0.21	
毛坯		±1.5	

③ 某零件有一孔 $\phi 60^{+0.03}_{0}$mm，零件材料为 45 钢，热处理 42HRC，毛坯为锻件。孔经粗镗→精镗→热处理→磨达到设计尺寸。试计算各工序尺寸及其偏差。

④ 用调整法大批量生产箱体，如图 1-52 所示，镗主轴孔时平面 A、B 已加工完毕，且以平面 A 定位，如欲保证设计尺寸 205±0.1mm，试标注工序尺寸及其上、下极限偏差。

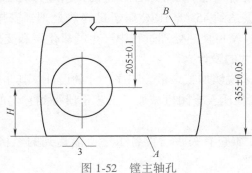

图 1-52 镗主轴孔

课题二　主动轴的加工工艺

【课题引入】

生产如图 2-1 所示的主动轴，材料为 45 钢，生产数量为 2000 件。现要求为加工该零件制订有关的加工工艺。

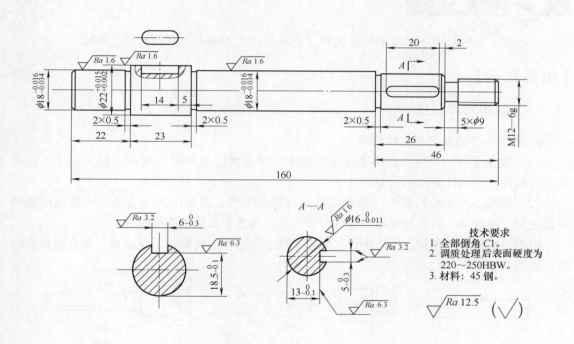

图 2-1　主动轴

技术要求
1. 全部倒角 C1。
2. 调质处理后表面硬度为 220～250HBW。
3. 材料：45 钢。

【课题分析】

该主动轴零件属于典型的轴类零件，通过本课题的学习，了解轴类零件的加工特点和加工方法，学会编制典型轴类零件的加工工艺文件。

要制订切实可行的主动轴加工工艺，就必须对该零件的主要结构要素的加工方法进行分析。该主动轴主要由外圆柱面、螺纹及键槽组成，需掌握加工以上结构要素所需的机床、夹具、刀具和方法等，方能完成本课题。

任务一 识读主动轴零件

知 识 点

1. 轴类零件的功用与结构特点。
2. 轴类零件的主要技术要求。
3. 轴类零件的材料、毛坯及热处理。
4. 轴类零件的常见定位基准。

技 能 点

能识读具体轴类零件的图样，查看轴的技术要求、轴的材料及热处理要求。

【相关知识】

一、轴类零件识读

1. 轴类零件的功用与结构特点

（1）轴类零件的功用　轴类零件是机器中经常遇到的典型零件之一。它主要用来支承传动零部件，传递转矩和承受载荷。

（2）轴类零件的结构特点　轴类零件是旋转体零件，其长度大于直径，一般由同轴的外圆柱面、圆锥面、内孔和螺纹、花键、横向孔、沟槽及相应的端面组成。

根据结构形状的不同，轴类零件可分为光轴、空心轴、阶梯轴、花键轴、偏心轴和曲轴等，如图2-2所示。

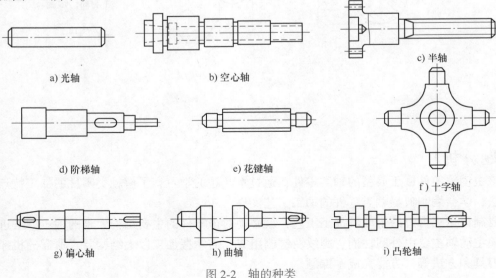

a) 光轴　　b) 空心轴　　c) 半轴

d) 阶梯轴　　e) 花键轴　　f) 十字轴

g) 偏心轴　　h) 曲轴　　i) 凸轮轴

图 2-2　轴的种类

根据长度 L 与直径 d 之比，轴分为刚性轴（$L/d \leqslant 12$）和挠性轴（$L/d > 12$）两种。另外，轴的长径比小于 5 的轴称为短轴，大于 20 的轴称为细长轴。大多数轴介于两者之间。

2. 轴类零件的主要技术要求

轴类零件的技术要求一般根据轴的主要功用和工作条件制订，通常有以下几项。

（1）尺寸精度　轴类零件的尺寸精度是指直径尺寸精度和轴长尺寸精度。轴颈是轴类零件的主要表面，分为配合轴颈（装配传动件的轴颈）和支承轴颈（装配轴承的轴颈），它影响轴的回转精度及工作状态，其直径精度应根据使用要求合理选择。通常对支承轴颈的尺寸精度要求较高（IT7~IT5），对装配传动件的轴颈的尺寸精度要求相对较低（IT9~IT6）。

（2）形状精度　轴类零件的形状精度主要是指轴颈、外锥面、莫氏锥孔等的圆度和圆柱度等，一般应将其公差限制在尺寸公差范围内。对精度要求较高的内、外圆表面，应在图样上标注其允许偏差。

（3）位置精度　轴类零件的位置精度要求主要是由轴在机械中的位置和功用决定的。通常应保证配合轴颈对支承轴颈的同轴度要求及配合轴颈与支承端面的垂直度要求，否则会影响传动件（齿轮等）的传动精度，并产生噪声。普通精度轴的配合轴颈相对于支承轴颈的径向圆跳动公差一般为 0.01~0.03mm，精度高的轴（如主轴）为 0.001~0.005mm；轴向圆跳动公差为 0.005~0.01mm。

（4）表面粗糙度　轴类零件的各表面均有表面粗糙度要求。一般来说，配合轴颈表面粗糙度值为 $Ra2.5~0.63\mu m$，支承轴径的表面粗糙度值为 $Ra0.63~0.16\mu m$。

3. 轴类零件的材料、毛坯及热处理

（1）轴类零件的材料　轴类零件应根据不同的工作条件和使用要求选用不同的材料并采用不同的热处理规范（如调质、正火、淬火等），以获得一定的强度、韧性和耐磨性。

45 钢是轴类零件的常用材料，它价格便宜，经过调质（或正火）后可得到较好的可加工性，而且能获得较高的强度和韧性等综合力学性能，淬火后表面硬度可达 45~52HRC。

40Cr 等合金结构钢适合制造中等精度而转速较高的轴类零件，这类钢经调质和淬火后，具有较好的综合力学性能。

轴承钢 GCr15 和弹簧钢 65Mn 经调质和高频感应淬火后，表面硬度可达 50~58HRC，并具有较高的耐疲劳性和较好的耐磨性，可制造精度较高的轴。

20CrMnTi、20MnVB、20Cr 等低碳合金钢经渗碳淬火后，具有很高的表面硬度、耐冲击韧性和心部强度，但热处理变形较大。38CrMoAlA 氮化钢经调质和表面氮化后，不仅能获得很高的表面硬度，而且能保持较软的心部，因此耐冲击韧性好，与渗碳淬火钢比较，它有热处理变形小、硬度更高的特性。低碳合金钢和氮化钢可制造较高速重载的轴，如精密机床的主轴（如磨床砂轮轴、坐标镗床主轴）可选用 38CrMoAlA 氮化钢制造。

球墨铸铁适合制造形状复杂的轴。

（2）轴类零件的毛坯　轴类零件可根据使用要求、生产类型、设备条件及结构，选用棒料、锻件等毛坯形式。只有某些大型的、结构复杂的轴，才采用铸件。对于外圆直径相差不大的轴，一般以棒料为主；而外圆直径相差大的阶梯轴或重要的轴，则常选用锻件。由于锻件毛坯经过加热锻打后，能使金属内部的纤维组织沿表面均匀分布，从而可得到较高的抗拉、抗弯及抗扭转强度，这样既节约材料又减少机械加工的工作量，还可改善力学性能。

根据生产规模的不同，轴类零件毛坯的锻造方式有自由锻和模锻两种。

自由锻设备简单，容易投产，但毛坯精度较差，加工余量较大，而且不易锻造形状复杂的毛坯，中小批生产多采用自由锻。

模锻的毛坯制造精度高，加工余量小，生产率也高，可以制造形状复杂的毛坯，而且毛坯经锻造后提高了强度。但模锻需要昂贵的设备，又要制造专用锻模，因此仅大批大量生产时采用。

（3）轴类零件的热处理　轴类零件应根据不同的工作条件和使用要求选用不同的材料，并采用不同的热处理规范（如调质、正火和淬火等），以获得一定的强度、韧性和耐磨性。

1）正火。轴的锻造毛坯在机械加工之前均须进行正火（或退火）处理，使钢材的晶粒细化，消除锻造后的残余应力，降低毛坯硬度，改善可加工性。

2）调质。一般安排在轴类零件粗加工以前或以后、半精加工之前进行。

3）表面淬火。穿插在次要表面加工之后、精加工之前进行，以保证淬火引起的局部变形在精加工中得以消除。

4）渗碳（或渗氮）。

① 渗碳淬火可以改善零件的表面力学性能。高温渗碳工件变形大，因此渗碳一般安排在次要表面加工之前进行，渗碳后通过机械加工减少次要表面的位置误差。

② 渗氮处理一般用于提高产品的耐磨性、疲劳强度、耐蚀性和耐热性能，根据零件的加工要求安排在调质之后，在粗、精磨之间或精磨之后进行。

5）普通淬火。在半精加工之后、磨削等精加工之前安排淬火，以提高工件的硬度和耐磨性。

6）时效处理。对精度要求较高的轴，局部淬火和粗磨之后，安排低温时效处理，以消除淬火及粗磨过程中产生的残余应力和残留奥氏体。

以上基本涵盖了轴类零件加工所使用的热处理方法，在具体编制工艺时应考虑零件本身的特点以及本企业的实际情况。

二、轴类零件加工工艺分析

1. 定位基准的选择

轴类零件的定位基面最常用的是两中心孔。因为轴类零件各外圆表面、螺纹表面的同轴度及端面对轴线的垂直度是相互位置精度的主要项目，而这些表面的设计基准一般都是轴的中心线，采用两中心孔定位就能符合基准重合原则；同时，由于多数工序都采用中心孔作为定位基面，能最大限度地加工出多个外圆和端面，这也符合基准统一原则。所以，只要可能，就应尽可能采用中心孔作为轴加工的定位基面。但下列情况不能用两中心孔作为定位基面。

1）粗加工外圆时，为提高工件刚度，应采用轴外圆表面作为定位基面，或以外圆和中心孔同时为定位基面，即一夹一顶，如图2-3所示。

图2-3　一夹一顶

2）当轴为通孔零件时，在加工过程中，作为定位基面的中心孔将因钻出通孔而消失。为了在通孔加工后还能用中心孔作为定位基面，工艺上常采用以下三种方法：

① 当中心通孔直径较小时，可直接在孔口倒出宽度不大于 2mm 的 60°内锥面来代替中心孔。

② 当轴有圆柱孔时，可采用如图 2-4a 所示的锥堵，取 1∶500 的锥度；当轴孔锥度较小时，取锥堵锥度与工件两端定位孔的锥度相同。

③ 当轴通孔的锥度较大时，可采用带锥堵的心轴，简称锥堵心轴，如图 2-3b 所示。使用锥堵或锥堵心轴时应注意，一般中途不得更换或拆卸锥堵或锥堵心轴，直到精加工完各处加工面，不再使用中心孔时方能拆卸。

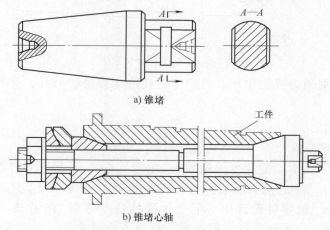

a) 锥堵

b) 锥堵心轴

图 2-4　锥堵与锥堵心轴

2. 中心孔的修研

以中心孔为定位基面，中心孔的圆度和多角形会复映到加工表面上，中心孔的同轴度误差会导致中心孔和顶尖接触不良，而中心孔与顶尖的接触精度将直接影响零件的加工精度。同时，中心孔经过多次使用会拉毛和磨损，或因热处理和内应力而发生变形或表面产生氧化皮。中心孔的精度是保证轴类零件质量的一个关键，因此在加工的各个阶段，特别是热处理后和磨削加工前，必须注意修整中心孔，以消除中心孔的误差。

对中心孔与顶尖的接触面积，精磨工序要达到 75% 以上，光整加工要达到 80% 以上。工厂常用铸铁或环氧树脂顶尖做研磨工具，在车床或钻床上加研磨剂研磨。但受机床精度的限制，研磨精度不太高，生产率比较低。较好的办法是把研磨用的铸铁顶尖和磨床顶尖在磨床的一次调整中加工出来，然后将这个与磨床顶尖尺寸相同的铸铁顶尖装在磨床的锥孔内研磨中心孔，如图 2-5 所示。这样加工出的中心孔可以和磨床顶尖的锥角一致。以这样的中心孔定位加工轴类零件的外圆面时，其圆度和同轴度误差可减少 0.1~0.2μm。

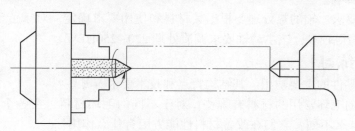

图 2-5　在磨床上研磨中心孔

近年来，多采用如图 2-6 所示的多棱硬质合金顶尖（3~5 棱）修整中心孔。此顶尖棱上的韧带具有微量切削和挤光作用，能纠正几何误差，同时还能使零件的表面粗糙度值在 $Ra0.8\mu m$ 以下。这种修整中心孔的方法加工效率高，工具寿命长。

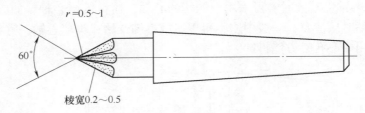

图 2-6　多棱硬质合金顶尖

如果轴的生产纲领为成批生产，可用中心孔磨床修磨中心孔，其精度和生产率都比较高。

【任务实施】

1. 主动轴的技术要求

（1）尺寸精度　该主动轴的支承轴颈为 $\phi18_{-0.034}^{-0.016}$ mm，是轴类零件的重要表面，起支承作用，其尺寸公差等级为 IT7。装配传动件的轴颈尺寸为 $\phi22_{+0.002}^{+0.015}$ mm 和 $\phi16_{-0.011}^{0}$ mm，尺寸公差等级为 IT6。该零件设计中，配合轴颈的公差等级 IT6 比支承轴颈的公差等级 IT7 高，显然不合理，应该和设计人员沟通，修改不合理之处。将支承轴颈公差等级 IT7 调整为 IT6，即改为 $\phi18f6$（$_{-0.027}^{-0.016}$），配合轴颈公差等级调整为 IT7，即改为 $\phi22k7$（$_{+0.002}^{+0.023}$）和 $\phi16h7$（$_{-0.018}^{0}$）。

（2）形状精度　主动轴零件的形状精度在图样上未标注，故应将其公差限制在尺寸公差范围内。

（3）位置精度　轴类零件的位置精度要求主要是由轴在机械中的位置和功用决定的，通常应保证装配传动件的轴颈对支承轴颈的同轴度要求和配合轴颈与支承端面的垂直度要求。该主动轴的位置精度要求在图中也未标注，在实际加工中应加以考虑。

（4）表面粗糙度　轴类零件的各表面均有表面粗糙度要求。该主动轴与传动件相配合的轴颈表面粗糙度值为 $Ra1.6\mu m$，与轴承相配合的支承轴颈的表面粗糙度值也为 $Ra1.6\mu m$。键槽处表面的表面粗糙度值为 $Ra3.2\mu m$。

2. 主动轴的材料、毛坯及热处理

（1）材料、毛坯　该主动轴材料为 45 钢，由于各外圆直径相差不大，毛坯可选用 $\phi25$mm 的热轧圆棒料。

（2）热处理要求　轴的热处理要根据其材料和使用要求确定。对于传动轴，一般正火、调质和表面淬火用得较多，该主动轴要求调质处理 220~250HBW。

【任务拓展与练习】

1. 试述轴类零件的主要功用。其结构特点和技术要求有哪些？

2. 轴类零件的毛坯常用的材料有哪些？对于不同的毛坯材料，在各个加工阶段所安排的热处理工序有什么不同？它们在改善材料性能方面有什么作用？

3. 轴类零件加工中，常以中心孔为定位基面，试分析其特点。在加工过程中多次修研中心孔的原因是什么？

任务二　主动轴的车削加工

【相关知识】

一、车削的类型及选用

1. 车削加工的工艺范围

车削加工是机械制造和修配工厂中使用最广泛的加工方法之一，主要用于回转体零件的加工。如图 2-7 所示，车削加工主要用于车削各种轴类、套筒类和盘类零件的内、外圆柱面，内、外圆锥面，端面和环槽，回转体成形表面以及车削各种内、外螺纹，即常用的米制、寸制、模数和径节螺纹，也可以用钻头、扩孔钻和铰刀加工内孔，用丝锥和板牙加工尺寸较小的内、外螺纹。

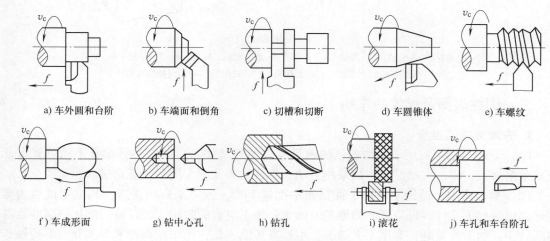

a) 车外圆和台阶　　b) 车端面和倒角　　c) 切槽和切断　　d) 车圆锥体　　e) 车螺纹

f) 车成形面　　g) 钻中心孔　　h) 钻孔　　i) 滚花　　j) 车孔和车台阶孔

图 2-7　车床的加工范围

2. 车削加工的特点

普通车削加工能达到的加工精度：外圆表面的尺寸公差等级可达 IT7 ~ IT6，精车外圆的圆度为 0.01mm，圆柱度为 0.01mm/100mm；精车端面的平面度为 0.02mm/300mm；精车螺纹的螺距精度为 0.04mm/100 mm ~ 0.06mm/300mm；精车的表面粗糙度值为 $Ra1.6 ~ 0.8\mu m$。

3. 车床的类型及选用

车床是完成车削加工所必需的装备。车床的主运动通常是工件的旋转运动，进给运动通常由刀具的直线移动来实现。

车床按用途和结构不同主要分为卧式车床和落地车床、立式车床、转塔车床、单轴自动车床、多轴自动和半自动车床、仿形车床及多刀车床、数控车床、车削加工中心和各种专门化车床（如凸轮轴车床、曲轴车床、车轮车床和铲齿车床）。

普通精度车床多用于零件的粗加工和半精加工，高精度车床则用于零件的精加工（如复印机硒鼓和计算机磁盘等的镜面车削）。

各种车床中，卧式车床 CA6140（见图 2-8）是用途最广的一种通用机床。其加工范围很广，具有万能性，通用于单件和小批量生产，加工尺寸公差等级可达 IT8～IT7，表面粗糙度值可达 $Ra1.6\mu m$。

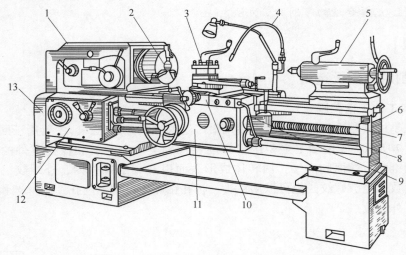

图 2-8　CA6140 型卧式车床

1—主轴箱　2—卡盘　3—刀架　4—切削液管　5—尾座　6—床身　7—丝杠　8—光杠

9—操纵杆　10—溜板　11—溜板箱　12—进给箱　13—交换齿轮箱

二、圆柱表面及螺纹的车削

1. 车削方法的应用

（1）普通车削　适用于各种批量的轴类零件的外圆加工。单件小批量常采用卧式车床完成车削加工；中、大批量生产则采用自动、半自动车床和专用车床等完成车削加工。

（2）数控车削　适用于单件小批量和中批量生产，近年来应用普遍，其主要优点为柔性好，更换加工零件时设备调整和准备时间短；加工时辅助时间短，可通过优化切削参数等提高效率；加工质量好，专用工夹具少，生产准备成本低；机床操作技术要求低，不受操作工人的技能、视觉、精神、体力等因素的影响。

对于轴类零件，具有以下特征时适宜选用数控车削：结构或形状复杂，普通加工操作难度大，工时长，加工效率低的零件；加工精度一致性要求较高的零件；切削条件多变的零件，如零件由于形状特点需车槽、车孔、车螺纹等，加工中要多次改变切削用量；批量不大，但每批品种多变并有一定复杂程度的零件。

（3）车削加工中心　对于带有键槽、径向孔（含螺钉孔）、端面分布有孔（含螺钉孔）系的轴类零件，如带法兰的轴、带键槽或方头的轴，还可以在车削加工中心上加工，除了进行普通的数控车削外，零件上的各种槽、孔（含螺钉孔）、面等加工表面也能一并加工完毕。其工序高度集中，加工效率较普通数控车削更高，加工精度也更为稳定可靠。

2. 外圆表面的车削加工

根据毛坯的制造精度和工件的最终加工要求，外圆车削一般可分为粗车、半精车、精车和精细车，其加工阶段的划分主要根据零件毛坯的情况和加工要求来确定。

（1）粗车　中小型锻、铸件毛坯一般直接进行粗车。粗车主要切去毛坯大部分余量（一般车出阶梯轮廓），在工艺系统刚度允许的情况下，应选用较大的切削用量以提高生产率。

（2）半精车　一般作为中等精度表面的最终加工工序，也可作为磨削和其他加工工序的预加工工序。对于精度较高的毛坯，可不经粗车，直接进行半精车。

（3）精车　外圆表面加工的最终加工工序和光整加工前的预加工。

（4）精细车　高精度、低表面粗糙度值表面的最终加工工序，适用于非铁金属零件的外圆表面加工。由于非铁金属零件不宜磨削，所以可采用精细车代替磨削加工。但是，精细车要求机床精度高、刚性好、传动平稳、能微量进给、无爬行现象。车削中采用金刚石或硬质合金刀具，刀具主偏角应选得大些（$45° \sim 90°$），刀具的刀尖圆弧半径应小于 $0.1 \sim 1.0$mm，以减少工艺系统中的弹性变形及振动。

3. 细长轴的车削

细长轴由于长径比（长度与直径之比）大于 20，刚性差，在切削过程中极易产生变形和振动，且加工中连续切削时间长，刀具磨损大，不易获得良好的加工精度和表面质量。

车削细长轴不论对刀具、机床精度、辅助工具的精度、切削用量的选择以及工艺安排、具体操作技能都有较高的要求。为了保证细长轴的加工质量，通常在车削细长轴时须采取必要的措施。

（1）改进工件的装夹方法　车削细长轴时，工件一般采用一头用卡爪夹紧，另一头用顶尖固定的装夹方法。卡爪夹紧时，在卡盘的卡爪下面垫入直径约为 4mm 的钢丝，使工件与卡爪之间保持线接触，避免工件夹紧时形成弯曲力矩，被卡爪夹坏。尾座顶尖采用弹性回转顶尖，使工件在受热变形伸长时，顶尖能轴向伸缩，以补偿工件的变形，减小工件的弯曲变形，如图 2-9 所示。

（2）采用跟刀架（图 2-10）　细长轴的刚性较差，使用三爪支承的跟刀架进行车削能大

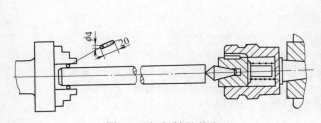

图 2-9　细长轴的装夹

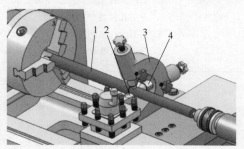

图 2-10　采用跟刀架

1—细长轴　2—车刀　3—跟刀架　4—支承爪

大提高细长轴的刚性，防止细长轴的弯曲和抵消加工时径向分力的影响，减少振动和工件变形。在使用跟刀架时，必须注意位置的调整，保证跟刀架的支承与工件表面保持良好的接触，跟刀架中心高与机床顶尖中心须保持一致。同时，跟刀架的支承爪在加工中易磨损，应及时进行合理调整。

（3）采用反向进给车削　车削细长轴时，可改变进给方向，使中滑板由车头向尾座移动。如图 2-11 所示，反向进给车削时刀具施加于工件上的进给力朝向尾座，工件已加工部位受轴向拉伸，轴向变形则可由尾座弹性顶尖来补偿，减少了工件的弯曲变形。

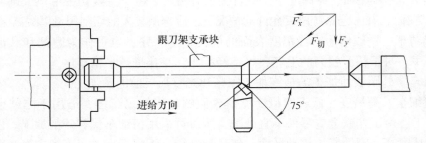

图 2-11　反向进给车削法

（4）选择合理的车刀几何形状和角度　车刀的几何形状和角度决定了车削时切削力的方向和切削热的大小。车削细长轴时，车刀在不影响刀具强度的情况下，为减少切削力和切削热，应选择较大的前角，一般取前角的大小为 $\gamma_o = 15° \sim 30°$；尽量增大主偏角，减小背向力，一般主偏角取 $80° \sim 93°$；同时车刀前面应开有断屑槽，以便较好地断屑；刃倾角选择 $1°30' \sim 3°$ 为好，能使切屑流向待加工表面，并使卷屑效果良好。切削刃表面粗糙度值要求在 $Ra0.4\mu m$ 以下，并应保持锋利。此外，细长轴加工完毕后的安放、运输等也须防止其变形，生产中常采用悬挂（吊挂）处理。

表 2-1 中简单列举了车削细长轴工件时经常出现的缺陷，并分析其产生原因，提出了消除缺陷的措施。

表 2-1　车削细长轴工件的缺陷及其产生原因和消除措施

工作缺陷	产生原因及消除措施
弯曲	1. 坯料自重和本身弯曲。应校直和热处理 2. 工件装夹不良。尾座顶尖与工件中心孔顶得过紧 3. 刀具几何参数和切削用量选择不当，造成切削力过大。可减小背吃刀量，增加进给次数 4. 切削时产生热变形。应采用切削液 5. 刀尖与支承块间距离过大。应不超过 2mm 为宜
竹节形	1. 在调整和修磨跟刀架支承块后，接刀不良，使第二次与第一次进给的径向尺寸不一致，引起工件全长上出现与支承宽度一致的周期性直径变化。在车削中轻度出现竹节形时，可调整上侧支承块的压紧力，也可调节中滑板的手柄，改变背吃刀量或减小车床床鞍和中滑板间的间隙 2. 跟刀架外侧支承块调整过紧，易在工件中段出现周期性的直径变化。应调整支承块，使支承块与工件保持良好接触

（续）

工作缺陷	产生原因及消除措施
多边形	1. 跟刀架支承块与工件表面接触不良，留有间隙，使工件中心偏离旋转中心。应合理选用跟刀架结构，正确修磨支承块弧面，使其与工件表面良好接触 2. 因装夹、发热等各种因素造成的工件偏摆，导致背吃刀量变化。可使用托架，并改善托架与工件的接触状态
锥度	1. 尾座顶尖与主轴中心线对床身导轨不平行 2. 刀具磨损。可采用零度后角，磨出刀尖圆弧半径
表面粗糙度值过大	1. 车削的振动 2. 跟刀架支承块材料选择不当，与工件接触和摩擦不良 3. 刀具几何参数选择不当。可磨出刀尖圆弧半径，当工件长度与直径比较大时可采用宽刃低速光车

4. 螺纹的加工方法

（1）螺纹的分类　螺纹的种类很多，根据用途可分为连接用及传动用两大类；从标准化角度，可分为米制螺纹、寸制螺纹和特殊螺纹，我国以米制螺纹为标准螺纹；根据螺纹的牙型可分为三角形螺纹、管螺纹、圆形螺纹、矩形螺纹、梯形螺纹和锯齿形螺纹等。螺纹的大致分类如图 2-12 所示。常用螺纹的标记、公称尺寸及公差配合要求可从相关手册中查得。

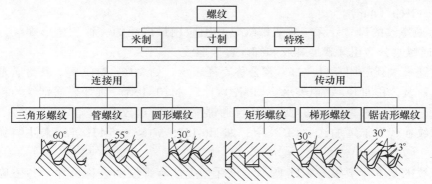

图 2-12　螺纹的大致分类

（2）螺纹术语　普通螺纹的参数如图 2-13 所示。

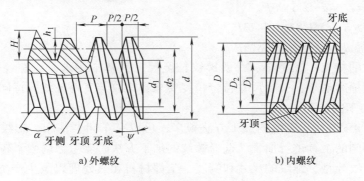

a) 外螺纹　　　　　b) 内螺纹

图 2-13　普通螺纹

1) 螺纹牙型、牙型角和牙型高度。

螺纹牙型是在通过螺纹轴线的剖面上螺纹的轮廓形状。

牙型角（α）是在螺纹牙型上两相邻牙侧间的夹角。

牙型高度（h_1）是在螺纹牙型上，牙底和牙顶间的垂直距离。

2) 螺纹直径。

公称直径：代表螺纹尺寸的直径，指螺纹大径的公称尺寸。

大径：与外螺纹牙顶或内螺纹牙底相切的假想圆柱或圆锥的直径。其中外螺纹大径（d）也称外螺纹顶径，内螺纹大径（D）也称内螺纹底径。

小径：与外螺纹牙底或内螺纹牙顶相切的假想圆柱或圆锥的直径。其中外螺纹小径（d_1）也称外螺纹底径，内螺纹小径（D_1）也称内螺纹顶径。

中径（d_2、D_2）：同规格的外螺纹中径 d_2 和内螺纹中径 D_2 的公称尺寸相等。

3) 螺距（P）。相邻两牙在中径线上对应两点间的轴向距离称为螺距。

4) 螺纹升角（ψ）。在中径圆柱上，螺旋线的切线与垂直于螺纹轴线的平面之间的夹角称为螺纹升角。

$$\tan\psi = P/(\pi d_2)$$

式中　ψ——螺纹升角；

　　　P——螺距（mm）；

　　　d_2——中径（mm）。

（3）普通螺纹的尺寸计算　普通螺纹是我国应用最广泛的一种三角形螺纹，其牙型角为60°。普通螺纹分为粗牙普通螺纹和细牙普通螺纹。

粗牙普通螺纹代号用字母"M"及公称直径表示，如 M16、M18 等。细牙普通螺纹代号用字母"M"及公称直径×螺距表示，如 M20×1.5，M10×1 等。细牙普通螺纹与粗牙普通螺纹的不同点是：当公称直径相同时，细牙普通螺纹的螺距比较小。

左旋螺纹在代号末尾加注"LH"字，如 M6-LH、M16×1.5-LH 等，未注明旋向的为右旋螺纹。

普通螺纹的基本牙型如图 2-11 所示，该牙型上注有螺纹的公称尺寸，各公称尺寸的计算如下：

1) 螺纹大径 $d = D$（螺纹大径的公称尺寸与公称直径相同）。

2) 中径 $d_2 = D_2 = d - 0.6495P$。

3) 牙型高度 $h_1 = 5H/8 = 0.5413P$。

4) 螺纹小径 $d_1 = D_1 = d - 1.0825P$。

三角形螺纹的特点：螺距小、一般螺纹长度短。其基本要求是：螺纹轴向剖面必须正确，两侧表面粗糙度值小，中径尺寸符合精度要求，螺纹与工件轴线保持同轴。

（4）螺纹的车削加工

1) 螺纹的加工方法。螺纹的加工方法很多，可以在车床、钻床、螺纹铣床、螺纹磨床等机床上利用不同的工具进行加工。选择螺纹的加工方法时要考虑的因素较多，其中主要的是工件形状、螺纹牙型、螺纹的尺寸和精度、工件材料和热处理以及生产类型等。表 2-2 列出了常见螺纹加工方法所能达到的精度和表面粗糙度值，可以作为选择螺纹加工方法时的依据和参考。

表 2-2　常见螺纹加工方法所能达到的精度和表面粗糙度值

加工方法	公差等级（GB/T 197—2018）	表面粗糙度值 $Ra/\mu m$
攻螺纹	7~6	6.3~1.6
套螺纹	8~7	3.2~1.6
车削	8~4	1.6~0.4
铣刀铣削	8~6	6.3~3.2
旋风铣削	8~6	3.2~1.6
磨削	6~4	0.4~0.1
研磨	4	0.1
滚压	8~4	0.8~0.1

2）三角形外螺纹的车削。

①车螺纹前的准备工作。按螺纹规格车螺纹外圆及长度，并刻出螺纹长度终止线痕。螺纹外圆应比螺纹大径尺寸小 0.12P。例如车 M16 螺纹，螺距 P 为 2mm，其外圆直径可按下列公式计算确定

$$d = 16mm - 0.12P = （16 - 0.12 \times 2）mm = 15.76mm$$

式中　d——外螺纹大径（mm）；

　　　P——螺距（mm）。

②车螺纹外圆，并用螺纹车刀切削刃的中间部位倒角至小径尺寸（可略小），并按螺纹长度刻退刀位置线痕，如图 2-14 所示。

③用直进法车螺纹。控制螺纹背吃刀量的方法：利用中滑板刻度，根据螺纹的总背吃刀量合理分配每刀切削量，即第一刀的背吃刀量约为牙型高的 1/4，以后逐步递减，如图 2-15 所示即为直进法车螺纹。

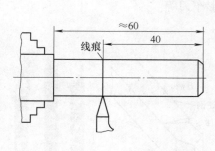

图 2-14　车螺纹外圆和倒角及刻退刀位置线痕

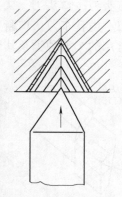

图 2-15　直进法车螺纹

④用斜进法和左右切削法车螺纹。粗车螺距较大的螺纹（一般情况下 P 大于 1.5mm）时采用斜进法，如图 2-16 所示；精车时采用左右切削法，如图 2-17 所示。

用中小滑板交替进给的斜进法：开始 1~2 刀用直进法车削，以后用中、小滑板交替进给，小滑板切削量约为中滑板的 1/3。粗车螺纹约留 0.2mm 的精车量。

课题二　主动轴的加工工艺

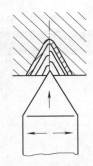

图 2-16　中小滑板交替切削斜进法　　　　　图 2-17　左右切削法车螺纹

左右切削法车螺纹：先将螺纹车刀对准螺旋槽中，当刀尖与牙底接触后记下中滑板刻度，以后每刀车削时，除了用中滑板进给外，同时小滑板做微量进给，并加注切削液以使螺纹表面粗糙度值减小，当一侧面车光后，再用同样的方法精车另一侧面。注意：车刀左、右移动量不能过大，每次约 0.05mm，为避免牙底扩大，中滑板应适量进给。

图 2-18　用螺纹环规检查螺纹

当螺纹牙顶处宽度接近 $P/8$ 时，应用螺纹环规检查螺纹精度，如图 2-18 所示。环规有通端和止端，通端应旋到底，止端不可旋进，如旋进就表明螺纹中径尺寸已车小。

牙顶用细平锉锉去毛刺，螺纹不完全牙的锐边用车刀切除。

三、车刀的种类及用途

1. 常用车刀的种类及用途

车刀是各类金属切削刀具的基本形式。车削加工的内容不同，采用的车刀种类也不同。车刀的种类很多，按其结构可分为焊接式、整体式和机夹可转位式等，如图 2-19 所示；按形式可分为直头刀、弯头刀、尖头刀、圆弧刀、右偏刀和左偏刀等；按用途可分为外圆车刀、端面车刀、内孔车刀、切断刀、螺纹车刀和成形车刀等。

生产中常用的车刀种类及其用途如图 2-20 所示。

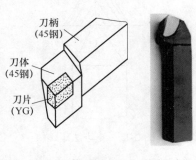

a) 焊接式车刀

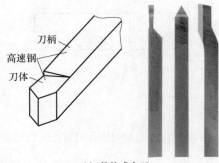

b) 整体式车刀

图 2-19　车刀的结构

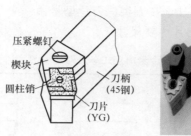

压紧螺钉

楔块

圆柱销

刀柄
(45钢)

刀片
(YG)

c) 机夹可转位式车刀

图 2-19 车刀的结构（续）

①75°外圆直头车刀
(车削工件外圆端面)

②切断(切槽)刀
(在工件上切槽
或切断工件)

③圆弧车刀
(车削工件的圆
弧面或成形面)

④45°外圆车刀
(车削工件外圆、
端面和倒角)

⑤90°车刀(右偏刀)
(车削工件的外圆、
台阶和端面)

⑥螺纹车刀
(车削螺纹)

⑦内孔车刀
(车削工件上的内孔)

⑧内孔端面车刀
(车削工件上的内孔及端面)

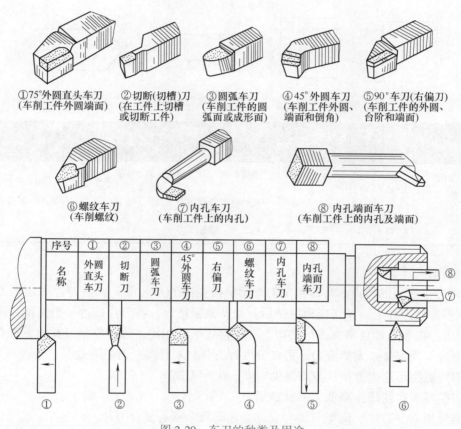

图 2-20　车刀的种类及用途

以下主要介绍焊接式车刀和可转位车刀。

（1）焊接式车刀　焊接式车刀是由硬质合金刀片和普通结构钢刀柄焊接而成的，其优点是结构简单、制造方便、刀具刚性好、使用灵活，故应用较为广泛，如图 2-21 所示。

焊接式车刀的硬质合金刀片的形状和尺寸有统一的标准，设计和使用时，应根据其不同用途，选用合适的硬质合金刀片牌号和刀片形状。表 2-3 所列为硬质合金焊接式车刀刀片示

图 2-21　焊接式车刀

例。焊接式车刀刀片分为 A、B、C、D、E 五类，刀片型号由一个字母和一个或两个数字组成，字母表示刀片形状，数字代表刀片主要尺寸。

表 2-3   硬质合金焊接式车刀刀片示例

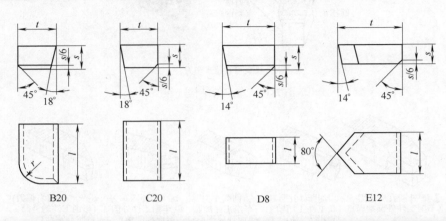

型号	基本尺寸/mm				主要用途
	l	t	s	r	
A20（图略）	20	12	7	7	直头外圆车刀、端面车刀、车孔刀左切
B20	20	12	7	7	
C20	20	12	7	—	$\kappa_r<90°$的外圆车刀、镗孔刀、宽刃光刀、切断刀、切槽刀
D8	8.5	16	8	—	
E12	12	20	6	—	精车刀、螺纹车刀

（2）可转位车刀

1）可转位车刀的特点。可转位车刀是用机械夹固的方式将可转位刀片固定在刀槽中而组成的车刀，当刀片上一条切削刃磨钝后，松开夹紧机构，将刀片转过一个角度，调换一个新的切削刃，夹紧后即可继续进行切削。与焊接式车刀相比，可转位车刀有如下特点。

① 刀片未经焊接，无热应力，可充分发挥刀具材料性能，刀具寿命长。

② 刀片更换迅速、方便，节省辅助时间，生产率高。

③ 刀柄可多次使用，降低了刀具费用。

④ 能使用涂层刀片、陶瓷刀片、立方氮化硼和金刚石复合刀片。

⑤ 结构复杂，加工要求高，一次性投资费用较大。

⑥ 不能由使用者随意刃磨，使用不灵活。

2）可转位刀片。图 2-22 所示为可转位刀片标注示例。国家标准 GB/T 2076—2007《切削刀具用可转位刀片型号表示规则》中规定，用 9 个代号表示可转位刀片。任何一个型号必须用前 7 位代号，不管有无第 8 或第 9 位代号。

①	②	③	④	⑤	⑥	⑦	⑧	⑨
T	P	G	N	16	03	08	E	N

图 2-22   可转位刀片标注示例

刀片代号中，代号①表示刀片形状，见表2-4。其中正三角形刀片（T）和正方形刀片（S）最为常用，而菱形刀片（V、D）适用于仿形和数控加工。

代号②表示刀片法后角，见表2-5。其中，法后角O（N）使用最广。

表2-4　代号①刀片形状

代号	刀片形状说明	代号	刀片形状说明
H	正六边形	V	菱形，刀尖角=35°
O	正八边形	W	等边不等角的六边形，刀尖角=80°
P	正五边形	L	矩形
S	正方形	A	平行四边形，刀尖角=85°
T	正三角形	B	平行四边形，刀尖角=82°
C	菱形，刀尖角=80°	K	平行四边形，刀尖角=55°
D	菱形，刀尖角=55°	F	不等边不等角的六边形，刀尖角=82°
E	菱形，刀尖角=75°	R	圆形
M	菱形，刀尖角=86°		

表2-5　代号②刀片法后角

代号	法后角/（°）	代号	法后角/（°）
A	3	F	25
B	5	G	30
C	7	N	0
D	15	P	11
E	20	O	其他需专门说明的法后角

代号③表示刀片主要尺寸允许偏差等级。刀片主要尺寸共分12级，其中U（普通级）和M（中等级）使用较多。

代号④表示刀片有、无断屑槽和中心固定孔，主要与采用的夹紧机构有关。其中N、R、F为无固定孔，A、M、G为有圆形固定孔。

代号⑤、⑥、⑦分别表示刀片长度、刀片厚度和刀尖形状。

如果切削刃截面形状说明和切削方向中只需表示一个，则该代号占第⑧位；如果切削刃截面形状说明和切削方向都需表示，则该两个代号分别占第⑧位和第⑨位。

3）可转位车刀的定位夹紧机构。可转位车刀的定位夹紧机构的结构种类很多。如图2-23a所示的杠杆式夹紧机构，其定位面为底面及两侧面，夹紧元件为杠杆和螺杆，主要特点是定位精确、夹紧行程大、夹紧可靠、拆卸方便等，适用于有中孔的刀片；又如图2-23b所示的上压式夹紧机构，其定位面为底面及侧面，夹紧元件为压板和螺钉，主要特点是结构简单、可靠，卸装容易，元件外露，排屑受阻，适用于无中孔的刀片。

4）可转位车刀的型号表示规则。可转位车刀的品种有外圆、端面、外圆仿形和外圆端面四种，使用范围大致与名称相似，但也可灵活应用。

在国家标准GB/T 5343.1—2007《可转位车刀及刀夹　第1部分：型号表示规则》中，

课题二　主动轴的加工工艺

规定车刀与刀夹的代号由代表给定意义的字母或数字符号按一定的规则排列所组成，共有10位符号，分别表示车刀的各项特性，见表2-6。

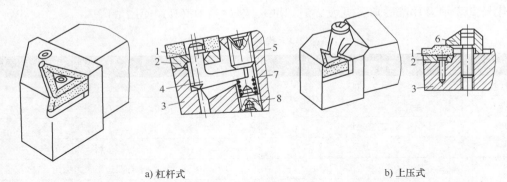

a) 杠杆式   b) 上压式

图 2-23 可转位车刀的定位夹紧机构

1—刀片 2—刀垫 3—刀柄 4—杠杆 5—压紧螺钉 6—压板 7—弹簧 8—调节螺钉

表 2-6 可转位车刀 10 位代号表示的意义

代号位数	(1)	(2)	(3)	(4)	(5)	(6)	(7)	(8)	(9)	(10)
特性	夹紧方式	刀片形状	刀头形式	刀片法后角	刀具切削方向	刀具高度	刀具宽度	刀具长度	可转位刀片尺寸	特殊公差

任何一种车刀或刀夹都应使用前9位符号，最后一位符号在必要时使用。在10位符号之后，制造厂可以最多再加3个字母或3位数字表达刀杆的参数特征，但应用破折号与标准符号隔开，并不得使用第10位规定的字母。

第(1)位代号表示刀片夹紧方式，见表2-7。

表 2-7 刀片夹紧方式代号

符号	刀片夹紧方式
C	装无孔刀片，利用压板从刀片上方将刀片夹紧，如上压式
M	装圆孔刀片，从刀片上方并利用刀片孔将刀片夹紧，如楔块式
P	装圆孔刀片，利用刀片孔将刀片夹紧，如杠杆式和偏心式
S	装沉孔刀片，用螺钉直接穿过刀片孔将刀片夹紧，如压孔式

第（2）、（4）、（5）、（9）位代号与刀片型号中代号的意义相同。

第（3）位代号表示刀头形式，共21种，如A表示主偏角为90°的直头外圆车刀；W表示主偏角为60°的偏头端面车刀。

第（6）、（7）、（8）位代号分别表示刀具的高度、宽度和长度。其中刀具高度和宽度分别用两位数字表示，如刀具高度为32mm，则代号为32。当刀具长度为标准长度时，第（8）位用"—"表示；若刀具长度不适合标准长度时，则用一个字母表示，每个字母代表不同的长度。

第（10）位代号用一个字母代表特殊公差符号，见表2-8。

2 CHAPTER

表 2-8　不同测量基准刀具的特殊公差符号

符号	Q	F	B
测量基准面	外侧面和后端面	内侧面和后端面	内、外侧面和后端面
图示	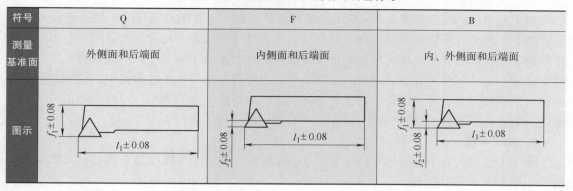		

例如车刀代号 CTGNR3225M16Q，其含义为：夹紧方式为上压式；刀片形状为三角形；主偏角为 90°的偏头外圆车刀；刀片法向后角为 0；右切车刀；刀具高度为 32mm；刀具宽度为 25 mm；刀具长度为 150 mm；刀片边长为 16 mm；以刀柄外侧面和后端面为测量基准。

2. 常用车刀材料的选用

车刀切削部分在车削过程中承受着很大的切削力和冲击，并且在很高的切削温度下工作，连续经受着强烈的摩擦，所以车刀切削部分的材料必须具备硬度高、耐磨、耐高温、强度高和坚韧等性能。

常用车刀材料有高速钢和硬质合金两大类，见表 2-9。

表 2-9　常用车刀材料

类型		特点	常用牌号	应用场合
高速钢		制造简单、刃磨方便、刃口锋利、韧性好，能承受较大的冲击力；但其耐热性较差，不宜高速切削	W18Cr4V（钨系），目前应用广泛 W6Mo5Cr4V2（钼系），主要用于热轧刀具	主要用于制造小型车刀、螺纹车刀及形状复杂的成形车刀
硬质合金	K 类（钨钴类）	一种由碳化钨、碳化钛粉末以钴为黏合剂经粉末冶金而成的制品，其特点是硬度高、耐磨性好、耐高温，适合高速车削；但其韧性差，不能承受较大的冲击力。含钨量多的硬度高，含钛量多的强度较高、韧性较好	K10、K20、K30	适合加工铸铁、非铁金属等脆性材料
	P 类（钨钛钴类）		P01、P10、P30	适合加工塑性金属及韧性较好的材料
	M 类（钨钛钽/铌钴类）		M10、M20	适合加工高温合金、奥氏体锰钢、不锈钢、铸铁和合金铸铁等

四、通用车床夹具及其选用

夹具有通用夹具和专用夹具之分。对于大多数零件的加工都能适用的夹具称为通用夹具，如自定心卡盘和单动卡盘。如回转体的加工，在这两种夹具上就可以比较方便地进行装夹。针对某一零件的特殊形状而设计的夹具称为专用夹具。

课题二　主动轴的加工工艺

1. 自定心卡盘

自定心卡盘的结构如图 2-24a 所示，其三爪是联动的，并能自动定心，故一般装夹工件不需找正，装夹效率比单动卡盘高，但夹紧力没有单动卡盘大。这种卡盘适用于中小型规则零件的装夹，如圆柱形、正三角形、正六边形等工件，不适于装夹形状不规则的工件。当工件直径较小时，工件可置于三个卡爪之间装夹，也可将三爪伸入工件内孔中，利用卡爪的径向张力装夹套、盘、环状零件；当工件直径较大，用正爪不便装夹时，可将三个正爪换成反爪进行装夹；当工件长度较长时，应在工件右端用尾座顶尖进行支承。

2. 单动卡盘

单动卡盘具有四个对称的卡爪，如图 2-24b 所示。每个卡爪均可独立移动，可根据工件的大小调节各卡爪的位置。

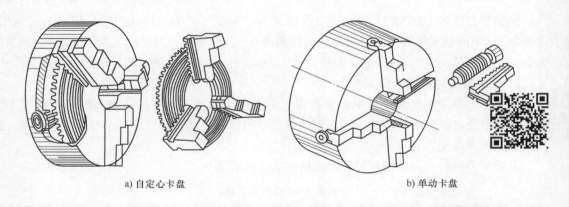

a) 自定心卡盘   b) 单动卡盘

图 2-24 卡盘

工件的旋转中心可通过调整四个卡爪来确定。单动卡盘适合装夹截面为矩形、正方形、椭圆或其他不规则形状的工件，也可以将圆形截面工件偏心安装加工出偏心轴或偏心孔。由于单动卡盘的夹紧力比自定心卡盘大，所以也用它来装夹尺小较大的圆形工件。

3. 顶尖和鸡心夹头

对于较长的工件（如长轴、长丝杠）或加工过程中需多次装夹的工件，要求有同一个装夹基准。这时可在工件两端用标准中心钻钻出中心孔进行装夹，这种装夹方法方便，不需校正，装夹精度高。然而，仅有前、后顶尖是不能带动工件的，必须通过装在车床主轴上的鸡心夹头才能带动工件旋转，如图 2-25 所示。

4. 花盘

被加工表面的旋转轴线与定位基准相互垂直，且外形复杂的零件可采用花

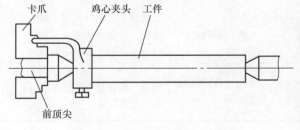

图 2-25 鸡心夹头

盘安装。花盘是一个铸铁大圆盘，其端面上的 T 形槽用来穿压紧螺栓。中心的内螺孔可直接安装在车床主轴上。图 2-26 所示为在花盘上加工十字孔工件。

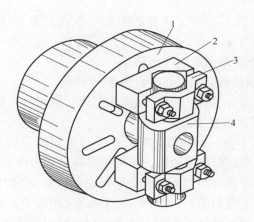

图 2-26 在花盘上加工十字孔工件

1—花盘 2—V 形块 3—V 形压板 4—工件

五、影响切削加工表面粗糙度的因素及其改进措施

1. 加工表面质量

（1）加工表面质量的概念 加工表面质量包括工件表面微观几何形状和工件表面层材料的物理、力学性能两个方面的内容。

工件的加工表面质量对工件的耐磨性、耐蚀性、疲劳强度、配合性质等使用性能有着很大的影响，特别是对在高速、重载、变载、高温等条件下工作的工件影响尤为显著。

（2）表面粗糙度 表面粗糙度是加工表面上具有较小间距和峰谷所组成的微观几何形状特性（图 2-27），一般由所采用的加工方法和（或）其他因素形成，其波距小于 1mm。它主要是由加工过程中刀具和工件表面的摩擦、刀痕、切屑分离时工件表面层金属的塑性变形以及工艺系统中的高频振动等原因形成的。表面粗糙度是衡量加工表面微观几何形状精度的主要标志。表面粗糙度值越小，加工表面的微观几何形状精度越高。

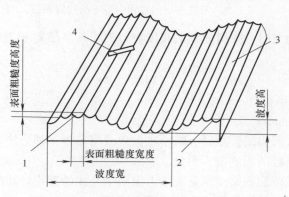

图 2-27 表面层几何特征的组成

1—表面粗糙度 2—表面波度 3—表面加工纹理 4—伤痕

（3）表面层材料的物理、力学性能 切削加工时，工件表面层材料在刀具的挤压、摩擦及切削区温度变化的影响下，发生材质变化，致使表面层材料的物理、力学性能与

基体材料的物理、力学性能不一致，从而影响加工表面质量。这些材质的变化主要有以下几方面：

1）表面层材料因塑性变形引起的冷作硬化。

2）表面层材料因切削热的影响引起的金相组织变化。

3）表面层材料因切削时的塑性变形、热塑性变形、金相组织变化引起的残余应力。

2. 影响切削加工表面粗糙度的因素

（1）刀具在切削过程中留下的残留面积 由于刀具切削刃的几何形状、几何参数、进给运动及切削刃本身的表面粗糙度等原因，不可能将被加工表面上的材料层完全去除掉，会在已加工表面上遗留残留面积（只有当刀具上带有副偏角 $\kappa_r' = 0$ 的修光刃且进给量小于修光刃宽度时，理论上才不产生残留面积），残留面积的高度构成了表面粗糙度 Rz。

切削深度较大且刀尖圆弧半径很小时，或者采用尖刀刀具切削时，如图 2-28a 所示，残留面积的高度为

$$H = \frac{f}{\cot\kappa_r + \cot\kappa_r'}$$

式中 κ_r——主偏角（rad）；

κ_r'——副偏角（rad）；

f——进给量（mm/r）。

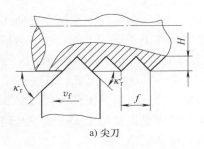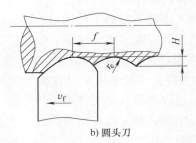

a）尖刀   b）圆头刀

图 2-28 刀具在切削过程中留下的残留面积

圆弧切削刃切削加工时，残留面积的高度与刀尖圆弧半径 r_e 和进给量 f 有关，其公式为

$$H \approx 2r_e\left(\frac{f}{4r_e}\right)^2 = \frac{f^2}{8r_e}$$

式中 r_e——刀尖圆弧半径（mm）；

f——进给量（mm/r）。

减小进给量、增大刀尖圆弧半径、减小主偏角或副偏角，都会使表面质量得到改善，但以进给量和刀尖圆弧半径的影响最为明显。

实际加工表面的残留面积高度总是大于上面两个公式的理论计算值，只有切削脆性材料或高速切削塑性材料时，计算结果才比较接近实际值。

（2）工件切削过程中的积屑瘤和鳞刺

1）积屑瘤的产生是由于切屑在切削过程中的塑性流动及刀具与切屑的外摩擦超过了内摩擦，在刀具和切屑间很大的压力作用下造成切屑底层与刀具前面发生冷焊。积屑瘤对表面粗糙度的影响有两方面：

① 能刻划出纵向的沟纹。

② 会在破碎脱落时黏附在已加工表面上。

其主要原因是：当积屑瘤处于生长阶段时，它与前面的黏结比较牢，因此积屑瘤在已加工表面上刻划纵向沟纹的可能性大于对已加工表面的黏附；当积屑瘤处于最大范围以及消退阶段时，它已经不是很稳定，这时虽然时而刻划沟纹，但更多的是黏附在已加工表面上。

2）鳞刺是由前面上摩擦力的周期变化造成的，是指已加工表面上鳞片状的毛刺，是用高速钢刀具低速切削时经常见到的一种现象。鳞刺一般是在积屑瘤增长阶段的前期形成的，甚至在没有积屑瘤的时候以及在更低一些的切削速度范围内也有鳞刺生成。刀具的后角较小时特别容易产生鳞刺。鳞刺对已加工表面质量有严重的影响，它往往会使表面质量等级降低 2~4 级。

（3）工艺系统振动使表面质量恶化　振动是由于径向切削力太大，或工件系统的刚度小而引起的。切削过程中如果有振动，则表面粗糙度值就会显著变大。

3. 改善切削加工表面质量的措施

1）通过改变刀具几何角度来减小残留面积高度，以此减小表面粗糙度值。

增大刀尖圆弧半径 r_e 和减小副偏角 κ_r'。采用带有 $\kappa_r'=0$ 的修光刃的刀具是生产中降低加工表面粗糙度值所采用的方法。不论是增大 r_e、减小 κ_r' 或是用宽刃刀，都要注意避免振动的产生。

2）通过工件热处理改善金相组织、细化晶粒，可对工件先进行正火、调质等热处理，以提高硬度，降低塑性和韧性，从而减小零件表面粗糙度值。

3）改变切削用量，减少切削过程中积屑瘤和鳞刺的产生，以减小表面粗糙度值。

如果已加工表面出现鳞刺或切削速度方向有积屑瘤引起的沟槽，则应从消灭积屑瘤和鳞刺着手，采用更低或较高的切削速度，并配合较小的进给量，可有效地抑制积屑瘤和鳞刺的生长。

减小进给量 f 也能有效地减小残留面积高度，但减小进给量 f 会降低生产率，因此只有在改变刀具的几何参数后会引起振动或其他不良影响时才考虑减小进给量 f。

4）根据不同的加工阶段适当选择切削液，减少摩擦、降低切削温度，从而减少切削过程中的塑性变形并抑制积屑瘤和鳞刺的生长，以减小表面粗糙度值。

【任务实施】

1. 车床类型的选择

该主动轴为阶梯轴，要求较高处的轴颈表面为圆柱面，公差等级分别为 IT6 和 IT7，轴颈表面粗糙度值为 $Ra1.6\mu m$，故该零件的粗加工和半精加工可选用机械制造工厂中使用最广的卧式车床 CA6140。

2. 车床夹具的选用

主动轴的设计基准为轴线，因此选择中心线作为定位基准，符合基准重合原则；加工中多次以中心线为定位基准加工多个结构要素，又符合基准统一原则。

车床夹具选用双顶尖、鸡心夹头。

3. 车刀的选用

根据主动轴车削加工的内容，采用的刀具按用途可分为外圆车刀、端面车刀、切断刀、螺纹车刀和中心钻等。

【任务拓展与练习】

1. 简述常用车刀的种类及用途。
2. 常用车刀的材料有哪些？其选用原则是什么？
3. 试比较焊接式车刀、可转位车刀在结构和使用性能方面的特点。
4. 车床通用夹具有哪些？分别适合加工哪些零件？
5. 加工如图 2-29 所示的阶梯轴，材料为 45 钢，选择加工机床、车削加工用夹具和刀具。

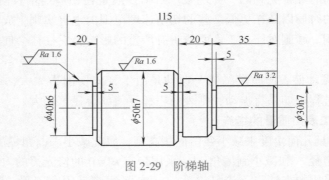

图 2-29　阶梯轴

任务三　主动轴的磨削加工

知 识 点

磨床、砂轮、磨削加工的工艺范围及特点。

技 能 点

1. 能根据加工内容合理选择磨床和砂轮。
2. 选择合理的磨削方法。

【相关知识】

一、磨床的类型及其选用

1. 磨削加工的工艺范围及特点

（1）磨削加工的工艺范围　磨削在机械制造业中是一种使用非常广泛的加工方法，是以高速旋转的砂轮为刀具对工件进行加工的切削方法，可以加工各种表面，如内、外圆柱面和圆锥面、平面、渐开线齿廓面、螺旋面以及各种成形面（如花键、齿轮、螺纹）等，还可以刃磨刀具和进行切断等，工艺范围十分广泛。常见的磨削加工形式如图 2-30 所示。

（2）磨削加工的特点

1）精度高。磨削是靠砂轮上磨粒的刃口进行切削的，磨粒刃口锋利，磨床又能做微量进给，因此能切下很薄的一层金属。磨削加工的公差等级可达 IT6，表面粗糙度值为 $Ra0.8\sim$ 0.1μm；高精度磨削时，公差等级可达 IT4，表面粗糙度值为 $Ra0.1\sim0.006$μm。因此，磨削一般作为零件的精加工工序。

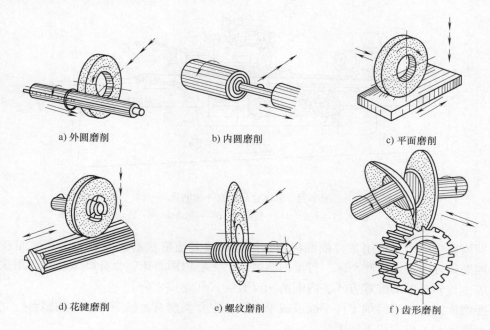

a) 外圆磨削   b) 内圆磨削   c) 平面磨削

d) 花键磨削   e) 螺纹磨削   f) 齿形磨削

图 2-30　常见的磨削加工形式

2) 可对高硬度的材料进行加工。由于砂轮磨粒具有很高的硬度，所以砂轮除了可以加工一般材料外，还可以加工一般刀具难以加工的材料，如硬质合金或经过淬火的工件。因此，磨削加工主要用于零件的精加工，尤其是淬硬钢件和高硬度特殊材料零件的加工。目前，也有少数用于粗加工的高效磨床。

2. 磨床的类型及选用

利用磨具对工件表面进行切削加工的机床统称为磨床。大多数磨床使用高速旋转的砂轮进行磨削加工，少数使用油石、砂带等其他磨具和游离磨料进行加工。

磨床能加工硬度较高的材料，如淬硬钢和硬质合金等；也能加工脆性材料，如玻璃和花岗石。磨床能做高精度和低表面粗糙度值的磨削，也能进行高效率的磨削，如强力磨削等。

为了适应磨削各种表面、工件形状和生产批量的要求，磨床有很多种类，主要有外圆磨床、内圆磨床、平面磨床、工具磨床、专门用来磨削特定表面和工件的专门化磨床（如花键轴磨床、凸轮轴磨床和曲轴磨床）等。以上均是使用砂轮作为切削工具的磨床，此外还有以柔性砂带为切削工具的砂带磨床和以油石和研磨剂为切削工具的磨床，如珩磨机、精磨磨床和研磨机等。

外圆磨床主要用于磨削外圆柱面和外圆锥面，包括万能外圆磨床、普通外圆磨床和无心外圆磨床等。在万能外圆磨床上还能磨削内圆柱面、内圆锥面和端面。如图 2-31 所示的 M1432A 万能外圆磨床是工厂中应用最广泛的普通精度级万能外圆磨床，主要用于磨削尺寸公差等级为 IT7～IT6 的圆柱形、圆锥形的外圆和内孔，还可以磨削阶梯轴的轴肩和端平面等，磨削表面粗糙度值为 $Ra1.25～0.08\mu m$。

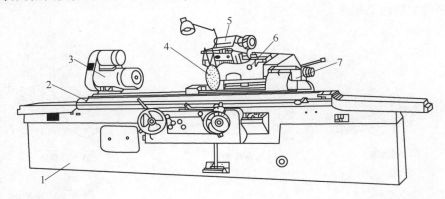

图 2-31　M1432A 万能外圆磨床

1—床身　2—工作台　3—头架　4—外圆磨头　5—内圆磨头　6—砂轮架　7—尾架

内圆磨床主要用于磨削工件的圆柱形、圆锥形或其他形状素线展成的内孔表面及其端面。内圆磨床分为普通内圆磨床、行星内圆磨床、无心内圆磨床、坐标磨床和专门用途的内圆磨床等。按砂轮轴的配置方式，内圆磨床又有卧式和立式之分。

平面磨床主要用于磨削工件平面或成形表面，主要类型有卧轴矩台、卧轴圆台、立轴矩台、立轴圆台和各种专用平面磨床。

二、砂轮

砂轮是由一定比例的磨粒和结合剂经压坯、干燥、焙烧和车整而制成的一种特殊的多孔类切削工具。磨粒起切削刃的作用；结合剂把分散的磨粒黏结起来，使之具有一定强度；在烧结过程中形成的气孔暴露在砂轮表面，形成容屑空间。所以磨粒、结合剂和气孔是构成砂轮的三要素，砂轮的构造如图 2-32 所示。

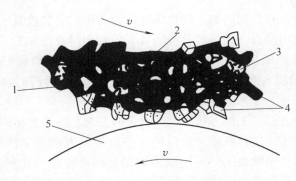

图 2-32　砂轮的构造

1—砂轮　2—结合剂　3—磨粒　4—磨屑　5—工件

1. 砂轮的组成要素

（1）磨料　磨料即砂轮中的硬质点颗粒，分为天然磨料和人造磨料两大类。一般天然磨料含杂质多，质地不均匀。天然金刚石虽好，但价格昂贵，故目前主要使用的是人造磨料。表2-10列出了常用磨料的性能及适用范围。

表2-10　常用磨料的性能及适用范围

	磨料名称	代号	成分（质量分数）	颜色	力学性能	反应性	热稳定性	适用磨削范围
氧化物系	棕刚玉	A	Al₂O₃（95%） TiO₂（2%~3%）	褐色	强度高、硬度高	稳定	2100℃熔融	碳钢、合金钢
氧化物系	白刚玉	WA	Al₂O₃（>90%）	白色	强度高、硬度高	稳定	2100℃熔融	淬火钢、高速工具钢
碳化物系	黑碳化硅	C	SiC（>95%）	黑色	强度高、硬度高	与铁发生反应	>1500℃汽化	铸铁、黄铜、非金属材料
碳化物系	绿碳化硅	GC	SiC（>99%）	黑色	强度高、硬度高	与铁发生反应	>1500℃汽化	硬质合金
超硬磨料	立方氮化硼	DL	B，N	黑色	高硬度	高温时与水碱发生反应	<1300℃稳定	高强度钢、耐热合金等
超硬磨料	人造金刚石	SD	碳结晶体	乳白色	高硬度	高温时与水碱发生反应	>700℃石墨化	硬质合金、光学玻璃等

（2）粒度　粒度是指磨料颗粒的大小，通常以粒度号表示。粒度号以其通过的筛网每英寸长度（25.4mm）上的孔眼数表示。粒度号越大，磨粒尺寸越小。磨料的粒度可分为两大类：基本颗粒尺寸粗大的磨料称为磨粒；基本颗粒尺寸细小的磨料称为微粉。国家标准GB/T 2481.1—2020规定，磨粒粒度标示为F10~F220；国家标准GB/T 2481.2—2020规定，微粉标示为F220~更细。

表2-11列出了不同粒度磨具的使用范围。

表2-11　不同粒度磨具的使用范围

粒度号	适用范围
F10~F20	粗磨、荒磨、打磨毛刺等
F22~F40	修磨钢坯、打磨铸件毛刺、切断钢坯、磨电瓷和耐火材料
F46~F60	外圆、内圆、平面、无心磨、工具磨
F60~F90	外圆、内圆、平面、无心磨、工具磨等半精磨、精磨和成形磨
F100~F220	精磨、精密磨、超精磨、珩磨、成形磨、工具刃磨等
F220~F280（W20）	精磨、精密磨、超精磨、珩磨、超级光磨、小螺距螺纹磨等
F280~更细	精磨、精细磨、超精磨、镜面磨、超级光磨、制造研磨剂等

（3）黏合剂　黏合剂起黏结磨粒的作用。黏合剂的性能决定了砂轮的强度、耐冲击性、耐蚀性及耐热性。此外，它对磨削温度及磨削表面质量也有一定影响。常用黏合剂的种类、代号、性能及用途见表2-12。

表 2-12　常用黏合剂的种类、代号、性能及用途

名称	代号	性能	用途
陶瓷黏合剂	V	耐热、耐腐蚀、气孔率大、易保持砂轮轮廓形、弹性差、不耐冲击	应用最广，可制薄片砂轮以外的各种砂轮
树脂黏合剂	B	强度较陶瓷高，弹性好，耐热及耐蚀性差	制作高速及耐冲击砂轮和薄片砂轮
橡胶黏合剂	R	强度较树脂高，弹性好，能吸振，耐热性很差，不耐油，气孔率小	制作薄片砂轮、精磨及抛光用砂轮
金属黏合剂（常用青铜）	M	强度最高，导电性好，磨耗少，自锐性较差	制作金刚石磨具

（4）硬度　砂轮硬度是指在磨削力的作用下磨粒从砂轮表面上脱落的难易程度。磨粒黏结得越牢固越不易脱落，即砂轮硬度越大，反之硬度越小。砂轮硬度与磨料硬度是两个不同的概念。砂轮的硬度对磨削生产率和磨削表面质量都有很大的影响。如果砂轮太硬，磨粒磨钝后仍不能脱落，磨削效率很低，工件表面很粗糙并可能被烧伤；如果砂轮太软，则磨粒还没有磨钝就从砂轮上脱落，砂轮损耗大，形状不易保持，影响工件质量。硬度合适的砂轮，磨粒磨钝后因磨削力增大而自行脱落，使新的锋利的磨粒露出，具有自锐性，磨削效率高，工件表面质量好，砂轮的损耗也小。砂轮硬度的分级及代号见表 2-13。

表 2-13　砂轮硬度的分级及代号

等级	超软	软			中软		中		中硬			硬		超硬
小级	—	软1	软2	软3	中软1	中软2	中1	中2	中硬1	中硬2	中硬3	硬1	硬2	超硬
代号	D E F	G	H	J	K	L	M	N	P	Q	R	S	T	Y

（5）组织号　磨粒在砂轮中占有的体积分数（即磨粒率）称为砂轮的组织号。砂轮的组织号表示磨粒、结合剂和孔隙三者的体积比例，也表示砂轮中磨粒排列的紧密程度。表 2-14 列出了砂轮的组织号及磨粒率。组织号越大，磨粒排列得越疏松，即砂轮空隙越大。

表 2-14　砂轮的组织号及磨粒率

级别	紧密				中等				疏松						
组织号	0	1	2	3	4	5	6	7	8	9	10	11	12	13	14
磨粒率（磨粒占砂轮体积×100）	62	60	58	56	54	52	50	48	46	44	42	40	38	36	34
适用范围	成形磨削、精密磨削				淬火钢磨削、刀具刃磨				磨削韧性大、硬度不高的工件						

2. 砂轮的形状、尺寸及代号

为了适应在不同类型的磨床上加工各种形状和尺寸工件的需要，砂轮有许多形状和尺

寸。常用砂轮的形状、代号、尺寸及主要用途见表2-15。

表 2-15 常用砂轮的形状、代号、尺寸及主要用途

砂轮种类	断面形状	型号	形状尺寸标记	主要用途
平形砂轮		1	1 型-圆周型面-$D×T×H$	磨外圆、内孔、平面及刃磨刀口
筒形砂轮	$W<0.17D$	2	2 型-$D×T×W$	用于立式平面磨床的立轴磨平面
杯形砂轮	$E>W$	6	6 型-$D×T×H-W×E$	主要用其端面刃磨铣刀、铰刀和拉刀等，或用其圆周磨平面和内孔
碗形砂轮	$E>W$	11	11 型-$D/J×T×H-W×E$	主要刃磨铣刀、铰刀和拉刀等，也可用来磨削机床导轨
平形切割砂轮		41	41 型-$D×T×H$	用于切断和开槽

砂轮的基本特性参数一般印在砂轮的端面上，举例如下：

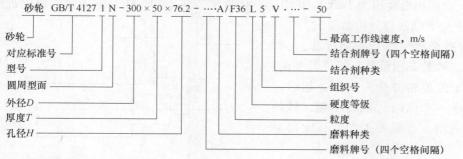

3. 砂轮的选择

选择砂轮时应符合工作条件、工件材料、加工要求等各种因素，以保证磨削质量。

1）磨削钢等韧性材料时选择刚玉类磨料；磨削铸铁、硬质合金等脆性材料时选择碳化硅类磨料。

2）粗磨时选择粗粒度，精磨时选择细粒度。

3）薄片砂轮应选择橡胶或树脂黏合剂。

4）工件材料硬度高，应选择软砂轮；工件材料硬度低，应选择硬砂轮。

5）磨削接触面积大，应选择软砂轮。因此，内圆磨削和端面磨削的砂轮硬度比外圆磨削的砂轮硬度要低。

6）精磨和成形磨时砂轮硬度应高一些。

7）砂轮粒度细时，砂轮硬度应低一些。

8）磨非铁金属等软材料时，应选软且疏松的砂轮，以免砂轮堵塞。

9）成形磨削、精密磨削时应选组织较紧密的砂轮。

10）工件磨削面积较大时，应选组织疏松的砂轮。

三、外圆表面的磨削加工

1. 外圆磨削的加工对象

磨削是轴类零件外圆表面精加工的主要方法，既能加工未淬硬的钢铁材料，又能对淬硬的零件进行加工。磨削加工是一种获得高精度、低的表面粗糙度值的最有效、最通用、最经济的加工工艺方法。外圆磨削分为粗磨、精磨、超精密磨削和镜面磨削，其能达到的公差等级和表面粗糙度值如下。

（1）粗磨　经粗磨后公差等级可达 IT9～IT8，表面粗糙度值为 $Ra1.2～1.0\mu m$。

（2）精磨　加工后公差等级可达 IT8～IT6，表面粗糙度值为 $Ra1.25～0.63\mu m$。

（3）超精密磨削　加工后公差等级可达 IT6～IT5，表面粗糙度值为 $Ra0.63～0.16\mu m$。

（4）镜面磨削　加工后公差等级仍为 IT6～IT5，但表面粗糙度值为 $Ra0.01\mu m$。

2. 外圆表面磨削的常用方法

根据磨削时定位方式的不同，外圆磨削可分为中心磨削和无心磨削两种类型。轴类零件的外圆表面一般在外圆磨床上进行磨削加工，有时连同台阶端面和外圆一起加工。无台阶、无键槽工件的外圆则可在无心磨床上进行磨削加工。

（1）中心磨削　在外圆磨床上进行回转类零件外圆表面磨削的方式称为中心磨削。中心磨削一般由中心孔定位，在外圆磨床或万能外圆磨床上加工，磨削后工件尺寸公差等级可达 IT8～IT6，表面粗糙度值为 $Ra0.1～0.8\mu m$。按进给方式不同，中心磨削分为纵向进给磨削法、横向进给磨削法和分段磨削法。

1）纵向进给磨削法（纵向磨法）。如图 2-33 所示，砂轮高速旋转，工件装在前、后顶尖上，工件旋转并和工作台一起纵向往复运动，每一个纵向行程终了时，砂轮做一次横向进给，直到加工余量被全部磨完为止。

2）横向进给磨削法（切入磨法）。如图 2-34 所示，切入磨削因无纵向进给运动，

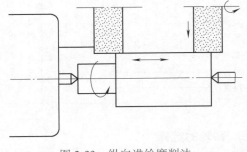

图 2-33　纵向进给磨削法

要求砂轮宽度必须大于工件磨削部位的宽度，工件旋转时，砂轮以慢速做连续的横向进给运动。其生产率高，适用于大批量生产，也能进行成形磨削。但横向磨削力较大，磨削温度高，要求机床、工件有足够的刚度，故适合磨削短而粗、刚性好的工件，其加工精度低于纵向磨法。

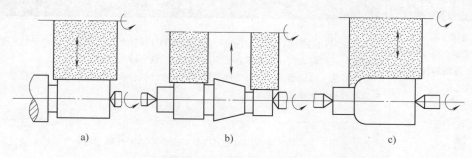

图 2-34　横向进给磨削法

3）分段磨削法。分段磨削法又称综合磨削法。它是横向进给磨削法与纵向进给磨削法的综合应用，即先用横向进给磨削法将工件分段进行粗磨，留 0.03~0.04mm 余量，然后用纵向进给磨削法精磨至尺寸。这种磨削方法既有横向进给磨削法生产率高的优点，又有纵向进给磨削法加工精度高的优点。分段磨削时，相邻两段间应有 5~10mm 的重叠。这种磨削方法适用于磨削余量和刚性较好的工件，且工件的长度也要适当。考虑到磨削效率，应采用较宽的砂轮，以减少分段数。当加工表面的长度约为砂轮宽度的 2~3 倍时为最佳状态。

（2）无心磨削　无心磨削一般在无心磨床上进行，用以磨削工件外圆。它是一种高生产率的精加工方法，在磨削过程中以被磨削的外圆本身作为定位基准，如图 2-35 所示。

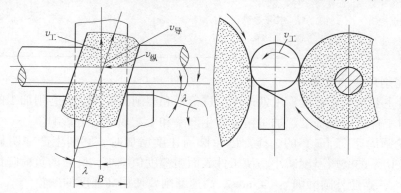

图 2-35　无心磨削

无心磨削时，工件不用顶尖定心和支承，而是放在砂轮与导轮之间，由其下方的托板支承，并由导轮带动旋转。当导轮轴线与砂轮轴线调整成斜交 1°~6° 时，工件能边旋转边自动沿轴向做纵向进给运动，称为贯穿磨削。贯穿磨削只能用于磨削外圆柱面。

采用横向进给磨削法无心磨削时，须把导轮轴线与砂轮轴线调整成互相平行，使工件支承在托板上不做轴向移动，砂轮相对导轮做连续横向进给。横向进给磨削法无心磨削可加工成形面。

表 2-16 中简单列举了外圆磨削中经常出现的缺陷，并分析了缺陷产生的原因，提出了消除缺陷的方法。

表 2-16　外圆磨削中的缺陷及其产生原因和消除方法

外圆磨削中的缺陷	产生原因和消除方法
多角形 在零件表面沿素线方向存在一条条等距的直线痕迹，其深度小于 0.5μm	产生原因：主要由砂轮与工件沿径向产生周期性振动所致，如砂轮或电动机不平衡；轴承刚性差或间隙太大；工件中心孔与顶尖接触不良；砂轮磨损不均匀等 消除方法：消除振动，如仔细地平衡砂轮和电动机；改善中心孔和顶尖的接触情况；及时修整砂轮；调整轴承间隙等
螺旋形 磨削后的工件表面呈现一条很深的螺旋痕迹，痕迹的间距等于工件每转的纵向进给量	产生原因：主要是砂轮微刃的等高性破坏或砂轮与工件局部接触，如砂轮素线与工件素线不平行；头架、尾架刚性不等；砂轮主轴刚性差 消除方法：修整砂轮，保持微刃等高性；调整轴承间隙；保持主轴的位置精度；将砂轮两边修磨成台肩形或倒圆角，使砂轮两端不参加切削；工件上的润滑油要合适，同时应有卸载装置；使导轨润滑为低压供油
拉毛 划伤或划痕	产生原因：主要是磨粒自锐性过强；切削液不清洁；砂轮罩上磨屑落在砂轮与工件之间等 消除方法：选择硬度稍高一些的砂轮；砂轮修整后用切削液和毛刷清洗；对切削液进行过滤；清理砂轮罩上的磨屑等
烧伤 螺旋形烧伤或点烧伤	产生原因：主要是由于磨削高温的作用，使工件表层金相组织发生变化，从而使工件表面硬度发生明显变化 消除方法：降低砂轮硬度；减小磨削深度；适当提高工件转速；减少砂轮与工件的接触面积；及时修整砂轮；充分进行冷却等

3. 外圆磨削用量的选择

磨削用量主要指砂轮速度、工件速度、进给量和磨削深度等，即磨削加工的条件。磨削用量的选择对工件表面粗糙度、加工精度、生产率和工艺成本均有影响。

（1）砂轮圆周速度（v_s）的选择　砂轮圆周速度增加时，磨削生产率明显提高，同时由于每颗磨粒切下的磨屑厚度减小，使工件表面粗糙度值减小，磨粒的负荷降低。一般外圆磨削 $v_s = 35$m/s，高速外圆磨削 $v_s = 45$m/s。高速磨削要使用高强度的砂轮。

（2）工件圆周速度（v_w）的选择　工件圆周速度增加时，砂轮在单位时间内切除的金属量增加，从而可提高磨削生产率。但是随着工件圆周速度的提高，单个磨粒的磨削厚度增大，工件表面的塑性变形也相应增大，使表面粗糙度值增大。一般 v_w 应与 v_s 保持适当的比例关系，外圆磨削取 $v_w = 13 \sim 20$m/min。

（3）磨削深度（a_p）的选择　磨削深度增大时，生产率提高，工件表面粗糙度值增大，砂轮易变钝。一般 $a_p = 0.01 \sim 0.03$mm，精磨时 $a_p < 0.01$mm。

（4）纵向进给量（f）的选择　纵向进给量对加工的影响与磨削深度相同。粗磨时 $f = (0.4 \sim 0.8) B$，精磨时 $f = (0.2 \sim 0.4) B$，B 为砂轮宽度。

4. 外圆磨削定位基准的选择及夹具的使用

（1）外圆磨削常用定位基准的选择　外圆磨削的轴类零件上都设置两中心孔。通常，轴采用两顶尖装夹，其定位基准是由两个中心孔构成的中心轴线，工件旋转成形为一个圆柱面。

一般的轴类零件考虑外圆磨削工艺，在零件图上都附加设计中心孔为定位基准。常见的中心孔有两种：A 型中心孔，60°圆锥是中心孔的工作部分，由顶尖的 60°圆锥支承，起定中心的作用，同时承受磨削力和工件的重力，60°圆锥的前端面小圆柱孔可储存润滑剂，以减少磨削时顶尖与中心孔间的摩擦；B 型中心孔，具有 120°保护圆锥，可保护 60°圆锥边缘免受碰伤，常见于精度高且加工工序很长的工件。

（2）对中心孔的技术要求

1）60°圆锥的圆度公差为 0.001mm。

2）60°圆锥面由量规涂色法检验，接触面积应大于 85%。

3）两端中心孔的同轴度公差为 0.01mm。

4）圆锥面的表面粗糙度值为 $Ra0.4\mu m$ 或更小，不能有毛刺、碰伤等缺陷。

为满足对中心孔的要求，可用以下方法修研中心孔。

1）用油石、橡胶砂轮修研中心孔。

2）用铸铁顶尖研磨中心孔。

3）用成形内圆砂轮修磨中心孔。

4）用四棱硬质合金顶尖挤压中心孔。

5）用中心孔磨床磨削中心孔。

（3）顶尖　顶尖的柄部为莫氏锥体，顶尖尺寸用莫氏锥度表示，如 Morse No. 3 顶尖等。顶尖是通用夹具，广泛地用于外圆磨削中。

（4）各种心轴　心轴是用于装夹套类零件的专用夹具，以满足零件外圆磨削的精度要求。

5. 影响磨削加工表面质量的因素及改进措施

磨削是较为常见的精加工方法，其表面粗糙度的形成也是由几何因素和物理因素决定的，但磨削过程较切削过程复杂。

（1）磨削加工表面粗糙度的形成　磨削加工是通过砂轮和工件的相对运动使得分布在砂轮表面上的磨粒对工件表面进行磨削加工。

砂轮的磨粒分布存在很大的不均匀性和不规则性，尖锐且突出的磨粒可产生切削作用，而不足以形成切削的磨粒可产生刻划作用，形成划痕并引起塑性变形，更低而钝的磨粒则在工件表面引起弹性变形，产生滑擦作用。因此，磨削加工的表面是由砂轮上的大量磨粒刻划的无数极细的刻痕形成的。

另外，磨削加工时的速度较高，砂轮磨粒大多具有较大的负前角，磨粒与工件表面间的相互作用较强，将造成磨削比压大、磨削区的温度较高。如果工件表层温度过高，则表层金属易软化、微熔或产生相变，而且每个磨粒所切削的厚度仅为 $0.2\mu m$ 左右，大多数磨粒在磨削加工过程中仅起到挤压作用。磨削余量是在磨粒的多次挤压作用下经过充分塑性变形出现疲劳剥落产生的，因而磨削加工的塑性变形一般要比切削加工大。

（2）影响磨削加工表面粗糙度的工艺因素及改进措施　影响磨削表面粗糙度的主要工

课题二　主动轴的加工工艺

艺因素有如下几个方面。

1）砂轮的选择。砂轮的粒度、硬度、组织、材料及旋转平衡质量等因素都会影响磨削表面粗糙度，在选择时应综合考虑。

砂轮的粒度：单纯从几何因素考虑，在相同的磨削条件下，砂轮的粒度细，则单位面积上的磨粒多，加工表面上的刻痕细密均匀，磨削获得的表面粗糙度值小。但磨粒太细时，砂轮容易被磨屑堵塞。

砂轮的硬度：如果砂轮选择得过硬，则磨粒钝化后不易脱落，使得工件表面受到强烈的摩擦和挤压作用，致使塑性变形程度增加，增大了表面粗糙度值。反之，如果砂轮选择得太软，则磨粒易于脱落，产生磨损不均匀，从而使磨削作用减弱，难以保证工件的表面质量。因此，砂轮硬度选择要适当，通常选用中软砂轮。

砂轮的组织：紧密组织能获得高精度和较低的表面粗糙度值，而疏松组织的砂轮不易阻塞，适合加工软金属、非金属软材料和热敏性材料。

2）磨削用量。提高砂轮速度，则通过被磨削表面单位面积上的磨粒数和划痕增加。与此同时，每个磨粒的负荷小，热影响区浅，工件材料塑性变形的传播速度可能大于磨削速度，工件来不及产生塑性变形，使得表面层金属的塑性变形现象减轻，磨削表面的表面粗糙度值将明显减小。

工件速度对表面粗糙度值的影响与砂轮速度的影响相反，增大工件速度时，单位时间内通过被磨表面的磨粒数减少，工件表面粗糙度值将增大。

砂轮纵向进给量减少，工件表面被砂轮重复磨削的次数将增加，表面粗糙度值会减小；而轴向进给量减小时，单位时间内加工的长度短，表面粗糙度值也会减小。

磨削深度对表面粗糙度的影响很大。减小磨削深度，工件材料的塑性变形减小，被磨表面的表面粗糙度值会减小，但也会降低生产率。

3）砂轮的修整。修整砂轮是改善磨削表面质量的重要措施，因为砂轮表面不平整在磨削时将被复映到被加工表面。

修整砂轮的目的是使砂轮具有正确的几何形状和获得具有磨削性能的锐利微刃。

砂轮的修整与修整工具、修整砂轮纵向进给量等有密切关系。以单颗金刚石笔修整砂轮时，金刚石笔纵向进给量越小，金刚石越锋利，修出的砂轮表面越光滑，磨粒微刃的等高性越好，磨出的工件表面粗糙度值越小。

4）工件材料的性质。工件材料太硬，容易使磨粒磨钝；工件材料太软，又容易堵塞砂轮；工件材料韧性太大，易使磨粒崩落，因此都不易得到表面粗糙度值小的表面。

此外，切削液是否充分、是否有良好的冷却性和流动性对磨削表面质量的影响也很明显。

四、提高外圆加工表面质量的工艺方法——精密加工

提高外圆加工表面质量的工艺方法有多种，常用的精密加工方法有研磨、高精度磨削、超精度加工和滚压加工等。

1. 研磨

用研磨工具和研磨剂从工件表面上研去一层极薄的表层的精密加工方法称为研磨。研磨是一种古老、简便可靠的表面光整加工方法，属于自由磨粒加工。在加工过程中，那些直接

参与切除工件材料的磨粒不像砂轮、油石和砂带、砂纸那样总是固结或涂附在磨具上，而是处于自由游离状态。研磨质量在很大程度上取决于前一道工序的加工状态。经研磨的表面，尺寸和几何形状精度可达 $1 \sim 3\mu m$，表面粗糙度值为 $Ra0.16 \sim 0.01\mu m$。若研具精度足够高，其尺寸和几何形状精度可达 $0.1 \sim 0.3\mu m$，表面粗糙度值小于 $Ra0.01\mu m$。

研磨是通过研具在一定的压力下与加工面做复杂的相对运动而完成的。研具和工件之间的磨粒与研磨剂在相对运动中分别起机械切削作用和物理、化学作用，使磨粒能从工件表面上切去极微薄的一层材料，从而得到极高的尺寸精度和极低的表面粗糙度值。

研磨时，大量磨粒在工件表面浮动着，它们在一定的压力下滚动、刮擦和挤压，起着切除细微材料层的作用。如图 2-36 所示，磨粒在研磨塑性材料时受到压力的作用，首先使工件加工面产生裂纹，随着磨粒的运动，裂纹扩大、交错，以致形成了碎片（即切屑），最后脱离工件。研具与工件的相对运动复杂，磨粒在工件表面上的运动不重复，可以除去"高点"，这就是机械切削作用。

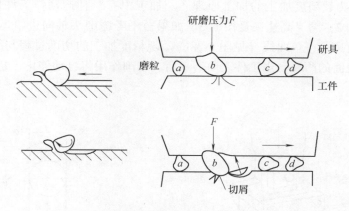

图 2-36　研磨时磨粒的切削作用

研磨时磨粒与工件接触点局部压力非常大，因而会产生瞬时高温，产生挤压作用，以致使工件表面平滑，表面粗糙度值下降，这是研磨时产生的物理作用。同时，由于研磨时研磨剂中加入硬脂酸或油酸，与覆盖在工件表面的氧化物薄膜间还会发生化学作用，使被研表面软化，加速研磨效果。

2. 高精度磨削

使工件的表面粗糙度值在 $Ra0.16\mu m$ 以下的磨削工艺称为高精度磨削。高精度磨削的实质在于砂轮磨粒的作用。经过精细修整后的砂轮，其磨粒形成了同时能参加磨削的许多微刃（见图 2-37a、b）。这些微刃的等高程度好，参加磨削的切削刃数大大增加，能从工件上切下微细的切屑，形成表面粗糙度值较低的表面。随着磨削过程的继续，锐利的微刃逐渐钝化，如图 2-37c 所示。钝化的磨粒又可起抛光作用，使表面粗糙度值进一步降低。

高精度磨削是近年发展起来的一种新的精密加工工艺，具有生产率高、应用范围广、能修整前道工序残留的几何误差并得到很高的尺寸精度和小的表面粗糙度值等优点。高精度磨削按加工工艺可分为精密磨削（$Ra0.16 \sim 0.06\mu m$）、超精密磨削（$Ra0.04 \sim 0.02\mu m$）和镜面磨削（$Ra<0.01\mu m$）三种类型。

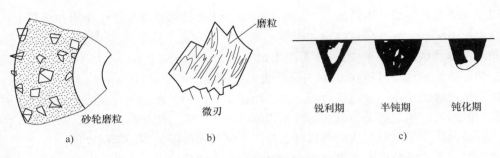

图 2-37　磨粒微刃及磨削中微刃的变化

3. 超精度加工

超精度加工是用细粒度的油石对工件施加很小的压力，油石做往复振动和沿工件轴向的慢速运动，以实现微量磨削的一种光整加工方法。

图 2-38a 所示为超精度加工的加工原理图。加工中有三种运动：工件低速回转运动 1；磨头轴向进给运动 2；磨头高速往复振动 3。如果暂不考虑磨头轴向进给运动，则磨粒在工件表面上走过的轨迹是正弦曲线（见图 2-38b）。超精度加工的切削过程与磨削、研磨不同，它只能切去工件表面的凸峰，当工件表面磨平后，切削作用将自动停止。超精度加工大致有下面四个阶段。

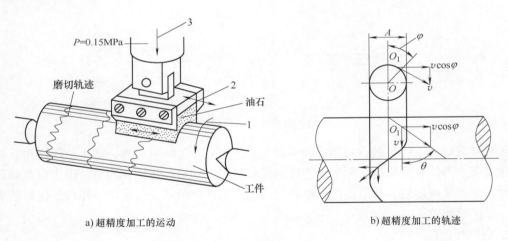

a）超精度加工的运动　　　　　　　　b）超精度加工的轨迹

图 2-38　超精度加工的加工原理

（1）强烈切削阶段　开始时，由于工件表面粗糙，少数凸峰与油石接触，单位面积上的压力很大，破坏了油膜，故切削作用强烈。

（2）正常切削阶段　当少数凸峰磨平后，接触面积增加，单位面积压力降低，致使切削作用减弱，进入正常切削阶段。

（3）微弱切削阶段　随着接触面积进一步增大，单位面积压力更小，切削作用微弱，且细小的切屑形成氧化物而嵌入油石的空隙中，因而油石产生光滑表面，具有摩擦抛光作用。

（4）自动停止切削阶段　工件磨平后，单位面积上的压力很小，工件与油石之间形成液体摩擦油膜，不再接触，切削作用停止。

经超精度加工后的工件表面粗糙度值为 $Ra0.08 \sim 0.01\mu m$。由于其加工余量较小（<0.01mm），所以只能去除工件表面的凸峰，对加工精度的提高不显著。

4. 滚压加工

滚压是冷压加工的方法之一，属于无屑加工。滚压加工是用滚压工具对金属材质的工件施加压力，使其产生塑性变形，从而降低工件的表面粗糙度值，强化表面性能的加工方法。

图 2-39 所示为外圆表面滚压加工的示意图。外圆表面的滚压加工一般可用各种相应的滚压工具，如滚压轮（见图 2-39a）、滚珠（见图 2-39b）等在卧式车床上对加工表面在常温下进行强行滚压，使工件表面金属层产生塑性变形，修整工件表面的微观几何形状，降低加工表面粗糙度值，提高工件的耐磨性、耐蚀性和疲劳强度。例如，经滚压后的外圆表面粗糙度值可达 $Ra0.4 \sim 0.25\mu m$，硬化层深度为 $0.05 \sim 0.2\mu m$，硬度可提高 $5\% \sim 20\%$。

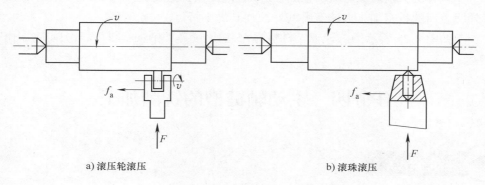

a) 滚压轮滚压　　　　　　　　　　　　　b) 滚珠滚压

图 2-39　外圆表面滚压加工

滚压加工有如下特点：

1）滚压前工件加工表面粗糙度值不大于 $Ra5\mu m$，表面要求清洁，直径余量为 $0.02 \sim 0.03mm$。

2）滚压后的形状精度和位置精度主要取决于前道工序。

3）滚压的工件材料一般是塑性材料，并且材料组织要均匀。铸铁件一般不适合采用滚压加工。

4）滚压加工生产率高，工艺范围广，不仅可以用来加工外圆表面，对于内孔、端面的加工也可采用。

【任务实施】

1. 磨床类型的选择

该主动轴为阶梯轴，要求较高处的轴颈表面为圆柱面，公差等级分别为 IT6 和 IT7，表面粗糙度值为 $Ra1.6\mu m$，故该零件的精加工可选用机械制造工厂中使用较为广的 M1432A 型万能外圆磨床。

2. 磨削装夹方式的选用

与车床的装夹方式相同，选择中心线作为定位基准，既符合基准重合原则，又符合基准统一原则。

选用双顶尖、鸡心夹头装夹。

3. 砂轮的选用

主动轴零件为 45 钢，热处理为调质，硬度为 220~250HBW，根据表 2-10 可选择磨料为棕刚玉，磨料粒度为 F36~F46 粗磨、F60~F80 精磨的平形砂轮（见表 2-11）进行磨削。

【任务拓展与练习】

1. 简述磨削加工的工艺范围和加工特点。

2. 什么是砂轮硬度？它与磨粒硬度是否相同？砂轮硬度对磨削过程有何影响？如何选择？

3. 说明下面砂轮标记中各符号的意义。

砂轮 GB/T4127 1M—360×15×203——…WA/F46M6B…—60

4. 试比较外圆磨削时纵磨法、横磨法和综合磨法的特点及应用。

5. 外圆表面的精密加工方法有哪些？简述其加工特点。

6. 加工如图 2-25 所示的阶梯轴，材料为 45 钢，选择磨削加工机床、磨削加工用夹具和砂轮类型。

任务四　主动轴键槽的铣削加工

知 识 点

1. 铣床和铣刀的分类。
2. 铣削加工的工艺范围及特点。

技 能 点

1. 能根据加工内容合理选择铣床和铣刀。
2. 选择合理的铣削加工方法。

【相关知识】

一、铣削的类型及选用

1. 铣削加工的工艺范围及特点

（1）铣削加工的工艺范围　铣削是目前应用最广泛的切削加工方法之一，是在铣床上用铣刀来加工工件的操作。通常铣削的主运动是铣刀的旋转运动，有利于采用高速切削，而且是多刃连续切削，效率较高。铣床适应的工艺范围较广，可加工各种平面、台阶、沟槽和螺旋面等，如装上分度头，还可进行分度加工。在铣床上进行的各种加工如图 2-40 所示。

（2）铣削加工的特点　由于铣刀是多刃刀具，刀齿能连续地依次进行切削，没有空程损失，且主运动为回转运动，可实现高速切削，故铣平面的生产率一般都比刨平面高。其加工质量经粗铣→精铣后，尺寸公差等级可达 IT9~IT7，表面粗糙度值可达 $Ra6.3~1.6\mu m$。

由于铣平面的生产率高，在大批量的生产中铣平面已逐渐取代了刨平面。在成批生产中，中小件加工大多采用铣削，大件加工则铣刨兼用，一般都是粗铣、精刨。而在单件小批量生产中，特别是在一些重型机器制造厂，刨平面仍被广泛采用。由于刨平面不能获得足够的切削速度，非铁金属材料的平面加工几乎全部采用铣削。

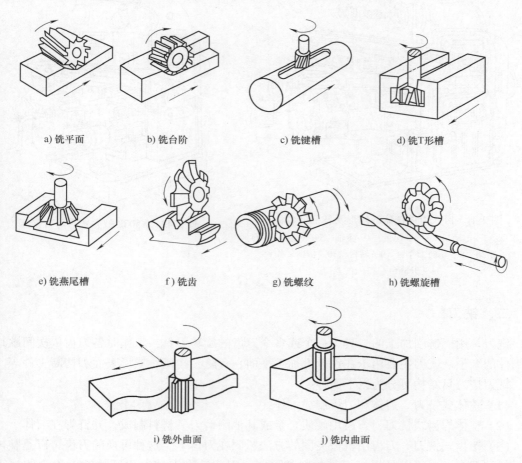

a) 铣平面　　　　b) 铣台阶　　　　c) 铣键槽　　　　d) 铣T形槽

e) 铣燕尾槽　　　f) 铣齿　　　　　g) 铣螺纹　　　　h) 铣螺旋槽

i) 铣外曲面　　　　　　　　j) 铣内曲面

图 2-40　铣床上进行的各种加工

2. 铣床的类型及选用

铣床的主要类型有升降台式铣床、床身式铣床、龙门铣床、工具铣床、仿形铣床以及数控铣床等。

图 2-41 所示为 X6132 型卧式万能铣床。卧式铣床是铣床中应用较多的一种，它的主轴是水平放置的，与工作台平行。

图 2-42 所示为 X5032 型立式升降台铣床。立式铣床与卧式铣床的主要区别是主轴与工作台面垂直。有时根据加工的需要，可以将立铣头（包括主轴）左右扳转一定的角度，以便加工斜面。

立式铣床由于操作时观察、检查和调整位置都比较方便，又便于装夹硬质合金面铣刀进行高速铣削，生产率较高，故应用较广。

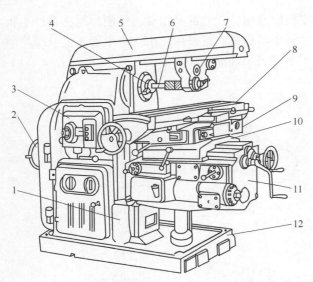

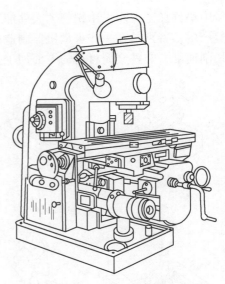

图 2-41 卧式万能铣床的外形及各部分名称
1—床身 2—电动机 3—变速箱 4—主轴 5—横梁 6—刀柄
7—吊架 8—纵向工作台 9—转台 10—横向工作台
11—升降台 12—底座

图 2-42 X5032 型立式升降台铣床

二、铣刀

铣刀是用于铣削加工的、具有一个或多个刀齿的旋转刀具，工作时各刀齿依次间歇地切去工件的余量。铣刀主要用于在铣床上加工平面、台阶、沟槽、成形表面和切断工件等。

铣刀按刀具结构可分为以下四种。

（1）整体式铣刀 刀体和刀齿制成一体。

（2）整体焊齿式铣刀 刀齿用硬质合金或其他耐磨刀具材料制成，并钎焊在刀体上。

（3）镶齿式铣刀 刀齿用机械夹固的方法紧固在刀体上。这种可换的刀齿可以是整体刀具材料的刀头，也可以是焊接刀具材料的刀头。刀头装在刀体上刃磨的铣刀称为体内刃磨式；刀头在夹具上单独刃磨的称为体外刃磨式。

（4）可转位式铣刀 这种结构已广泛用于面铣刀、立铣刀和三面刃铣刀等。

铣刀按用途一般分为面铣刀、立铣刀、模具铣刀、键槽铣刀、成形铣刀和鼓形铣刀。

（1）面铣刀 面铣刀主要用于加工较大的平面，如图 2-43 所示。面铣刀的圆周表面和端面都有切削刃，圆周表面上的切削刃为主切削刃，端部切削刃为副切削刃。

面铣刀多制成套式镶齿结构，刀齿材料为高速钢或硬质合金，刀体材料为 40Cr。高速钢面铣刀按国家标准规定，直径 $d = 80 \sim 250\text{mm}$，螺旋角 $\beta = 10°$，刀齿数 $Z = 10 \sim 26$。

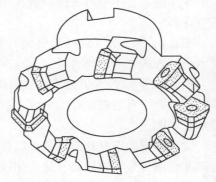

图 2-43 面铣刀

与高速钢面铣刀相比，硬质合金面铣刀的切削速度较高，可获得较高的加工效率和加工表面质量，并可加工带有硬皮和淬硬层的工件，故得到了广泛应用。硬质合金面铣刀按刀片与刀齿的安装方式不同，可分为整体焊接式、机夹焊接式和可转位式三种，如图 2-44 所示。由于整体焊接式面铣刀和机夹焊接式面铣刀难以保证焊接质量，刀具寿命短，重磨较费时，因此目前加工中应用较多的是可转位硬质合金面铣刀。

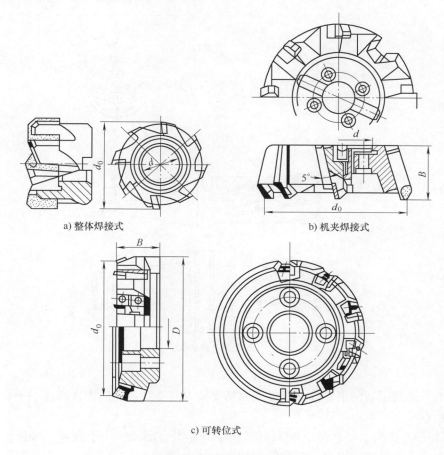

a) 整体焊接式　　　　　　b) 机夹焊接式

c) 可转位式

图 2-44　硬质合金面铣刀

　　（2）立铣刀　　立铣刀是机械加工中应用最多的一种铣刀，主要用于加工凹槽、较小的台阶面以及平面轮廓。如图 2-45 所示，立铣刀的圆柱表面和端面上都有切削刃，它们可同时进行切削，也可单独进行切削。立铣刀圆柱表面的切削刃为主切削刃，端面上的切削刃为副切削刃。副切削刃主要用于加工与侧面垂直的底平面。注意：因为普通立铣刀的端面中间有凹槽、无切削刃，所以一般不可以做轴向进给。

　　立铣刀按端部切削刃的不同可分为过中心刃和不过中心刃两种；按螺旋角大小可分为30°、40°、60°等几种；按齿数可分为粗齿、中齿和细齿三种。机械加工中除了使用普通的高速钢立铣刀外，还广泛使用以下几种先进的结构类型。

　　1）整体式硬质合金立铣刀。如图 2-45b 所示，硬质合金立铣刀侧刃采用大螺纹升角（≤62°）结构。立铣刀头部的过中心端刃往往呈弧线或螺旋中心刃型，负刃倾角，增大了

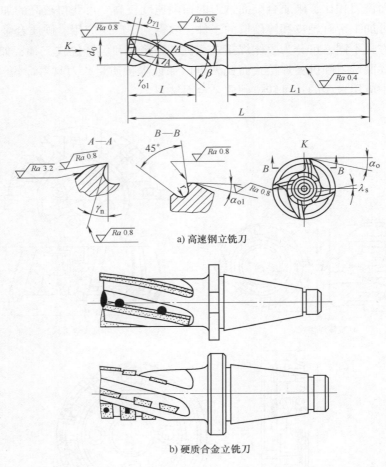

a) 高速钢立铣刀

b) 硬质合金立铣刀

图 2-45　立铣刀

切削刃长度，提高了切削平稳性、工件表面精度及刀具寿命，适应现代高速、平稳、三维铣削加工的特点。

2）可转位立铣刀。可转位立铣刀由可转位刀片组合而成，用于侧齿、端齿、过中心刃端齿的加工，适应高速、平稳、三维铣削加工的技术要求。

3）波形立铣刀。其结构如图 2-46 所示，特点如下：

① 能将狭长的薄切屑变成厚而短的碎切屑，使排屑变得流畅。

② 相对普通铣刀而言，容易切进工件，在相同进给量的条件下切削厚度要大些，并且减少了切削刃在工件表面的滑动现象，从而提高了刀具的寿命。

③ 与工件接触的切削刃长度较短，刀具不容易产生振动。

④ 由于切削刃是波形的，因而使切削刃的长度增加，有利于散热。

（3）模具铣刀　模具铣刀由立铣刀发展而成，是加工金属模具型面的铣刀的统称。如图 2-47 所示，模具铣刀可分为圆锥形平头立铣刀、圆柱形球头立铣刀和圆锥形球头立铣刀三种，其柄部有直柄、削平型直柄和莫氏锥柄三种。模具铣刀的结构特点是球头或端面上布满了切削刃，圆周刃与球头刃圆弧连接，可以做径向和轴向进给。模具铣刀工作部分由高速钢或硬质合金制造。硬质合金制造的模具铣刀如图 2-48 所示。国家标准中模具铣刀的直径

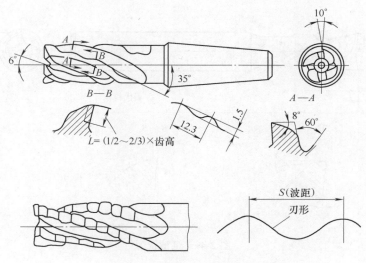

$L = (1/2 \sim 2/3) \times$ 齿高

图 2-46　波形立铣刀

范围为 4~63mm。

（4）键槽铣刀　如图 2-49 所示，键槽铣刀有两个刀齿，圆柱面和端面都有切削刃，端面刃延至中心，也可以把它看成立铣刀的一种。国家标准规定，直柄键槽铣刀的直径为 2~22mm，锥柄键槽铣刀的直径为 14~50mm。键槽铣刀的直径偏差有 e8 和 d8 两种。加工时先轴向进给达到槽深，然后沿键槽方向铣出键槽全长。由于切削刃会引起刀具和工件变形，一次进给铣出的键槽形状误差较大，槽底一般不是直角，因此通常采用两步法铣削键槽，即先用小号铣刀粗加工出键槽，然后以逆铣方式精加工四周，可得到真正的直角，能获得最佳的加工精度。

a）圆锥形平头

$R = d/2$

b）圆柱形球头

c）圆锥形球头

图 2-47　模具铣刀

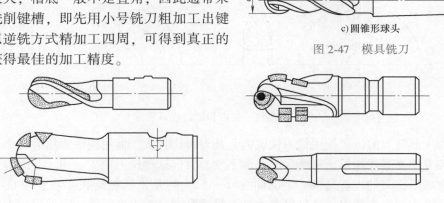

图 2-48　硬质合金模具铣刀

（5）成形铣刀　如图 2-50 所示。成形铣刀一般都是为特定的工件或加工内容（如角度面、凹槽、特形孔或台）专门设计制造的。

成形铣刀按照其齿背形式可分为尖齿成形铣刀（见图 2-51a）和铲齿成形铣刀（见图 2-51b）两种。

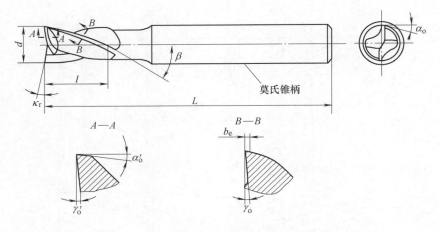

图 2-49　键槽铣刀

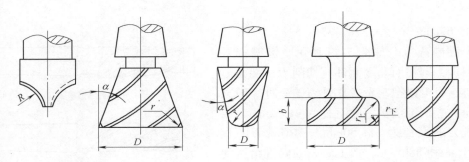

图 2-50　成形铣刀

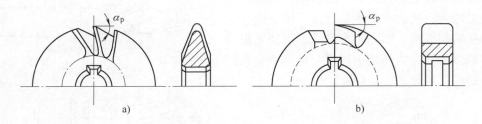

图 2-51　尖齿和铲齿成形铣刀

　　尖齿成形铣刀的齿背是用铣刀铣成的，其寿命比较长，但用钝后要重磨后面，而且必须用靠模和专用夹具才能保证重磨后的刃形不变。目前这种铣刀很少使用。

　　铲齿成形铣刀的齿背是按一定的曲线（一般为阿基米德螺旋线）在铲齿机上加工出来的，通常也称为铲齿铣刀。这种铣刀的特点是重磨时只需刃磨前面，保持前角不变，就可保证刃口的形状不变。由于铲齿成形铣刀刃磨方便，所以得到了广泛应用。

　　（6）鼓形铣刀　如图 2-52 所示，鼓形铣刀的切削刃分布在半径为 R 的圆弧面上，端面无切削刃。加工时控制刀具的上下位置，相应地该面切削刃的切削部位可以在工件上切出从负到正的不同斜角。由于鼓形铣刀的鼓径可以做得比球头铣刀的球径大，所以加工后的残留面积高度小，加工效果比球头铣刀好。R 值越小，鼓形铣刀所能加工的斜角范围越广，但获得的表面质量也越差。这种铣刀的缺点是刃磨困难，切削条件差，并且不适合加工有底的轮廓表面。

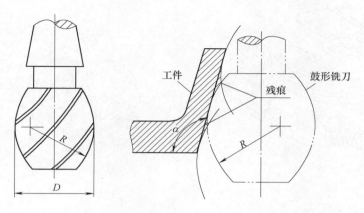

图 2-52　鼓形铣刀

三、铣床的主要附件

铣床附件很多，最常用的有机用虎钳、回转工作台、万能分度头和万能铣头等。

1. 机用虎钳

机用虎钳有普通型和可倾型两种，如图 2-53 所示。普通型机用虎钳有回转式与固定式之分，底座上有两个定位键，安装时以工作台面上的 T 形槽定位，适用于形状简单的中小型工件。

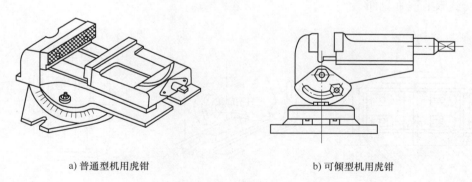

a) 普通型机用虎钳　　　　　　　　　　　　b) 可倾型机用虎钳

图 2-53　机用虎钳

2. 回转工作台

回转工作台用来装夹工件，以铣削工件上的圆弧表面或沿圆周分度，如图 2-54 所示。转动手轮，使转台转动，转台的中心为圆锥孔，供工件定位用，利用 T 形槽、螺钉和压板可将工件夹紧在转盘上。传动轴和铣床的传动装置相连接，可进行机动进给，扳动手柄可接通或断开机动进给。调整挡铁的位置，可使转台自动停止在所需的位置。回转工作台有手动回转工作台和机动回转工作台两种。

3. 万能分度头

万能分度头的外形与组成如图 2-55 所示。它是分度机构，是铣床的重要附件，主要用于加工刀具（如丝锥、铣刀等）和零件（如齿轮、螺母等）等。摇动分度手柄，可将工件安装成需要的角度或分度以及在铣螺旋槽时连续地转动工件等。

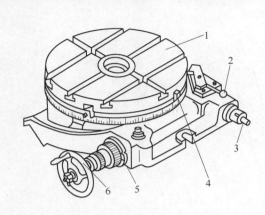

图 2-54 回转工作台
1—转台 2—离合器手柄 3—传动轴
4—挡铁 5—偏心环 6—手轮

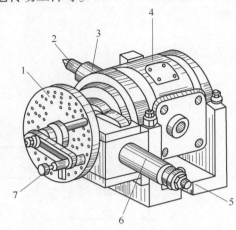

图 2-55 万能分度头
1—分度盘 2—顶尖 3—主轴 4—回
转体 5—底座 6—侧轴 7—手柄

四、铣削加工

1. 铣平面及垂直面

铣平面可以在立式铣床或卧式铣床上进行。图 2-56a 所示为用镶齿面铣刀在立铣床上铣平面；图 2-56b 所示为用圆柱铣刀在卧式铣床上铣平面；图 2-56c 所示为用面铣刀在卧式铣床上铣垂直面。

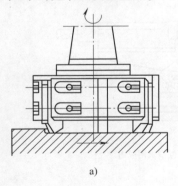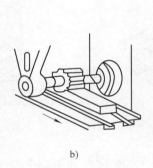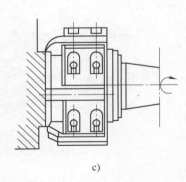

a)   b)   c)

图 2-56 铣平面

2. 铣台阶面

台阶面可用三面刃铣刀在立式铣床上进行铣削，如图 2-57a 所示；也可用大直径的立铣刀在立式铣床上铣削，如图 2-57b 所示；如果成批生产，则可用组合铣刀在卧式铣床上同时铣削几个台阶面，如图 2-57c 所示。

3. 键槽的铣削加工

在铣床上可以加工各种沟槽，轴上的键槽通常也是在铣床上加工的。图 2-58a 所示为用三面刃铣刀在卧式铣床上加工开口键槽，工件可用机用虎钳或分度头进行装夹。由于三面刃铣刀参加铣削的切削刃数多，刚性、散热性好，故其生产率比用键槽铣刀高。对于封闭键槽，一般用键槽铣刀在立式铣床上进行铣削，如图 2-58b 所示，批量较大时则常在键槽铣床上进行加工。

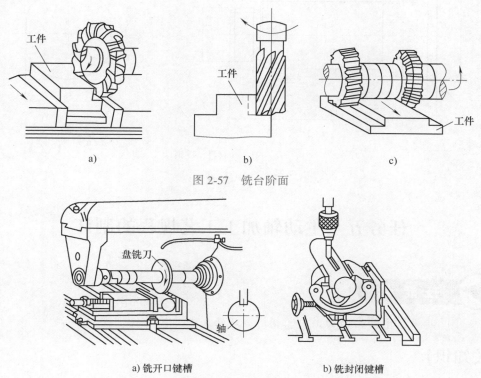

图 2-57　铣台阶面

a) 铣开口键槽　　　　　b) 铣封闭键槽

图 2-58　铣键槽

【任务实施】

1. 铣床类型的选择

该主动轴的铣削部位为两处键槽，精度要求不高，键槽处表面粗糙度值为 $Ra3.2\mu m$，根据图 2-54 所示的键槽铣削方式，该零件的铣削加工可选用立式铣床。

2. 键槽铣削装夹方式的选用

与车床装夹方式相同，选择中心线作为定位基准，既符合基准重合原则，又符合基准统一原则。

选用双顶尖定位及分度头夹紧的装夹方式。

3. 铣刀的选用

根据主动轴零件为 45 钢，热处理为调质，硬度为 220～250HBW，选择硬质合金键槽铣刀进行加工。

【任务拓展与练习】

1. 简述铣削加工的工艺范围和加工特点。

2. 简述常用铣刀的种类及用途。

3. 加工如图 2-59 所示的轮轴，材料为 45 钢，各圆柱面、螺纹已加工完成，现要求加工 36mm 扁势，选择加工机床、刀具和装夹方式。

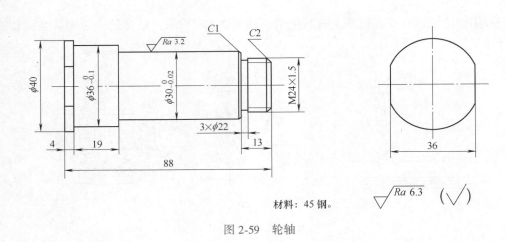

材料：45 钢。

图 2-59　轮轴

任务五　主动轴加工工艺规程的制订

能根据主动轴的加工内容制订合理的加工工艺规程。

【相关知识】

一、蜗杆轴加工工艺过程分析

图 2-60 所示为蜗杆轴零件简图。该轴材料为 40Cr，已经调质处理，蜗杆螺纹部分淬火，生产批量为小批。

1. 结构及技术条件分析

该零件结构上有外圆柱、轴肩、圆锥、紧固螺纹、梯形螺纹、退刀槽和卡簧槽等加工表面。ϕ20j6、ϕ17k5 两外圆柱表面为支承轴颈，圆锥表面为与离合器配合的表面；M18×1 螺纹安装圆螺母，用来调整和预紧轴承；1.1mm×0.4mm 为弹性挡圈安装槽。

2. 毛坯的确定

由于材料为 40Cr，外圆柱直径相差不大，小批生产，故采用热轧圆钢料较为方便。

3. 确定加工表面的加工方案，拟定工艺路线

由于蜗杆轴为回转表面，故以车削加工为主。按照基本加工方案的选择原则，ϕ20j6 和 ϕ17k5 两轴承安装位置表面的加工方案应为：粗车→半精车→磨削；1∶10 锥面的加工方案应为：粗车→半精车→磨削；梯形螺纹表面的加工方案应为：粗车→半精车→磨削。由于上述几个主要表面的加工方案均为粗车→半精车→磨削，故以此为主，其他各次要表面的加工方案穿插在相应的加工阶段，合理地安排热处理，协调各表面的加工顺序，因此拟定出的工艺路线为：毛坯→基准加工→粗车各外圆→调质处理→修研基准→精车各外圆及螺纹→梯形螺纹淬火→修研基准→磨削各外圆及梯形螺纹→检验。

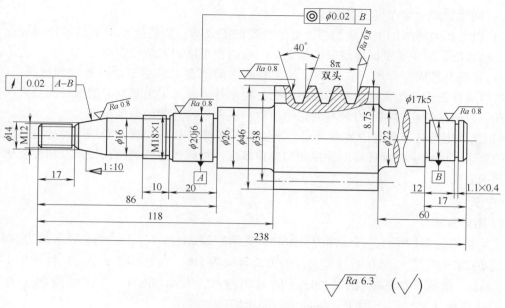

图 2-60　蜗杆轴零件简图

二、蜗杆轴加工工艺过程的制订

此蜗杆轴的加工工艺过程见表 2-17，在拟订工艺路线时，应注意以下问题：

表 2-17　蜗杆轴的加工工艺过程

工序号	工序名称	工序内容	设备
1	下料	ϕ55mm×245mm	
2	粗车	自定心卡盘装夹工件，车端面，钻中心孔。用尾座顶尖顶住，粗车三个台阶，直径、长度均留余量 2mm 掉头，用自定心卡盘装夹工件另一端，车端面，总长保证 238mm，钻中心孔。用尾座顶尖顶住，粗车另外三个台阶，直径、长度均留余量 2mm	车床
3	热处理	调质处理，硬度为 220~249HBW	
4	钳	修研两端中心顶尖孔	车床
5	半精车	双顶尖装夹。半精车三个退刀槽、两个倒角、五个外圆柱面和一个锥面、两个螺纹大径（分别为 $\phi 12^{-0.08}_{-0.15}$mm 和 $\phi 18^{-0.10}_{-0.20}$mm）、ϕ26mm、ϕ16mm 到尺寸，支承轴颈及锥面处留 0.5mm 的加工余量 掉头，双顶尖装夹。半精车两个圆柱台阶，车 ϕ22mm 到图样规定的尺寸，支承轴颈留 0.5mm 的加工余量，车两个退刀槽、一个倒角	车床
6	精车	双顶尖装夹。精车蜗杆螺纹，留加工余量 0.1mm，精车两段螺纹 M12—6g 和 M18×1—6g	车床
7	热处理	蜗杆螺纹表面淬火后硬度为 45~55HRC	
8	钳	修研两端中心孔	
9	磨	双顶尖装夹，磨两轴颈及锥面	磨床
10	磨	双顶尖装夹，磨蜗杆螺纹	磨床
11	检	检验	

1）调质处理安排在粗加工之后。

2）以主要表面的加工方案为主，对于次要加工表面，如精度要求不高的外圆表面、退刀槽、越程槽、倒角和紧固螺纹等的加工，一般应在半精加工阶段完成。

3）根据基准先行原则，在各阶段加工外圆之前都要对基准面进行加工和修研。因此，在下料后应首先选择加工定位基面的中心孔，粗车外圆时加工出基准。磨削外圆前再次修研中心孔，目的是使磨削加工有较高的定位精度，进而提高外圆的磨削精度。

4）选择定位基准和确定装夹方式。该轴的工作螺纹及装配面对轴线 $A—B$ 均有圆跳动公差的要求，因此应将蜗杆轴的轴线作为定位基准。根据该零件的结构特点及精度要求，选择两顶尖装夹为宜。

【任务实施】

1. 图样分析

主动轴如图 2-1 所示，其结构为台阶轴，支承轴颈 $\phi18f6$（$_{-0.027}^{-0.016}$）的公差等级为 IT6，配合轴颈 $\phi22k7$（$_{+0.002}^{+0.023}$）、$\phi16h7$（$_{-0.018}^{0}$）的公差等级为 IT7，在 $\phi16h7$（$_{-0.018}^{0}$）轴段加工有槽宽 $5_{-0.3}^{0}$ mm、槽深 $3_{0}^{+0.1}$ mm、槽长 20mm 的封闭键槽，在 $\phi18f6$（$_{-0.027}^{-0.016}$）轴段加工有槽宽 $6_{-0.3}^{0}$ mm、槽深 $3.5_{0}^{+0.1}$ mm、槽长 14mm 的封闭键槽。

2. 机械加工工艺过程卡

根据图样分析和工艺路线的制订原则，制订主动轴机械加工工艺过程卡，见表 2-18。

表 2-18　主动轴机械加工工艺过程卡

工序号	工序名称	工序内容	设备
1	下料	锯料 $\phi25$mm×164mm	
2	粗车	自定心卡盘装夹工件，车端面，钻中心孔。用尾座顶尖顶住，粗车右端台阶，直径、长度均留余量 2mm	车床
		掉头，自定心卡盘装夹工件另一端，车端面，总长保证 160mm，钻中心孔。粗车左端台阶，直径、长度均留余量 2mm	
3	热处理	调质处理后硬度为 220~250HBW	
4	钳	修研两端中心顶尖孔	车床
5	半精车	双顶尖装夹。半精车右端退刀槽、倒角、外圆柱面、螺纹大径 $\phi12_{-0.15}^{-0.08}$ mm、支承轴颈 $\phi18$mm 及配合轴颈 $\phi16$mm，留 0.5mm 的加工余量，精车螺纹 M12—6g	车床
		掉头，双顶尖装夹。半精车左端两个圆柱台阶、支承轴颈 $\phi18$mm 及配合轴颈 $\phi22$mm，留 0.5mm 的加工余量。车退刀槽，倒角	
6	铣	双顶尖万能分度头装夹，铣键槽，两处	铣床
7	钳	修研两端中心孔	
8	粗磨	双顶尖装夹，粗磨四处轴颈	磨床
9	精磨	双顶尖装夹，精磨四处轴颈	磨床
10	检	检验	

【任务拓展与练习】

根据图 2-61 所示齿轮轴（中批量生产）的加工要求和工艺路线制订原则，设计其加工工艺过程卡。

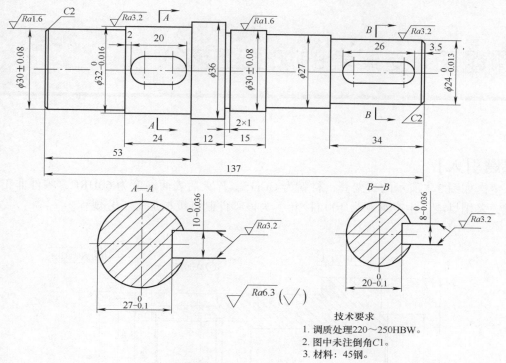

技术要求
1. 调质处理220～250HBW。
2. 图中未注倒角C1。
3. 材料：45钢。

图 2-61 齿轮轴

【课题引入】

生产如图 3-1 所示的支架套，材料为 GCr15，淬火后表面硬度为 60HRC，零件非工作面防锈，采用烘漆。生产纲领为 100 件/年，为该零件制订机械加工工艺规程。

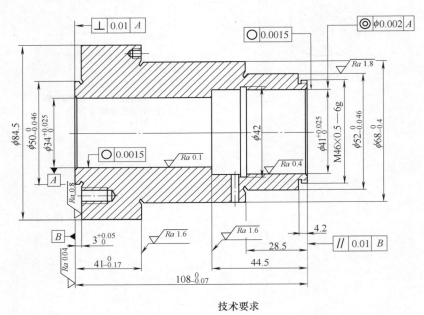

技术要求

1. 材料：GCr15。
2. 淬火后表面硬度为60HRC，零件非工作面防锈，采用烘漆。

图 3-1　支架套

【课题分析】

该支架套零件属于典型的套类零件。通过本课题的学习，了解盘套类零件的加工特点和加工方法，学会编制典型盘套类零件的加工工艺文件。

该零件的主要技术要求及结构特点如下：主孔内安装滚针轴承的滚针及仪器主轴颈；端面 B 是止推面，要求有较小的表面粗糙度值；孔的圆度及圆柱度有较高的要求。材料为轴承钢 GCr15，淬火硬度为 60HRC。该零件内、外圆的表面粗糙度值要求较小；内、外圆同轴度，圆柱面与端面的垂直度要求很高，是加工的难点。

任务一　识读支架套零件

知识点

1. 盘套类零件的功用和结构特点。
2. 盘套类零件的主要技术要求。
3. 保证盘套类零件相互位置精度的方法。
4. 防止盘套类零件变形的方法。

技能点

1. 能识读具体的盘套类零件图样。
2. 针对盘套类零件进行机械加工工艺分析。

【相关知识】

一、识读盘套类零件

1. 盘套类零件的功用与结构特点

盘套类零件是机械中常见的一种零件，其应用范围很广，例如支承旋转轴的各种形式的滑动轴承、夹具上引导刀具的导向套、内燃机气缸套、液压系统中的液压缸、电液伺服阀上的套阀和法兰、连接盘以及一般用途的套筒，如图3-2所示。

盘套类零件包括盘类零件、套类零件，它们主要由端面、外圆、内孔等组成。虽然由于其功用不同，各类套筒虽然其结构和尺寸有很大的差异但还是有一定的共同特性，具体表现如下：

1）外圆、内孔间有同轴度要求，公差值小。

2）支承用端面有较高平面度和轴向尺寸精度以及两端面平行度要求。

3）对转接作用的内孔与端面有垂直度要求。

4）大多数盘套类零件的结构相对较简单。

盘类零件、套类零件也有不同之处。盘类零件一般径向尺寸大于轴向尺寸；套类零件外圆尺寸一般小于其长度，通常长径比小于5，套类零件内孔和外圆直径相差较大，易变形。

2. 一般盘套类零件的主要技术要求

（1）内孔　内孔是盘套类零件起支承或导向作用的最主要表面，通常与运动的轴、刀具或活塞相配合。内孔直径尺寸的公差等级一般为IT7，精密轴承有时为IT6，气缸和液压缸由于与其配合的活塞上有密封圈，故要求较低，通常取IT9。

内孔的形状精度应控制在孔径公差以内，一些精密套筒控制为孔径公差的1/3~1/2，甚至更严。对于长的套筒，除了圆度要求以外，还应注意孔的圆柱度。

为了保证零件的功用和提高其耐磨性，孔的表面粗糙度值为$Ra1.6~0.16\mu m$，要求高的精密套筒可达$Ra0.04\mu m$。

（2）外圆　外圆表面一般是盘套类零件的支承表面，常以过盈配合或过渡配合同箱体或机架上的孔相连接，其外径尺寸的公差等级为IT7~IT6，形状精度控制在外径公差以内，表

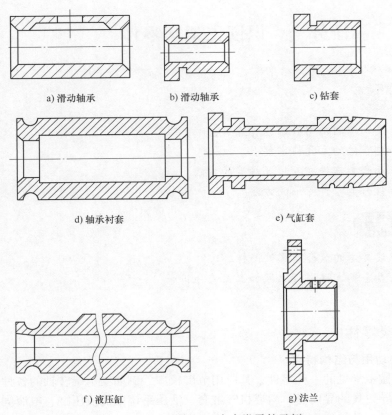

a) 滑动轴承   b) 滑动轴承   c) 钻套

d) 轴承衬套   e) 气缸套

f) 液压缸   g) 法兰

图 3-2　盘套类零件示例

面粗糙度值为 $Ra3.2 \sim 0.4\mu m$。

（3）内、外圆之间的同轴度　内、外圆之间的同轴度应根据加工与装配要求确定，若孔的最终加工是将套筒装入箱体或机架后进行的，则套筒内、外圆间的同轴度要求较低；若最终加工是在装配前完成的，则其同轴度要求较高，一般为 $0.01 \sim 0.05mm$。

（4）孔轴心线与端面的垂直度　盘套类零件的端面（包括凸缘端面）在工作时承受轴向载荷，或虽不承受载荷但加工时作为定位面时，端面与轴线的垂直度要求高，一般为 $0.02 \sim 0.05mm$。

3. 盘套类零件的材料与毛坯

盘套类零件一般用钢、铸铁、青铜或黄铜制成。有些滑动轴承采用双金属结构，以离心铸造法在钢或铸铁内壁上浇注巴氏合金等轴承合金材料，既可节省贵重的非铁金属，又能提高轴承的寿命。

套筒零件毛坯的选择与其材料、结构、尺寸及生产批量有关，孔径小的套筒，一般选择热轧或冷拉棒料，也可采用实心铸件；孔径较大的套筒，常选择无缝钢管或带孔的铸件、锻件；大量生产时，可采用冷挤压和粉末冶金等先进的毛坯制造工艺，既提高了生产率，又节约了材料。

二、盘套类零件的机械加工工艺分析

1. 保证位置精度

从盘套类零件的技术要求看，盘套类零件的孔与外圆柱间的同轴度及端面与孔的垂直度均有较高的要求。为保证这些要求，可采用下列方法。

1）在一次安装中完成内、外圆表面及端面的全部加工。这种方法消除了工件的安装误差，可获得很高的相对位置精度。但是，这种方法的工序比较集中，对于尺寸较大（尤其是长径比较大者）的套也不便安装，故该法多用于尺寸较小的轴套零件的加工。

2）盘套类零件主要表面的加工分别在几次安装中进行。这时，又有两种不同的安排。第一种为先加工孔，然后以孔为精基准最终加工外圆。这种方法由于所用夹具（如心轴）结构简单，且制造和安装误差较小，因此可获得较高的位置精度，在盘套类零件的加工中一般多采用此法。第二种为先加工外圆，然后以外圆为精基准最终加工孔。采用此法时，工件装夹迅速可靠，但因一般卡盘安装误差较大，加工后的工件位置精度低。当同轴度要求较高时，必须采用定心精度高的夹具，如弹性膜片卡盘、液体塑料夹头以及经过修磨的自定心卡盘等。

2. 防止变形的方法

薄壁套筒在加工过程中往往由于夹紧力、切削力和切削热的影响而发生变形，致使加工精度降低。为防止薄壁套筒变形可采取以下措施。

（1）减小夹紧力对变形的影响 在实际加工中，要减小夹紧力对变形的影响，工艺上常采用以下措施。

1）夹紧力不宜集中于工件的某一部分，应使其分布在较大的面积上，以使工件单位面积上所受的压力较小，从而减小其变形。例如工件外圆用卡盘夹紧时，可以采用软卡爪，用来增加卡爪的宽度和长度，或用开缝套筒装夹薄壁工件。由于开缝套筒与工件的接触面积大，夹紧力均匀地分布在工件外圆上，因此不易产生变形。当薄壁套筒以孔为定位基准时，宜采用胀开式心轴。

2）采用轴向夹紧工件的夹具。对于薄壁套筒类零件，由于其轴向刚性比径向刚性好，用卡爪径向夹紧时工件变形大，若沿轴向施加夹紧力，则变形就会小得多。如图 3-3 所示，由于靠螺母端面沿轴向夹紧工件，故其夹紧力产生的径向变形极小。

3）在工件上做出加强刚性的辅助凸边以提高其径向刚度，减小夹紧变形，加工时采用特殊结构的卡爪夹紧，如图 3-4 所示，加工结束时将凸边切去。

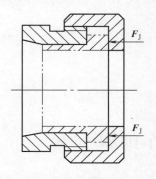

图 3-3　轴向夹紧薄壁工件

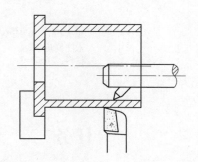

图 3-4　辅助凸边夹紧

（2）减小切削力对变形的影响

1）减小背向力，通常可采用增大刀具的主偏角来达到此目的。

2）同时加工内、外表面，使径向切削力相互抵消，如图 3-4 所示。

3）粗、精加工分开进行，使粗加工时产生的变形能在精加工中得到纠正。

（3）减少热变形引起的误差　工件在加工过程中受切削热后要膨胀变形，从而影响工件的加工精度。为了减少热变形对加工精度的影响，应在粗、精加工之间留有充分的冷却时间，并在加工时注入足够的切削液。另外，为减小热处理对工件变形的影响，热处理工序应放在粗、精加工之间进行，以便使由热处理引起的变形在精加工工序中得以消除。

【任务实施】

识读支架套零件图样。

该零件是轴向尺寸较小的短套类零件，其技术要求及结构特点如下：孔 $\phi 34^{+0.025}_{0}$ mm、$\phi 41^{+0.025}_{0}$ mm 的尺寸公差等级为IT7，外圆 $\phi 50^{0}_{-0.046}$ mm、$\phi 52^{0}_{-0.046}$ mm 的尺寸公差等级为IT8；外圆柱面、孔和端面的表面粗糙度值都要求很小；孔的圆度及圆柱度有较高的要求，孔 $\phi 34^{+0.025}_{0}$ mm 和 $\phi 41^{+0.025}_{0}$ mm 之间有极高的同轴度要求，$\phi 34^{+0.025}_{0}$ mm 与端面的垂直度要求也很高。材料为轴承钢 GCr15，淬火后表面硬度为 60HRC。故该零件内、外圆的同轴度、圆度，孔与端面的垂直度，各表面的表面粗糙度是加工中应重点加以考虑的。

【任务拓展与练习】

1. 盘套类零件机械加工中的主要工艺问题是什么？如何解决？
2. 试识读图 3-5 所示缸套的图样。

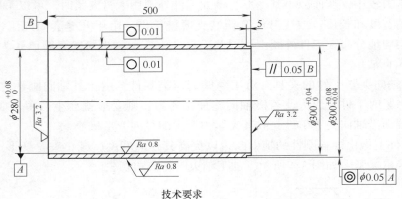

技术要求

1. 正火190～207HBW。
2. 未注倒角C1。
3. 材料：QT600-3。

图 3-5　缸套

任务二　支架套孔的车削加工

　知 识 点

1. 内孔的加工方法。
2. 孔加工刀具。

1. 为盘套类零件的内孔选择加工方法。

2. 合理选用孔加工刀具。

【相关知识】

一、盘套类零件内孔的加工方法

内孔是盘套类零件的主要加工表面，常用的加工方法有钻孔、扩孔、铰孔、镗孔和磨孔等。这些加工方法的工艺特点如下。

1. 钻孔

钻孔是采用钻头在实心材料上加工孔的一种方法，常用的钻头是麻花钻。为排出大量切屑，麻花钻具有容屑空间较大的排屑槽，因而其刚度与强度削弱很多，加工内孔的精度低，表面粗糙度值高。一般钻孔后公差等级为 IT12 左右，表面粗糙度值为 $Ra80\sim20\mu m$。因此，钻孔主要用于公差等级低于 IT11 的孔加工，或用作精度要求较高的孔的预加工。

钻孔时钻头容易产生偏斜，从而导致被加工孔的轴线歪斜。为防止和减少钻头的偏斜，工艺上常采用下列措施：

1）钻孔前先加工孔的端面，以保证端面与钻头轴线垂直。

2）先采用 90°顶角的直径大且长度较短的钻头预钻一个凹坑，以引导钻头钻削，防止钻偏。此方法多用于转塔车床和自动车床。

3）仔细刃磨钻头，使其切削刃对称。

4）钻小孔或深孔时应采用较小的进给量。

5）采用工件回转的钻削方式，注意排屑方法和切削液的合理使用。

钻孔直径一般不超过 $\phi75mm$，对于孔径超过 $\phi35mm$ 的孔，宜分两次钻削，且第一次钻孔直径约为第二次的 50%～70%。

2. 扩孔

扩孔是采用扩孔钻对已钻出、铸出或锻出的孔进行进一步加工的方法。扩孔时，切削深度较小，排屑容易，加之扩孔钻刚性较好，刀齿较多，因而扩孔精度和表面质量均比钻孔好。扩孔的加工精度一般可达 IT11～IT10，表面粗糙度值为 $Ra6.3\sim3.2\mu m$。此外，扩孔还能纠正被加工孔轴线的歪斜。因此，扩孔常作为精加工（如铰孔）前的准备工序，也可作为要求不高的孔的终加工工序。

扩孔的方法如图 3-6 所示，扩孔余量一般为孔径的 1/8 左右。实际中对扩孔余量的选择可按零件的技术要求查阅相关的手册。扩孔钻的形式随扩孔直径的不同而不同，其类型按直径不同可分为直柄、锥柄和套装式三种，按材料可分为高速钢扩孔钻和硬质合金扩孔钻等类型。表 3-1 列出了常用扩孔钻的类型、应用范围和特点。

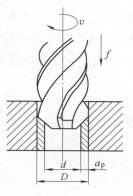

图 3-6　扩孔

表 3-1　常用扩孔钻的类型、应用范围和特点

名　　称		直径范围/mm	应用范围和特点
高速钢扩孔钻	整体式直柄	φ3.0~φ19.7	为节约昂贵的高速钢，直径大于 φ40mm 的扩孔钻制成镶片式；加工铸铁或非铁金属、直径大于 φ14mm 的扩孔钻制成硬质合金镶片式；在小批量生产的情况下，经常用麻花钻经修磨后作扩孔钻用
	整体式锥柄	φ7.8~φ50.0	
	套装式	φ25.0~φ100.0	
硬质合金扩孔钻	整体式直柄	φ3.0~φ19.7	主要用于加工铸铁和非铁金属件，直径大于 φ14mm 的扩孔钻采用焊接式刀片结构，直径大于 φ40mm 的扩孔钻采用镶齿式结构。扩孔钻要考虑刃倾角与排屑方向的关系，尤其是硬质合金扩孔钻
	整体式锥柄	φ7.8~φ50.0	
	套装式	φ25.0~φ100.0	

3. 铰孔

铰孔是对未淬硬孔进行精加工的一种方法，如图 3-7 所示。铰孔时，由于余量较小，故切削速度较低。铰刀刀齿较多、刚性好且制造精确，加之排屑、冷却、润滑条件等较好，铰孔后孔本身的质量得到了提高，孔径尺寸公差等级一般为 IT9~IT7，手铰可达 IT6级，表面粗糙度值为 $Ra2.3~0.32\mu m$。

铰孔主要用于加工中小尺寸的孔，孔的直径范围一般为 φ3~φ150mm。由于铰孔对纠正孔的位置误差的能力很差，所以孔的有关位置精度应由铰孔前的预加工工序保证。此外，铰孔不宜加工短孔、深孔和断续孔。

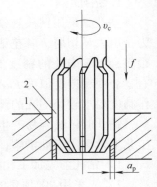

图 3-7　铰孔
1—工件　2—铰刀

（1）铰削的工艺特点

1）铰孔的精度和表面粗糙度不取决于机床的精度，而取决于铰刀的精度、铰刀的安装方式、加工余量、切削用量和切削液等条件。例如在相同的条件下，在镗床上铰孔和在车床上铰孔所获得的精度和表面粗糙度值基本一致。

2）铰刀为定径的精加工刀具，铰孔比精镗孔容易保证尺寸精度和形状精度，生产率也较高，对于小孔和细长孔更是如此。但由于铰削余量小，铰刀常为浮动连接，故不能校正原孔的轴线偏斜，孔与其他表面的位置精度需由前工序或后工序来保证。

3）铰孔的适应性较差。一定直径的铰刀只能加工一种直径和尺寸公差等级的孔，如需提高孔径的公差等级，则需对铰刀进行研磨。铰削的孔径一般小于 φ80mm，常用的在 φ40 mm 以下。对于阶梯孔和不通孔，铰削的工艺性较差。

（2）铰孔时应注意的问题

1）铰削余量要适中。余量过大，会因切削热大而导致铰刀直径增大，孔径扩大；余量过小，则会留下底孔的刀痕，使表面粗糙度达不到要求。粗铰余量一般为 0.15~0.35mm，精铰余量一般为 0.05~0.15mm。

2）铰削精度较高，铰刀齿数较多，心部直径大，导向性及刚性好；铰削余量小，且综合了切削和挤光作用，能获得较高的加工精度和表面质量。

3）铰削时采用较低的切削速度，并且要使用切削液，以免积屑瘤对加工质量产生不良影响，通常粗铰时取 0.07~0.17m/s，精铰时取 0.025~0.08m/s。

4）铰刀适应性很差。一把铰刀只能加工一种尺寸、一种精度要求的孔，且直径大于 ϕ80mm 的孔不适宜铰削。

5）为防止铰刀轴线与主轴轴线相互偏斜而产生孔轴线歪斜、孔径扩大等现象，铰刀与主轴之间应采用浮动连接。当采用浮动连接时，铰削不能校正底孔轴线的偏斜，孔的位置精度应由前道工序来保证。

6）机用铰刀不可倒转，以免崩刃。

4. 镗孔

镗孔是在扩孔的基础上发展而成的一种常用的孔加工方法，可作为粗加工工序，也可作为精加工工序，其加工范围很广，小批量生产中的非标准孔、大直径孔、精确的短孔以及不通孔、非铁金属孔等一般多采用镗孔。镗孔可以在车床、铣床和数控机床上进行，能获得的尺寸公差等级为 IT8~IT6，表面粗糙度值为 Ra3.2~0.4μm。镗孔刀具（镗杆与镗刀）因受孔径尺寸的限制（特别是小直径深孔），一般刚性较差，镗孔时容易产生振动，生产率较低。但是由于镗孔不需要专用的尺寸刀具（如铰刀），镗刀结构简单，又可在多种机床上进行镗孔，故单件小批量生产中，镗孔是较经济的方法。此外，镗孔能够修正前工序加工所导致的轴线歪斜和偏移，从而可以提高位置精度。

用车削方法扩大工件的孔或加工空心工件的内表面，称为车孔。车床车孔多用于加工盘套类和小型支架类零件的孔。在盘套类零件上车孔，通常分为车通孔、车台阶孔和车不通孔。车削内表面的车刀在主、副后面一般均磨成双重后角，以防止车刀后面与工件相碰，减少车刀后面与加工表面的摩擦。

（1）车通孔 图 3-8 所示为在车床上车削套类零件的通孔。车通孔时，车刀应选取较大的主偏角，一般取 45°~90°，相应地减小背向力，从而防止切削时产生振动。

（2）车台阶孔 图 3-9 所示为在车床上车削套类零件的台阶孔。在车台阶孔时，车刀主偏角一般在 90°~95° 的范围内选取，刀尖与伸入孔内的刀柄外侧间的距离应小于大、小两孔之和的 1/2，以保证孔台阶平面能车平。

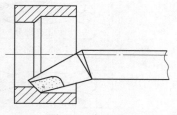

图 3-8　车通孔

（3）车不通孔 图 3-10 所示为在车床上车削套类零件的不通孔。在车不通孔时，除要保证主偏角必须超过 90°外，刀尖与伸入孔内的刀柄外侧间的距离应小于孔径的 1/2，这样才能保证孔的台阶面被车平。

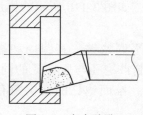

图 3-9　车台阶孔

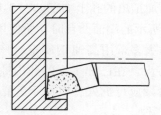

图 3-10　车不通孔

5. 磨孔

磨孔是淬火钢套筒零件的主要精加工方法之一，其磨削原理与外圆的磨削原理相同，可达到的尺寸公差等级为 IT8~IT6，表面粗糙度值为 Ra0.8~0.4μm。磨孔能够修正前工序加工所导致的轴线歪斜和偏移，因此磨孔不但能获得较高的尺寸精度和形状精度，而且能提高孔的位置精度。磨孔方法将在下一任务中详细讲述。

二、孔加工刀具的种类及选用

在金属切削中，孔加工占很大比重。孔加工的刀具种类很多，按其用途可分为两类：一类是在实心材料上加工出孔的刀具，如麻花钻、扁钻和深孔钻等；另一类是对工件已有孔进行再加工的刀具，如扩孔钻、铰刀和镗刀等。本任务介绍几种常用的孔加工刀具。

1. 麻花钻

麻花钻目前是孔加工中应用最广泛的刀具。它主要用来在实体材料上钻削直径为$\phi 0.1 \sim \phi 80\text{mm}$、加工精度较低、表面粗糙度值较大的孔以及进行质量要求较高的孔的预加工，有时也代替扩孔钻使用，其加工尺寸公差等级一般为 IT12 左右，表面粗糙度值为 $Ra12.5 \sim 6.3\mu\text{m}$。

按刀具材料不同，麻花钻分为高速钢钻头和硬质合金钻头。高速钢麻花钻的种类很多，按柄部形状有直柄和锥柄之分。直柄一般用于小直径钻头，锥柄一般用于大直径钻头。

高速钢麻花钻是一种标准刀具。图 3-11 所示为高速钢麻花钻的结构，它由工作部分、柄部和颈部组成。柄部用来装夹钻头和传递转矩。钻头直径 $d_0 < \phi 12\text{mm}$ 时，常制成圆柱柄（直柄）；钻头直径 $d_0 > \phi 12\text{mm}$ 时，常采用圆锥柄。

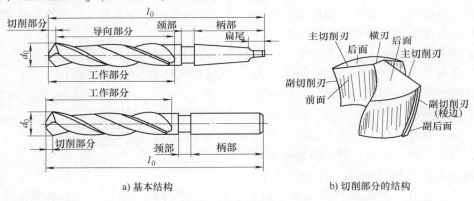

a) 基本结构   b) 切削部分的结构

图 3-11 高速钢麻花钻的结构

2. 锪钻

在已加工出的孔上加工如图 3-12a 所示的圆柱形沉孔、如图 3-12b 所示的锥形沉孔和如图 3-12c 所示的端面凸台时，所使用的刀具统称为锪钻。

锪钻大多采用高速钢制造，图 3-12a 所示的锪钻为平底锪钻，其圆周和端面上各有 3~4 个刀齿，在已加工好的孔内插入导柱，其作用为控制被锪孔与原有孔的同轴度误差。导柱一般做成可拆式，以便于锪钻端面齿的制造与刃磨。锥面锪钻的钻尖角有 60°、90° 和 120° 三种。

3. 铰刀

铰刀由高速钢或硬质合金制造。铰刀一般分为机用铰刀和手用铰刀两种形式。手用铰刀分为整体式和可调式两种，整体式铰刀的径向尺寸不能调节，可调式铰刀的径向尺寸可以调节。机用铰刀分为带柄式和套式，分别用于直径较小和直径较大的场合。带柄式铰刀又分为

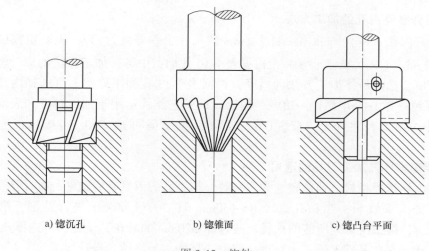

a) 锪沉孔	b) 锪锥面	c) 锪凸台平面

图 3-12　锪钻

直柄和锥柄两类，直柄用于小直径铰刀，锥柄用于大直径铰刀。铰刀按刀具材料可分为高速钢（或合金工具钢）铰刀和硬质合金铰刀。高速钢铰刀切削部分的材料一般为 W18Cr4V 或 W6Mo5Cr4V2。硬质合金铰刀按照刀片在刀体上的固定方式分为焊接式、镶齿式和机夹可转位式。

　　铰刀的精度等级分为 H7、H8、H9 三级，其公差由铰刀专用公差确定，分别适用于铰削公差等级为 H7、H8、H9 的孔。多数铰刀又分为 A、B 两种类型，A 型为直槽铰刀，B 型为螺旋槽铰刀。螺旋槽铰刀切削平稳，适用于加工断续表面。

　　如图 3-13 所示，铰刀由工作部分、颈部和柄部组成。工作部分又分为切削部分和校准部分。切削部分由导锥和切削锥组成，导锥对手用铰刀仅起便于铰刀引入预制孔的作用，而切削锥则起切削作用。对于机用铰刀，导锥也起切削作用，一般把它作为切削锥的一部分。校准部分包括圆柱部分和倒锥：圆柱部分主要起导向、校准和修光的作用；倒锥主要起减少铰刀与孔壁的摩擦和防止孔径扩大的作用。铰刀颈部的作用与麻花钻颈部的作用相同。

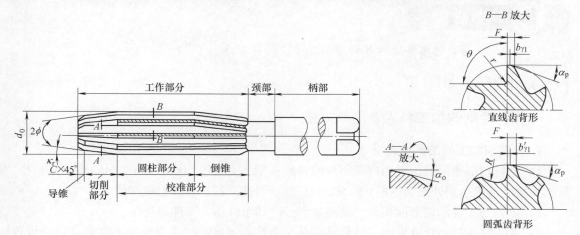

图 3-13　高速钢铰刀的结构

課題三　支架套的加工工艺

113

【任务实施】

1. 支架套零件内孔的加工方法

该支架套内孔 $\phi34^{+0.027}_{0}$ mm 和 $\phi41^{+0.027}_{0}$ mm 的尺寸公差等级为 IT7，表面粗糙度值分别为 $Ra0.1\mu m$ 和 $Ra0.4\mu m$，要求非常高，根据表 1-10 孔加工中各种加工方法的加工经济精度及表面粗糙度值，选择最终加工方法为精磨，根据表 1-13 孔加工方案，可选择内孔加工的第 14 种，即粗镗（扩）→半精镗→粗磨→精磨。该工艺路线适用于加工精度和表面质量要求较高的钢件，加工精度可达 IT7~IT6，表面粗糙度值可达 $Ra0.2 \sim 0.1\mu m$，符合图样要求。

2. 支架套零件孔加工刀具的选用

该零件毛坯选择型材，即棒料，为实心料，加工孔的刀具有麻花钻、扩孔钻、粗镗刀和精镗刀。根据有关资料，当钻孔直径 $d > \phi30mm$ 时，一般分两次进行钻削，第一次钻出 $(0.5 \sim 0.7) d$，第二次钻到所需的孔径。故选择 $\phi20mm$ 的麻花钻钻孔，再选择 $\phi30mm$ 的扩孔钻进行扩孔，在此基础上通过半精镗→粗磨→精磨，最终达到设计要求。

【任务拓展与练习】

1. 盘套类零件的孔有哪些常用加工方法？它们各有什么特点？
2. 在识读图 3-5 所示缸套图样的基础上选择孔的加工方法，并选择孔加工刀具。

任务三　支架套孔的磨削加工

知 识 点

1. 孔磨削加工的工艺特点。
2. 孔的磨削方法。
3. 内圆磨床的类型。

技 能 点

根据具体零件选择孔的磨削方法，选择磨床。

【相关知识】

一、孔磨削的加工特点及磨削方法

1. 孔磨削加工的工艺特点

1）砂轮切削速度低，常用内圆磨头的转速一般不超过 20 000r/min，而砂轮的直径小，其圆周速度很难达到外圆磨削的 35~50m/s，使磨削速度低，表面粗糙度值大。

2）砂轮与工件的接触面积大，发热量大，冷却条件差，工件易烧伤。

3）受工件孔径与长度影响，砂轮轴细长、刚性差，容易产生弯曲变形和振动而造成内圆锥形误差。因此需要减小磨削的深度，增加光磨行程的次数。

4）切削液不易进入磨削区，排屑困难。对于脆性材料，常常采用干磨以达到排屑的目的。

5）砂轮直径小，磨损快，且切削液不容易冲走屑末，砂轮容易堵塞，需要经常修整或更换，使辅助时间增加，生产率较低。

此外，磨削深度的减小和光磨次数的增加，也必然影响生产率。因此，磨孔主要用于不宜或无法进行镗削、铰削和拉削的高精度孔以及淬硬孔的精加工。

2. 孔的磨削方法

（1）中心内圆磨削 用于加工中小型工件，在内圆磨床上进行，可磨削通孔、阶梯孔、孔端面、锥孔及轴承内滚道等，如图 3-14 所示。中心内圆磨削加工能修整前一工序所导致的轴线歪斜和偏移，因此不但能获得较高的尺寸精度和形状精度，还能提高孔的位置精度要求。

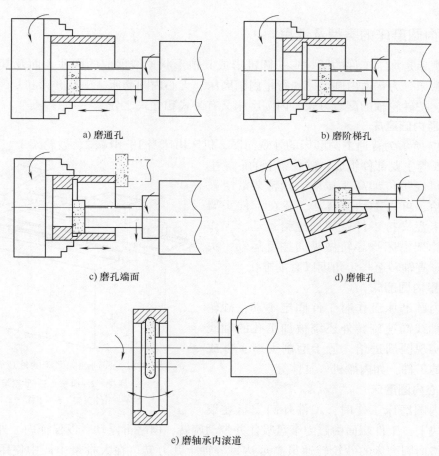

a) 磨通孔　　　　　　　　　b) 磨阶梯孔

c) 磨孔端面　　　　　　　　　d) 磨锥孔

e) 磨轴承内滚道

图 3-14　中心内圆磨削原理

（2）行星式内圆磨削 用于加工重量大、形状不对称的工件的内孔，用行星式磨床或在其他机床上安装行星式磨头进行磨削，其工作原理如图 3-15 所示。在加工过程中，砂轮既自转又回转，而工件相对固定。

（3）无心内圆磨削 用于加工大型薄壁零件，其工作原理如图 3-16 所示，磨削时，工件由支持轮 3 支承，压紧轮 1 压紧，并由导轮 2 带动旋转，砂轮自转而不回转。

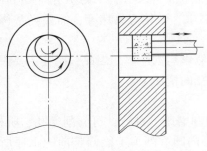

图 3-15　行星式内圆
磨削的原理

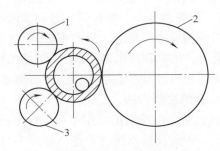

图 3-16　无心内圆磨削原理
1—压紧轮　2—导轮　3—支持轮

二、内圆磨床的类型及选用

内圆磨床是加工工件的圆柱形、圆锥形或其他形状素线展成的内孔表面及其端面的磨床。内圆磨床分为普通内圆磨床、行星内圆磨床、无心内圆磨床、坐标磨床和专门用途的内圆磨床等。按砂轮轴的配置方式，内圆磨床又有卧式和立式之分。

1. 普通内圆磨床

图 3-17 所示为普通内圆磨床的外观简图，机床由床身 1、滑鞍 2、砂轮架 3、工件头架 4 和工作台 5 等主要部件组成。砂轮架上的砂轮主轴由电动机经带传动高速转动，砂轮架沿滑鞍的横向进给，可以手动或自动。装在工件头架主轴上的卡盘夹持工件做圆周进给运动，工作台带动砂轮架沿床身导轨做纵向往复运动，头架还可绕竖直轴转至一定角度以磨削锥孔。

2. 行星内圆磨床

行星内圆磨床工作时工件固定不动，砂轮除绕本身轴线高速旋转外还绕被加工孔的轴线回转，以实现圆周进给，适于磨削大型工件或不宜旋转的工件，如内燃机气缸体等。

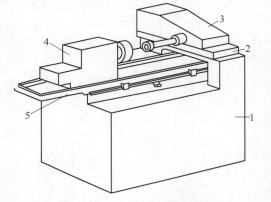

图 3-17　普通内圆磨床的外观简图
1—床身　2—滑鞍　3—砂轮架
4—工件头架　5—工作台

3. 无心内圆磨床

无心内圆磨床工作时，工件外圆支承在滚轮或支承块上，工件端面由磁力卡盘吸住并带动旋转，但略可浮动，以保证内、外圆的同轴度。小规格内圆磨床的砂轮转速最高可达每分钟十几万转。在大批量生产中使用的内圆磨床，其自动化程度要求较高，在磨削过程中，可用塞规或千分尺自动控制尺寸。

三、孔的精密加工

当盘套类零件内孔的加工精度要求很高、表面粗糙度值要求很小时，内孔精加工之后还需要进行精密加工。常用的精密加工有精细镗、研磨、珩磨和滚压等。研磨多用于手工操作，工人劳动强度较大，通常用于批量不大且直径较小的孔。精细镗、珩磨和滚压等的加工质量和生产率都比较高，应用比较广泛。

1. 精细镗

精细镗是一种很有特色的镗孔方法，由于最初是使用金刚石做刀具材料，所以又称金刚镗。这种方法常用于非铁金属合金及铸铁套筒内孔的精密加工，柴油机连杆和气缸套加工中也应用较多。为获得高的加工精度和小的表面粗糙度值，精细镗常采用精度高、刚性好、具有高转速的金刚镗床，所采用的刀具是颗粒细而耐磨的金刚石和硬质合金，并经过刃磨和研磨可获得锋利的刃口。精细镗孔时，加工余量较小，高速切削下切去截面很小的切屑。由于切削力很小，故尺寸公差等级能达到 IT5，表面粗糙度值达 $Ra0.4 \sim 0.2\mu m$，孔的几何误差小于 $3 \sim 5\mu m$。

镗削精密孔时，为方便调刀，可采用微调镗刀，其结构形状如图 3-18 所示。这种镗刀的径向尺寸可在一定范围内调整，其读数精度可达 0.01mm。调整尺寸时，先松开拉紧螺钉6，然后转动带刻度盘的调整螺母 3，待刀体调整至所需尺寸，再拧紧螺钉 6 进行锁紧。这种镗刀调整方便、刚性好。

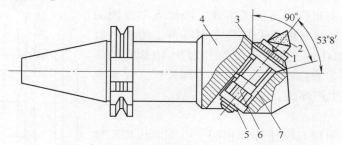

图 3-18　微调镗刀

1—刀体　2—刀片　3—调整螺母　4—刀柄　5—螺母　6—螺钉　7—导向键

2. 研磨

研具通常是采用铸铁制成的研磨棒，表面开槽以存研磨剂。图 3-19 所示为研孔用的研磨棒，图 3-19a 所示为铸铁粗研具，棒的直径可用螺钉调节；图 3-19b 所示为精研用的研具，用低碳钢制成。

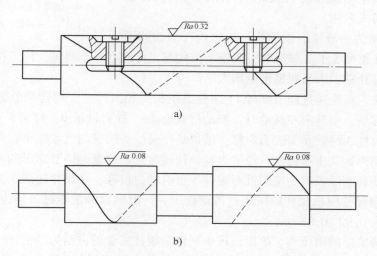

图 3-19　研磨棒

内孔研磨的工艺特点

1）尺寸公差等级可达 IT6 以上，表面粗糙度值为 $Ra0.1\sim0.01\mu m$。

2）孔的位置精度只能由前工序保证。

3）生产率低，研磨之前孔必须经过磨削、精铰或精镗等工序，对中小尺寸的孔，研磨加工余量约为 0.025mm。

3. 珩磨

珩磨是指用 4~6 根砂条组成的珩磨头（见图 3-20）对内孔进行光整加工。珩磨不但生产率高，而且加工精度很高，一般尺寸公差等级可达 IT6~IT5，表面粗糙度值可达 $Ra0.8\sim$
$0.1\mu m$，并能修整孔的几何偏差。

为进一步提高珩磨生产率，珩磨工艺正向强力珩磨、自动控制尺寸的自动珩磨、电解珩磨和超声波珩磨等方向发展。

珩磨的应用范围很广，可加工铸铁、淬硬或不淬硬的钢件，但不宜加工易堵塞油石的韧性金属零件。珩磨可以加工孔径为 $\phi5\sim\phi500mm$ 的孔，也可加工 $L/D>10$ 以上的深孔。因此，珩磨工艺被广泛应用于汽车、拖拉机、煤矿机械、机床和军工等生产部门。

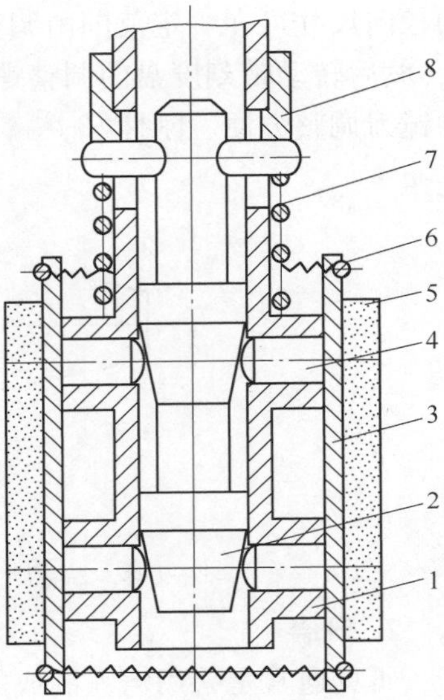

4. 滚压

孔的滚压加工原理与滚压外圆相同。由于滚压加工效率高，近年来用滚压工艺代替珩磨工艺取得了很好的效果。内孔经滚压后，尺寸误差在 0.01mm 以内，表面粗糙度值约为 $Ra0.1\mu m$，且表面硬化耐磨，生产率提高了数倍。

目前珩磨和滚压还在同时使用，其原因是滚压对铸铁件的质量有很大的敏感性。铸铁件硬度不均，表面疏松、气孔和砂眼等缺陷对滚压有很大影响，因此对铸铁件液压缸，滚压工艺尚未采用。

图 3-20 利用螺纹调压的珩磨头
1—本体 2—调整锥 3—砂条座
4—顶块 5—砂条 6—弹簧箍
7—弹簧 8—螺母

图 3-21 所示为一液压缸滚压头，滚压内孔表面的圆锥形滚柱 3 支承在锥套 5 上。滚压时，圆锥形滚柱与工件间有一个斜角，使工件弹性能逐渐恢复，以避免工件孔壁的表面粗糙度值增大。

内孔滚压前，需先通过调节螺母 11 调整滚压头的径向尺寸。旋转调节螺母可使其相对心轴 1 沿轴向移动，当其向左移动时，推动过渡套 10、推力轴承 9、衬套 8 及套圈 6，经销子 4 使圆锥形滚柱 3 沿锥套的表面左移，结果是使滚压头的径向尺寸缩小；当调节螺母向右移动时，由压缩弹簧 7 压移衬套，经推力轴承使过渡套始终紧贴调节螺母的左端面，同时衬套右移时，带动套圈经盖板 2 使圆锥形滚柱 3 也沿轴向位移，结果是使滚压头的径向尺寸增大。滚压头径向尺寸应根据孔的滚压过盈量确定，一般钢材的滚压过盈量为 0.1~0.12mm，滚压后孔径增大 0.02~0.03mm。

径向尺寸调整好的滚压头，滚压过程中圆锥形滚柱所受的进给力经销子、套圈、衬套作用在推力轴承上，而最终还是经过渡套、调节螺母及心轴传至与滚压头右端 M40×4 相连的刀柄上。当滚压完毕，滚压头从内孔反向退出时，圆锥形滚柱 3 会受到向左的进给力，此力

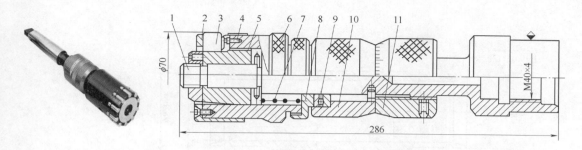

图 3-21　液压缸滚压头

1—心轴　2—盖板　3—圆锥形滚柱　4—销子　5—锥套　6—套圈　7—压缩弹簧
8—衬套　9—推力轴承　10—过渡套　11—调节螺母

传给盖板 2，经套圈、衬套压缩弹簧，实现了向左移动，使滚压头直径缩小，保证了滚压头从孔中退出时不碰伤已滚压好的孔壁。滚压头完全退出孔壁后，在压缩弹簧力的作用下复位，使径向尺寸恢复到原调数值。

滚压速度一般可取 $v = 60 \sim 80 \mathrm{m/min}$；进给量 $f = 0.25 \sim 0.35 \mathrm{mm/r}$；切削液采用 50% 的硫化油加 50% 的柴油或煤油。

【任务实施】

孔的三种不同磨削方法有不同的适应加工对象，该零件属于小型零件，故选择中心内圆磨削法。

机床选择与其外形尺寸相适应的普通内圆磨床。

【任务拓展与练习】

1. 孔磨削加工的特点是什么？
2. 简述孔磨削的方法及选择依据。
3. 对图 3-5 所示缸套图样选择孔的磨削加工方法，并选择孔加工刀具。

任务四　支架套加工工艺规程的制订

 知识点

能根据支架套加工内容制订合理的加工工艺规程。

【相关知识】

一、液压缸加工工艺过程分析

图 3-22 所示为液压缸零件图，该液压缸材料为 Q345，生产纲领为小批量生产。

1. 结构及技术条件分析

为了保证活塞在液压缸内移动顺利，其技术要求包括：液压缸内孔的圆柱度要求；内孔

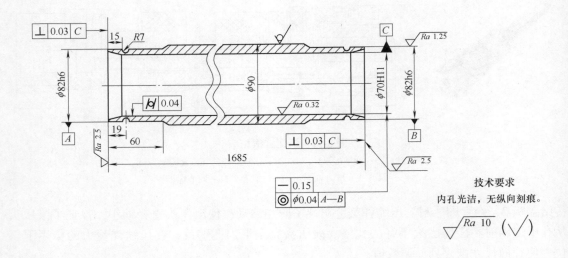

图 3-22　液压缸零件图

轴线的直线度要求；内孔轴线与两端面间的垂直度要求；内孔轴线对两端支承外圆（φ82h6）轴线的同轴度要求等。除此之外，还特别要求内孔必须光洁，无纵向刻痕。

2. 毛坯的确定

液压缸的材料一般有铸铁和无缝钢管两种。若选择铸铁材料，则要求其组织致密，不得有砂眼、针孔及疏松缺陷，必要时应用泵进行压力检测。由于生产批量为小批量，故选用无缝钢管。

3. 确定加工表面的加工方案，拟定工艺路线

1）长套筒零件的加工中，为保证内、外圆的同轴度，在加工外圆时，一般与空心主轴的安装相似，即以孔的轴线为定位基准，用双顶尖顶孔口棱边或一头夹紧一头用顶尖顶孔口；加工孔时，与深孔加工相同，一般采用夹一头，另一头用中心架托住外圆的方式，作为定位基准的外圆表面应为已加工表面，以保证基准精确。

2）该液压缸零件孔的尺寸精度要求不高，但为保证活塞与内孔的相对运动顺利，对孔的形状精度要求较高，表面质量要求较高。因而终加工采用滚压以提高表面质量，精加工采用镗孔和浮动铰孔以保证较高的圆柱度和孔的直线度要求。由于毛坯采用无缝钢管，毛坯度高，加工余量小，加工内孔时，可直接进行半精镗。

3）该液压缸壁薄，采用径向夹紧易变形。但由于其轴向长度大，加工时需要两端支承，因此经常要装夹外圆表面。为使外圆受力均匀，先在一端外圆表面上加工出工艺螺纹，使下面的工序都能通过工艺螺纹夹紧外圆。当终加工完孔后，再车去工艺螺纹，达到外圆要求的尺寸。

二、加工工艺过程的制订

液压缸的加工工艺过程见表 3-2。

表 3-2　液压缸加工工艺过程

序号	工艺名称	工序内容	定位及夹紧
1	下料	切断无缝钢管，长度 1692 mm	
2	车	（1）车 ϕ82mm 外圆至 ϕ88mm，并车工艺螺纹 M88×1.5mm	一夹一大头顶
		（2）车端面及倒角	一夹一托（ϕ88mm 处）
		（3）掉头，车 ϕ82mm 的外圆至 ϕ84mm	一夹一顶
		（4）车端面及倒角，预留 1mm 的加工余量，取总长 1686mm	一夹一托（ϕ84mm 处）
3	深孔镗	（1）半精镗孔至 ϕ68mm	一紧固一托（M88×1.5mm 端用螺纹固定在夹具上，另一端用中心架托住）
		（2）精镗孔至 ϕ69.85mm	
		（3）精铰（浮动镗）孔至 ϕ70±0.02mm，表面粗糙度值为 $Ra1.6\mu m$	
4	滚压孔	用滚压头滚压孔至 ϕ70H11，表面粗糙度值为 $Ra0.32\mu m$	一紧固一托
5	车	（1）车去工艺螺纹，车 ϕ82h6 至尺寸，车 R7mm 槽	一软爪夹一定位顶
		（2）镗内锥孔及车端面	一软爪夹一托（百分表找正）
		（3）掉头，车 ϕ82h6 到规定尺寸，车 R7mm 槽	一软爪夹一定位顶
		（4）镗内锥孔及车端面，取总长 1685 mm	一软爪夹一定位顶

【任务实施】

1. 支架套的加工技术分析

该支架套为轴向尺寸较小的短盘套类零件，在机器中起连接作用。主孔 $\phi34^{+0.027}_{0}$ mm 内安装滚针轴承的滚针及仪器主轴颈，要求有较小的表面粗糙度值，圆度要求为 0.0015mm。外圆及孔均有台阶，外圆台阶面螺孔用来和其他零件固定。因传动要求精确度高，所以加工时除应保证孔的圆度及圆柱度要求外，还应保证外圆和主孔的同轴度。

该零件加工中的主要加工面为内、外圆柱面，加工中的难点是如何保证加工面自身的要求，尤其是如何保证内、外圆柱面之间位置关系的要求。薄壁盘套类零件的加工难度更大，加工过程中要注意采取一系列措施解决其受力变形问题。

2. 支架套的加工工艺分析

（1）表面加工方法的选择　盘套类零件的主要加工表面为内孔和外圆。外圆表面的加工根据精度要求可选择车削和磨削。内孔加工方法的选择比较复杂，需根据零件的结构特点、孔径大小、长径比、精度及表面粗糙度要求以及生产规模等因素进行考虑。对于精度要求较高的孔，往往需要采用几种方法顺次进行加工。例如，该支架套孔的精度要求高，表面粗糙度值要求很小，因而最终采用精细磨孔，该孔的加工顺序为钻孔→半精车孔→粗磨孔→精磨孔→精细磨孔。

（2）加工阶段的划分　支架套加工工艺的划分较细，淬火前为粗加工阶段，粗加工阶段又可分为粗车与半精车阶段，淬火后套筒加工工艺的划分也较细。精加工阶段也可分为两个阶段，喷漆前为精加工阶段，喷漆后为精密加工阶段。

（3）加工顺序的安排　该支架套零件在内孔、外圆加工顺序的安排上，为了获得外圆与孔的同轴度，应考虑先加工内孔，后以内孔为基准加工外圆，即采用可胀心轴以孔定位，磨出各段外圆，既保证了各段外圆的同轴度，又保证了外圆与孔的同轴度。

（4）防止套筒变形的工艺措施　套筒零件的结构特点是孔壁较薄，加工中常因夹紧力、切削力、内应力和切削热等因素的影响而产生变形，应采取防止变形的工艺措施。

3. 填写支架套的加工技术文件

单件小批量生产该零件的机械加工工艺过程见表3-3。

表3-3　支架套的加工工艺过程

序号	工艺名称	工序内容	定位及夹紧
1	下料	棒料	
2	粗车	1. 车端面、外圆 ϕ84.5mm，留余量2mm；钻孔 ϕ30mm×70mm 2. 掉头，车外圆 ϕ68mm、ϕ52mm，留余量 2mm；钻孔 ϕ38mm×44mm	自定心夹盘夹小头 自定心夹盘夹大头
3	钻孔	1. 钻端面轴向孔 2. 钻径向孔 3. 攻螺纹	夹外圆
4	半精车 （数控车）	1. 半精车端面及 ϕ84.5mm、$\phi34_0^{+0.027}$mm、$\phi50_{-0.05}^{0}$mm，留余量0.5mm，倒角及车槽 2. 掉头车右端面；车 $\phi68_{-0.4}^{0}$mm、ϕ52mm，留磨削余量；车 M46×0.5mm 螺纹，车孔 $\phi41_0^{+0.027}$mm 留磨削余量，车 ϕ42mm 槽，车外圆斜槽并倒角	自定心夹盘夹小头 自定心夹盘夹大头
5	热处理	淬火后硬度为 60~62HRC	
6	磨外圆	磨外圆 ϕ84.5mm、$\phi52_{-0.05}^{0}$mm 至尺寸，磨外圆 $\phi50_{-0.05}^{0}$mm 及 $3_0^{+0.05}$mm 端面	ϕ34mm 可胀心轴
7	粗磨孔	找正 $\phi52_{-0.05}^{0}$mm 外圆；粗磨孔 $\phi34_0^{+0.027}$mm 及 $\phi41_0^{+0.027}$mm，留精磨余量0.2mm	端面及外圆
8	校验		
9	发蓝处理		
10	喷漆		
11	磨平面	磨左端面，留研磨余量，保证平行度0.01mm	右端面
12	粗研	粗研左端面至 Ra0.16μm，保证平行度0.01mm	右端面
13	精磨孔	1. 精磨孔 $\phi34_0^{+0.027}$mm 及 $\phi41_0^{+0.027}$mm，一次安装下磨削 2. 精细磨孔 $\phi34_0^{+0.027}$mm 及 $\phi41_0^{+0.027}$mm	端面定位，找正外圆，轴向压紧
14	精研	精研左端面至 Ra0.04μm	右端面
15	检验	圆度仪测圆柱度及 $\phi34_0^{+0.027}$mm、$\phi41_0^{+0.027}$mm 尺寸	

【任务拓展与练习】

试编制如图3-5所示缸套的加工工艺，并详细说明。

课题四 主动齿轮的加工工艺

【课题引入】

生产如图 4-1 所示的主动齿轮，材料为 40Cr，热处理调质后硬度为 220～260HBW，齿部表面淬火后硬度为 50～55HRC，生产纲领为 200 件/年。为该零件制订机械加工工艺规程。

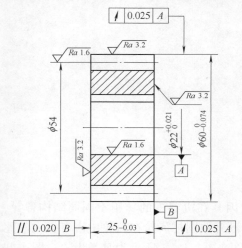

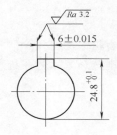

模数	m	3
齿数	z	18
压力角	α	20°
精度等级	7FL	
跨齿数	k	3
公法线长度	W_k	$22.90^{-0.175}_{-0.351}$

技术要求

1. 热处理调质后硬度为 220～260HBW，齿部表面淬火后硬度为 50～55HRC。
2. 材料：40Cr。

$\sqrt{Ra\ 6.3}\ (\sqrt{\ })$

图 4-1 主动齿轮

【课题分析】

该零件属于典型的圆柱齿轮零件，通过本课题的学习，了解齿轮零件的加工特点和加工方法，学会编制典型齿轮零件的加工工艺文件。

渐开线圆柱齿轮零件在机械传动及整个机械领域中的应用极其广泛。齿轮在工作中需传递一定速比的运动和动力，传动需平稳、可靠，故对其尺寸精度、形状精度及位置精度都提出了要求。另外，齿轮应有足够的承载能力和较长的使用寿命，因此对齿轮的强度和耐磨性也提出了要求。

该零件的主要技术要求及结构特点如下：内孔 $\phi22^{+0.021}_{0}$mm，表面粗糙度值为 $Ra1.6\mu m$；左、右端面的平行度为 0.020mm，端面与内孔的轴向圆跳动为 0.025mm，表面粗糙度值为 $Ra3.2\mu m$；齿面表面粗糙度值为 $Ra1.6\mu m$；热处理调质后硬度为 220～260HBW，齿部表面淬火后硬度为 50～55HRC 等。齿轮齿形的加工及热处理都是本课题必须解决的问题。

任务一　识读主动齿轮零件

 知 识 点

1. 齿轮的功用及结构特点。
2. 齿轮的技术要求。
3. 齿坯的技术要求。
4. 齿轮基准的选择。
5. 齿轮的常用材料、热处理。

 技 能 点

1. 能识读具体的齿轮零件图样。
2. 针对齿轮零件进行加工工艺分析。

【相关知识】

一、识读齿轮零件

1. 齿轮的功用与结构特点

齿轮的功用是传递一定速比的运动和动力。齿轮因其在机器中的功用不同而结构各异，但总可以把它们看成是由齿圈和轮体两部分构成的。渐开线圆柱齿轮在齿轮中占有极大的比重。在机器中，常见的圆柱齿轮如图4-2所示。其中图4-2a、b、c所示为盘类齿轮；图4-2d所示为套类齿轮；图4-2e所示为内齿轮；图4-2f所示为轴类齿轮；图4-2g所示为扇形齿轮，它是齿圈不完整的圆柱齿轮；图4-2h所示为齿条，它是齿圈半径无限大的圆柱齿轮。

齿圈的结构形状和位置是评定齿轮结构工艺性能的重要指标。一个圆柱齿轮可以有一个或几个齿圈，图4-2a所示为普通的单齿圈齿轮，其工艺性最好；图4-2b、c所示为双联和三联齿轮，由于在台肩面附近的小齿圈不便于刀具或砂轮切削，所以加工方法受到限制，一般只能采用插齿加工。如果小齿圈精度要求高，则需要进行精滚或磨齿加工；在设计上又不允许加大轴向距离时，可把此多齿圈齿轮做成单齿圈齿轮的组合结构，以改善它的工艺性能。

2. 齿轮的技术要求

（1）齿轮的技术条件　齿轮本身的制造精度对整个机器的工作性能、承载能力及使用寿命都有很大影响。根据齿轮的使用条件，齿轮传动有以下几方面的要求。

1）运动传递准确。即主动轮转过一个角度时，从动轮应按给定的传动比转过相应的角度。

2）工作平稳。要求齿轮传动平稳，无冲击，振动和噪声小，因此必须限制齿轮转动时的瞬时传动比，也就是要限制较小范围内的转角误差。

3）接触良好。齿轮载荷主要由齿面承受，两齿轮配合时，接触面积的大小对齿轮的使用寿命影响很大。因此齿轮在传递动力时，为不因接触不均匀而使接触应力过大，引起齿面

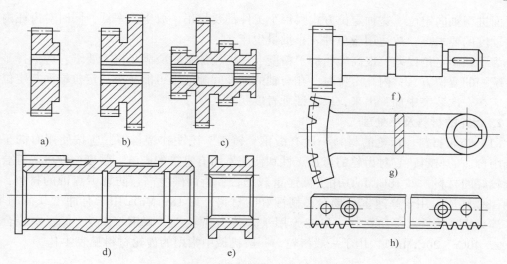

图 4-2　圆柱齿轮的常见结构形式

过早磨损，就要求齿轮工作时齿面接触均匀，并保证有一定的接触面积和要求的接触位置。

4）齿侧间隙适当。一对相互配合的齿轮，其非工作面必须留有一定的间隙，即齿侧间隙，其作用是存储润滑油，减少磨损，同时可以补偿由温度、弹性变形以及齿轮制造和装配所引起的间隙减小，防止卡死。但是齿侧间隙也不能过大，对于要求正、反转的分度齿轮，侧隙过大就会产生过大的空程，使分度精度降低，故应根据齿轮副的工作条件确定合理的齿侧间隙。

根据齿轮传动的工作条件对精度的不同要求，我国国家标准 GB/T 10095. 1—2008 对齿轮和齿轮副规定了 12 个精度等级，其中 1 级精度最高，12 级精度最低。

（2）齿坯的技术条件　齿坯的技术条件包括对定位基面的技术要求、对齿顶外圆的要求和对齿坯支承端面的要求。齿坯的内孔和端面是加工齿轮时的定位基准和测量基准，在装配中又是装配基准，所以它的尺寸精度、形状精度及位置精度要求较高。定位基面的形状误差和尺寸误差将引起安装间隙，造成齿轮的几何偏心；表面质量达不到要求时，经过加工过程中定位和测量的反复使用容易引起磨损，将影响定位基面的精度。

二、圆柱齿轮的加工工艺分析

圆柱齿轮的加工工艺一般应包括以下内容：齿轮毛坯加工、齿面加工、热处理工艺及齿面的精加工。在编制工艺过程时，常因齿轮结构、精度等级、生产批量和生产环境的不同而采用各种不同的工艺方案。

1. 基准的选择

齿轮加工基准的选择常因齿轮的结构形状不同而有所差异。带轴齿轮主要采用顶尖孔定位；对于空心轴，则在钻出中心孔后，用两端孔口的斜面定位；孔径大时多采用锥堵。顶尖孔定位的精度高，且能做到基准重合和统一。带孔齿轮在齿面加工时常采用以下两种定位方式。

（1）以内孔和端面定位　这种定位方式是以工件内孔定位，确定定位位置，再以端面作为轴向定位基准。这样可使定位基准、设计基准、装配基准和测量基准重合，定位精度高，适用于批量生产。

（2）以外圆和端面定位　这种定位方式是采用千分表找正外圆以确定中心的位置，并以端面进行轴向定位。这种定位方式因每个工件都要找正，故生产率低，同时对齿坯内、外圆同轴度的要求高，故适用于单件、小批量生产。

为了减小定位误差，提高齿轮加工精度，在齿轮加工时应满足以下要求：应选择基准重合、统一的定位方式；内孔定位时，孔与轴的配合间隙应尽可能减小；定位端面与定位孔或外圆应在一次装夹中加工出来，以保证垂直度要求。

2. 齿轮的材料及热处理

（1）齿轮材料　齿轮的材料一般有锻钢、铸钢、铸铁和塑料等，应按使用时的工作条件选用合适的材料，它对齿轮的可加工性和使用寿命有直接的影响。强度、硬度等综合力学性能较好的材料，如 18CrMnTi 用于低速重载场合；齿面硬度高、防疲劳点蚀的材料，如氮化钢 38CrMoAlA 用于高速重载场合；韧性好的材料，如 18CrMnTi 用于有冲击载荷的场合；不易淬火钢、铸铁、夹布塑料、尼龙等用于非传力齿轮；中碳钢（45），低、中碳合金钢（20Cr、40Cr、20CrMnTi）用于一般齿轮。一般机械中常用的齿轮材料见表 4-1。

表 4-1　常用的齿轮材料

材　料	热处理	HBW	HRC
45	正火	162~217	
	调质	217~255	
35SiMn	调质	217~269	
	表面淬火		45~55
20Cr	渗碳淬火、回火		56~62
40Cr	调质	241~286	
	表面淬火		48~55
20CrMnTi	渗碳淬火、回火		56~62
ZG35	正火	143~197	
ZG45	正火	116~217	
ZG55		169~225	

（2）齿轮的热处理　齿轮的热处理包括齿坯的热处理和轮齿的热处理。

1）齿坯的热处理。钢料齿坯最常用的热处理方法是正火和调质。正火是将齿坯加热到相变临界点以上 30~50℃，保温后从炉中取出，在空气中冷却。正火一般安排在铸造或锻造之后、切削加工之前。

对于采用棒料的齿坯，正火或调质一般安排在粗车之后，这样可以消除粗车时形成的内应力。采用 38CrMoAlA 材料的齿坯调质处理后还要进行稳定化回火，即将齿坯加热到 600~620℃，保温 2~4h，其作用是为氮化做好金相组织准备。

2）轮齿的热处理。齿形加工完毕后，为提高齿面的硬度和耐磨性，应进行轮齿热处理。常用的轮齿热处理方法有高频感应淬火、渗碳和氮化。高频感应淬火是将齿轮置于高频交变磁场中，由于感应电流的趋肤效应，齿部表面在几秒到几十秒内很快提高到淬火温度，后立即喷水冷却，形成比普通淬火硬度稍高的表层，并保持心部的强度与韧性。另外，由于高频感应淬火加热时间较短，也减少了加热表面的氧化和脱碳。

渗碳是将齿轮放在渗碳介质中并在高温下保温，碳原子渗入低碳钢的表面层，使表面层增碳，因此齿轮表面具有高硬度且耐磨，而心部仍保持一定的强度和较高的韧性。

氮化是将齿轮置于氨中并加热，使活性氮原子渗入轮齿表面层，形成硬度很高（大于60HRC）的氮化物薄层。由于氮化加热温度低，并且不需要另外淬火，因此零件变形很小。

氮化层还具有耐蚀性，所以氮化齿轮不需要进行镀锌、发蓝处理等防腐蚀的化学处理。

在齿轮生产中，热处理质量对齿轮的加工精度和表面粗糙度有很大影响。往往会因热处理质量不稳定，引起齿轮定位基面及齿面变形过大或表面粗糙度值太大而大批报废，成为齿轮生产中的关键问题。

【任务实施】

1. 主动齿轮的技术条件识读

该主动齿轮轮齿的技术要求在零件图的右上角，齿轮模数为 3，齿数为 18，压力角为 20°，齿轮精度等级为 7 级。加工中需要通过测量公法线长度来保证齿轮的齿形精度，跨齿数为 3 时，公法线长度为 $22.90_{-0.351}^{-0.175}$ mm。

齿轮内孔 $\phi 22_{0}^{+0.021}$ mm 的表面粗糙度值为 $Ra1.6\mu m$；左、右端面的平行度为 0.020mm，端面与内孔有圆跳动（0.025mm）的位置要求，端面的表面粗糙度值为 $Ra3.2\mu m$；齿面的表面粗糙度值为 $Ra1.6\mu m$；热处理调质后表面硬度为 220~260HBW，齿部表面淬火后表面硬度为 50~55HRC 等。

2. 主动齿轮的材料、热处理

由图 4-1 可知，该齿轮零件的材料为 40Cr，根据齿轮材料的选用原则可知，该齿轮用于一般场合。

热处理调质 220~260HBW 安排在齿坯加工阶段，在粗车之后，这样可以消除粗车时形成的内应力；齿部表面淬火 50~55HRC 安排在齿形粗加工完毕后，可提高齿面的硬度和耐磨性。

【任务拓展与练习】

1. 简述齿轮的功用与结构特点。
2. 齿轮的常用材料有哪些？如何选择齿轮用材料？
3. 试识读图 4-3 所示圆柱齿轮的图样。

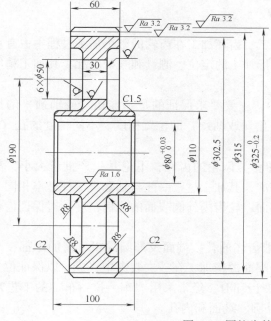

齿轮基本参数：
$m=5$；
$z=63$；
$\alpha=20°$。

精度等级8-7-7GK

技术要求
1. 热处理：190~217HBW。
2. 未注倒角C1。
3. 材料：HT200。

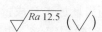

图 4-3　圆柱齿轮

任务二 主动齿轮齿坯和齿形的加工

 知 识 点

1. 齿轮毛坯。
2. 齿轮毛坯的加工方案。
3. 齿轮齿形的加工方法。

 技 能 点

1. 能对具体齿轮零件选择毛坯。
2. 能对具体齿轮零件选择齿形加工方案。

【相关知识】

一、齿坯加工方案

1. 齿轮毛坯的制造

齿轮的毛坯形式有棒料、铸件和锻件。棒料用于尺寸较小、结构简单且对强度要求低的齿轮。锻件一般用于强度要求高，还要求耐磨、耐冲击的齿轮，锻造后要进行正火处理，以消除锻造应力，改善晶粒组织和可加工性。铸件用于直径为 $\phi400 \sim \phi600mm$ 的齿轮，对铸钢件一般也要进行正火处理。为了减少机械加工量，小尺寸、形状复杂的齿轮毛坯通常采用精密铸造或压铸方法制造。

2. 齿坯的加工

齿形加工前的齿轮加工称为齿坯加工。齿坯加工在齿轮的整个加工过程中占有重要的位置。齿轮的内孔、端面或外圆常作为齿形加工的定位、测量和装配基准，其加工精度对整个齿轮的加工和传动精度有着重要的影响。

（1）齿坯的加工精度　齿坯加工中，主要要求保证的是基准孔（或轴颈）的尺寸精度和形状精度，以及基准端面相对于基准孔（或轴颈）的位置精度。不同精度的孔（或轴颈）的齿坯公差以及表面粗糙度等要求不同。

（2）齿坯的加工方案　对于轴类和套类齿轮的齿坯，不论其生产批量大小，都应以中心孔为齿坯加工、齿形加工和校验的基准，其加工过程一般与轴套类零件基本相同。

对于盘齿类零件，如何保证孔、端面、轮齿内外圆表面的几何精度，对保证齿形加工精度具有重大影响。

1）单件小批生产的齿坯加工。一般齿坯的孔、端面及外圆的粗、精加工都在车床上经两次装夹完成，但必须注意将孔与基准端面的精加工在一次装夹中完成，以保证位置精度。

2）成批生产的齿坯加工。成批生产齿坯时，经常采用"车→拉→车"的工艺方案：

① 以齿坯外圆或轮毂定位，粗车外圆、端面和内孔。

② 以端面定位拉孔。

③ 以孔定位精车外圆及端面等。

3）大批量生产的齿坯加工。大批量生产应采用高生产率的机床和高效专用夹具。在加工中等尺寸的齿轮齿坯时，多采用"钻→拉→多刀车"的工艺方案：

① 以毛坯外圆及端面定位进行钻孔或扩孔。

② 拉孔。

③ 以孔定位在多刀半自动车床上粗、精车外圆、端面、车槽及倒角等。

二、齿轮齿形的加工方法

一个齿轮的加工过程是由若干工序组成的，其加工精度主要取决于齿形的加工。齿形加工的方法有很多，按在加工中有无切屑可分为有切屑加工和无切屑加工。

无切屑加工包括热轧齿轮、冷轧齿轮、精锻、粉末冶金等新工艺。无切屑加工具有生产率高、材料消耗少、成本低等特点，但因其加工精度低，工艺不稳定，特别是小批量生产时难以采用，有待进一步改进。

齿轮的有切屑加工目前仍是齿面的主要加工方法。有切屑加工按加工原理不同有两种加工方法，即仿形法和展成法。齿形加工方法的选择主要取决于齿轮所需达到的精度、生产批量以及工厂现有的设备条件。常见的齿形加工方法见表4-2。

表 4-2 常见的齿形加工方法

齿形加工方法		刀具	机床	加工精度及适用范围
仿形法	成形铣齿	模数铣刀	铣床	加工精度及生产率均较低，一般精度在 9 级以下
展成法	滚齿	齿轮滚刀	滚齿机	通常加工 6~10 级精度的齿轮，最高能达 4 级，生产率较高，通用性强，常用于加工直齿、斜齿的外啮合圆柱齿轮
	插齿	插齿刀	插齿机	通常加工 7~9 级精度的齿轮，最高能达 6 级，生产率较高，通用性强，常用于加工直齿、斜齿的外啮合圆柱齿轮
	剃齿	剃齿刀	剃齿机	能加工 5~7 级精度的齿轮，生产率高，主要用于滚齿预加工后、淬火前的精加工
	珩齿	珩磨轮	珩齿机或剃齿机	能加工 6~7 级精度的齿轮，多用于剃齿和高频感应淬火后齿形的精加工
	磨齿	砂轮	磨齿机	能加工 3~7 级精度的齿轮，生产率较低，加工成本高，多用于齿形淬硬后的精密加工

1. 成形铣齿

直齿圆柱齿轮在铣床上用分度头装夹，用盘形齿轮铣刀或指状齿轮铣刀进行逐齿铣削，如图 4-4 所示。铣齿加工的精度较低（经济精度为 9 级），生产率不高，但不需要专用的齿轮加工机床，一般用于精度等级较低且为单件或小批量的生产中。

齿轮铣刀是按成形法加工齿轮的刀具，图 4-4a 所示盘形铣刀适宜加工模数小于 8 的齿轮，图 4-4b 所示指状铣刀适宜加工模数大于或等于 8 的齿轮，铣刀廓形应按被切齿槽的廓形确定。为了铣出正确的齿形，每一种模数、每一个压力角或每一个齿数的齿轮，都应相应地有一把铣刀，这样会使铣刀的数量非常多。为了减少刀具的数量，对于标准模数铣刀，当模数为 0.3~8mm 时，每种模数由 8 把刀组成一套；当模数为 9~16mm 时，由 15 把刀组成一套。每把刀号的铣刀用于加工某一齿数范围的齿轮。

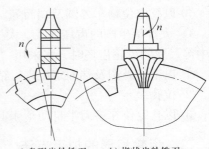

a) 盘形齿轮铣刀　　b) 指状齿轮铣刀

图 4-4　用齿轮铣刀加工齿轮

2. 滚齿

滚齿是最常用的切齿方法之一，它能加工直齿、斜齿和修整齿形的圆柱齿轮。由于滚齿的整个切削过程是连续的，所以其生产率较高。

（1）滚齿的加工原理　滚齿加工的实质相当于一对螺旋圆柱齿轮传动，当其中一个齿轮转化为切齿加工刀具（一般称滚刀）并保持强制性的啮合运动关系，使滚刀沿被所切齿轮的轴线方向做进给运动时，就能切削出需要的渐开线齿形，如图 4-5a 所示。滚刀相当于小齿轮，工件相当于大齿轮。滚刀可以看作一个齿数很少但很长，能绕滚刀分度圆柱很多圈的螺旋齿轮，很像一个螺旋升角很小的蜗杆。在蜗杆上沿轴线开出容屑槽，形成前面和前角；经铲齿和铲磨，形成后面与后角；再经热处理就成为滚刀。为了分析滚齿过程及齿形的形成，可近似地把滚齿看作齿轮齿条啮合，即把滚刀看作齿条来研究。设齿轮的圆 A 固定不动，而齿条的中线 B（动线）绕圆 A 滚动，此时中线 B 上的齿形在圆 A 上占据一系列顺序位置，齿条牙齿侧面的运动轨迹正好包络出齿轮的渐开线齿形，如图 4-5b 所示。

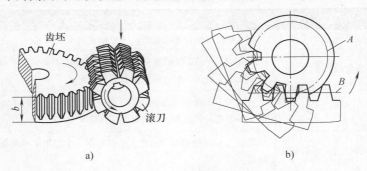

齿坯

滚刀

a)

A

B

b)

图 4-5　滚齿的加工原理

（2）滚齿运动　滚齿加工时要进行以下几种运动。

1）切削运动。切削运动就是滚刀的旋转，转速为 n_1。

2）分齿运动。分齿运动应保证滚刀转速 n_1 和被切齿轮转速 n_2 之间的啮合关系，也就是滚刀转一转（相当于齿条轴向移动一个齿距），被切齿轮 $1/z$（z 为被切齿轮的齿数）转。如果是头数为 K 的多头滚刀，相当于齿条向前移动了 K 个齿距，被切齿轮相应地转过 K 个齿，即

$$\frac{n_2}{n_1} = \frac{\dfrac{K}{z}}{1} = \frac{K}{z}$$

3）垂直进给运动。要切出整个齿宽，必须使滚刀沿被切齿轮轴线做垂直进给运动，以形成直线的运动轨迹，从而在工件上切出整个齿宽的齿形。

3. 插齿

插齿的应用范围广泛，它能加工内外啮合齿轮、扇形齿轮、齿条和斜齿轮等。

（1）插齿原理 插齿加工相当于把一对啮合的直齿圆柱齿轮中的一个齿轮的轮齿磨成具有前、后角的切削刃，把这一齿轮作为插齿刀来进行加工。插齿刀与相啮合的齿坯之间强制保持一对齿轮啮合的传动比关系时，插齿刀沿工件轴向做直线往复运动，则切削刃在空间形成一铲形齿轮。这个铲形齿轮与工件做无间隙啮合运动，插齿刀每往复一次，就在轮坯上切出齿槽的一小部分，配合着两者的展成运动，便依次切出齿轮的全部渐开线齿廓，如图 4-6 所示。

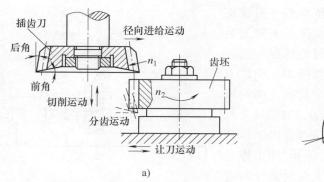

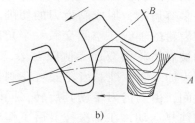

图 4-6 插齿刀切齿原理

（2）插齿运动 加工直齿圆柱齿轮时，插齿机床具备如下基本运动：

1）切削运动。即插齿刀上下往复直线运动，是切削时耗费动力最大的主要运动，用每分钟插齿刀往复行程的次数 n 表示，单位为 r/min。

2）分齿运动。即插齿刀和工件之间强制性地保持着一对齿轮传动的啮合关系的运动，当插齿刀转一个齿时，工件应严格地也转一个齿，故刀具与工件的啮合过程就是圆周进给过程，其啮合关系为

$$\frac{n_2}{n_1} = \frac{z_2}{z_1}$$

式中　n_1——插齿刀转速；

　　　n_2——齿坯转速；

　　　z_2——插齿刀齿数；

　　　z_1——齿坯齿数。

3）径向进给运动。为了逐渐切至齿的全深，插齿刀有径向进给。径向进给量是插齿刀每往复一次径向移动的距离，其单位为 mm/往复一次。

4）圆周进给运动。圆周进给运动是插齿刀绕其自身轴线的旋转运动，圆周进给量为插齿刀每往复一次在分度圆周上所转过的弧长。

5）让刀运动。插齿刀上下往复运动时，向下时进行切削，向上的直线运动不进行切削，是空回行程。为了保证插齿刀空回行程时不与被切齿轮的齿面接触，避免擦伤已加工表面和减少擦齿刀刀齿的磨损，刀具与工件之间应让开一小段距离，一般为 0.5mm 的间隙。

插齿加工与滚齿加工相比较，插齿的齿形精度比滚齿高，齿面的表面粗糙度值比滚齿小，运动精度比滚齿差，齿向误差比滚齿大。因此就加工精度来说，对于运动精度要求不高的齿轮，可直接用插齿来进行齿形精加工；而对于运动精度要求较高的齿轮和剃前齿轮（剃齿不能提高运动精度），则用滚齿较为有利。插齿加工方法主要适用于中小模数的直齿

轮，也能加工斜齿轮及人字齿轮，特别适合加工内齿轮及齿圈间距很小的双联或三联齿轮。

4. 剃齿

剃齿是在滚齿之后，对未淬硬齿轮的齿形进行精加工的一种常用方法。轮齿加工的主要工艺路线为：滚（插）齿→剃齿，可达到的精度为 6～7 级，表面粗糙度值为 $Ra0.8～0.2\mu m$。剃齿是自由啮合，对齿轮的运动精度提高较少，所以齿轮的运动精度必须由剃齿前的滚齿或插齿保证。因为滚齿的运动精度比插齿高，所以剃齿前的加工一般都采用滚齿。

（1）剃齿原理　剃齿加工的依据是一对螺旋角不等的螺旋齿轮啮合的原理，剃齿刀实质上是一个高精度的斜齿圆柱齿轮，不同的是在齿侧面开有许多容屑槽，形成剃齿刀的切削刃。剃齿刀与被切齿轮的轴线在空间交叉一个角度，由剃齿刀带动被剃齿轮做双面无侧隙对滚。如图 4-7 所示，剃齿加工时，被剃齿轮安装在剃齿机工作台的顶尖间，由剃齿刀带动其旋转，同时随工作台做纵向往复运动，在每次往复后工作台做径向进给运动。由于是双面啮合，剃齿刀的两侧面都能进行切削加工，但由于两侧面的切削角度不同，

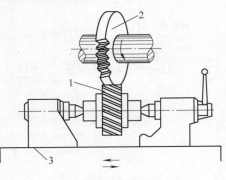

图 4-7　剃齿原理
1—工件　2—剃齿刀　3—工作台

一侧为锐角，切削能力强；另一侧为钝角，切削能力弱，以挤压擦光为主，故对剃齿质量有较大影响。为使齿轮两侧获得同样的剃削条件，在剃削过程中，剃齿刀做交替正反转运动。在工作齿面方向因剃齿刀无刃槽，所以虽然有相对滑动，却不起切削作用。

（2）剃齿运动　剃齿时具有以下三个基本运动：

1）剃齿刀带动工件的高速正、反转运动，为基本运动。

2）工件沿轴向往复运动，从而使齿轮的全齿宽均能剃出。

3）工件每往复一次做径向进给运动，用来切除全部余量。

5. 珩齿

淬火后的齿轮轮齿表面有氧化皮，影响齿面表面粗糙度，热处理的变形也影响齿轮的精度。由于工件已淬硬，除可用磨削加工外，也可以采用珩齿进行精加工。珩齿是齿轮热处理后的一种光整加工方法，可以减小齿面表面粗糙度值，修整部分淬火变形，改善齿轮副的啮合噪声，加工精度可达到 6～7 级，可使表面粗糙度值从 $Ra2.5～1.25\mu m$ 减小到 $Ra1.25～0.16\mu m$，其生产率高，设备简单，成本低，在成批和大批生产中广泛采用。

（1）珩齿原理　珩齿加工原理与剃齿相似，如图 4-8 所示。珩轮与工件类似于一对螺旋齿轮，呈无侧隙啮合，利用啮合处的相对滑动，并在齿面间施加一定的压力来进行珩齿。珩齿过程具有磨、剃、抛光等几种精加工的综合性质。珩轮可做成齿轮式珩轮来直接加工直齿和斜齿圆柱齿轮。

（2）珩齿的特点　与剃齿相比较，珩齿具有以下工艺特点：

1）珩轮结构与磨轮相似，珩齿后表面质量较好，珩齿速度很低（通常为 1～3m/s），加之磨粒粒度较细，珩轮弹性较大，故珩齿过程实际上是一种低速磨削、研磨和抛光的综合过程，齿面不会产生烧伤和裂痕。

2）珩齿时，齿面间隙除沿齿向有相对滑动外，沿齿形方向也存在滑动，因而齿面将形

成复杂的网纹，提高了齿面质量。

3）珩轮弹性较大，对珩前齿轮各项误差的修整作用不强。因此，对珩轮本身的精度要求不高，珩轮误差一般不会反映到被珩齿轮上，但对珩前齿轮的精度要求高。

4）珩轮主要用于去除热处理后齿面上的氧化皮和毛刺。珩齿余量一般不超过0.025mm，珩轮转速可达1000 r/min以上，纵向进给量为0.05～0.065mm/r。

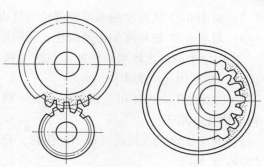

图4-8　珩齿原理

5）珩轮生产率很高，一般1min珩一个齿轮，通过3~5次往复即可完成，其成本低，设备要求简单，操作方便。

6. 磨齿

磨齿是目前齿形加工中精度最高的一种方法，它是利用强制性的齿轮齿条啮合原理来进行展成加工的，但也有用精密的渐开线齿形靠模板按仿形法加工的。它既可磨削未淬硬的齿轮，也可磨削淬硬的齿轮，对齿轮误差及热处理变形有较强的修整能力，多用于硬齿面高精度齿轮的精加工。其缺点是生产率低，加工成本高，故适用于单件、小批量生产。

（1）磨齿原理　磨齿的方法很多，按照磨齿的原理可分为成形法与展成法两类，生产中多用展成法磨齿。

图4-9所示为双片碟形砂轮磨齿法，这种磨齿方法用来加工直齿或斜齿圆柱齿轮。其基本原理是用两个砂轮构成的假想齿条与被磨齿轮相啮合，工作时砂轮做高速旋转，被切齿轮沿假想齿条做往复滚动；砂轮沿被切齿轮齿宽做往复运动。这种磨齿方法不是连续分齿，而是展成加工完一个齿后，再展成加工另一个齿。由于分齿运动是自动进行的，所以磨齿机的结构复杂，制造精度要求也很高。

（2）磨齿的特点　磨齿加工的精度高，一般条件下精度为4~6级，表面粗糙度值为$Ra0.8～0.4\mu m$。磨齿加工采用强制啮合的方式，不仅修整误差的能力强，而且可以加工表面硬度很高的齿轮。但磨齿加工的效率低，机床复杂，调整困难，所以加工成本较高，主要用于齿轮精度要求很高的场合。

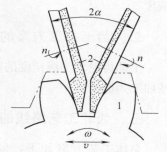

图4-9　磨齿原理
1—被切齿轮　2—砂轮

三、齿轮加工方案的选择

齿轮加工方案的选择主要取决于齿轮的精度等级、表面粗糙度、生产批量和热处理方法等。齿轮加工方案的选择原则如下。

1）对于8级及8级以下精度的需调质的齿轮，可用铣齿、滚齿或插齿直接达到加工精度要求。

2）对于8级及8级以下精度的需淬火的齿轮，需在淬火前将精度提高一级，其加工方案可采用：滚（插）齿→齿面淬硬→修整内孔。

3）对于6~7级精度的不淬硬齿轮，其齿轮加工方案为：滚齿→剃齿。

4）对于6~7级精度的淬硬齿轮，其齿形加工一般有下面两种方案：

① 小批生产。齿坯粗、精加工→滚（插）齿→齿端加工→热处理（淬火、回火或渗碳淬火）→修整内孔→磨齿。

② 成批加工。齿坯粗、精加工→滚（插）齿→齿端加工→剃齿→热处理（表面淬火）→修整内孔→珩齿。

5）对于5级及5级精度以上的齿轮，都应采用磨齿的方法。

【任务实施】

一、齿坯的加工方案

1. 齿轮毛坯的制造

该主动齿轮的尺寸较小、结构简单且对强度要求较低，根据齿轮毛坯的选择原则，毛坯形式选用棒料。

2. 齿坯的加工

该齿坯加工中，应保证的是基准孔（或轴颈）$\phi 22^{+0.021}_{0}$ mm的尺寸精度和形状精度，以及左端面与基准端面B的位置精度；表面粗糙度等在加工中也须达到规定要求。

该主动齿轮生产批量不大，齿坯的孔、端面及外圆的粗、精加工都在车床上经两次装夹完成，但必须注意将孔和基准端面的精加工在一次装夹中完成，以保证其位置精度。

二、齿形加工方案的选择

主动齿轮为7级精度的淬硬齿轮，因是小批量生产，根据表4-2应选择粗加工为滚齿，精加工为磨齿。

三、齿轮工艺路线的设计

总体工艺方案如下：齿坯粗、精加工→滚齿→热处理（表面淬火）→修整内孔→磨齿。

【任务拓展与练习】

1. 简述齿坯的选择依据。
2. 选择齿轮加工方案时的原则是什么？
3. 分析设计图4-3所示圆柱齿轮的加工方案。

任务三　主动齿轮加工工艺规程的制订

技能点

能根据主动齿轮的加工内容制订合理的加工工艺规程。

【相关知识】

一、双联齿轮加工工艺过程分析

加工如图 4-10 所示的双联齿轮，材料为 40Cr，齿部硬度为 50HRC，大批量生产，制订其加工工艺规程。

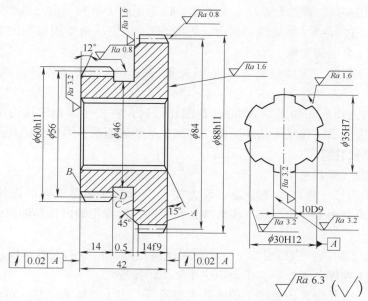

$m_1=m_2=2$，$\alpha=20°$，$z_1=28$，$z_2=42$，精度 7GK、7JL
齿轮材料：40Cr，齿部硬度为 50HRC

图 4-10　双联齿轮

1. 结构及技术条件分析

图 4-10 所示为双联齿轮，主要用于一些机械设备的变速箱中，通过与操纵机构的结合，使齿轮滑动从而实现变速。圆柱齿轮一般分为齿圈和轮体两部分，该双联齿轮为盘类齿轮，有两个齿圈，在齿圈上切出直齿齿形，轮体上带有花键孔。

该双联齿轮材料为 40Cr，精度为 7GK 和 7JL，齿部硬度为 50HRC。

2. 工艺分析

1）齿轮端面对基准 A 的圆跳动公差不超过 0.02mm，主要是保证端面平整光滑，双联齿轮是利用花键轴和花键孔进行配合定位，因此必须保证花键孔的尺寸精度。双联齿轮之间啮合要求严格，要保证双联齿轮的齿形准确及较高的同轴度。

2）由于零件是双联齿轮，轴向距离较小，需根据生产纲领选择合理的加工工艺。

3）齿轮加工要求精度高，要严格控制好定位。

4）$\phi30H12$ 的花键孔是比较重要的孔，也是以后机械加工各工序中的主要定位基准，因此加工花键孔的工序是比较重要的。在保证此孔表面粗糙度的同时，孔的尺寸精度应在原精度的基础上提高到 H7。

3. 工艺过程分析

（1）确定毛坯的制造形式　由于零件结构简单、尺寸较小，且有台阶轴，力学性能要求较高，精度较高且要进行大量生产，所以选用模锻件，其加工余量小、表面质量好、机械强度高、生产率高。工件材料选用 40Cr 钢，毛坯的尺寸公差等级要求为 IT12～IT11。

（2）定位基准的选择 根据零件图样及零件的使用情况分析，ϕ30mm 花键孔的轴向圆跳动和平行度等均应通过正确的定位才能保证，故应对基准的选择进行分析。

定位基准的精度对齿形加工精度有直接的影响。齿轮加工时的定位基准应尽可能与装配基准、测量基准相一致，即符合基准重合原则，以避免由于基准不重合而产生的误差，而且在整个齿轮的加工过程中（如滚齿、剃齿、珩齿等），也应尽量采用相同的定位基准。带孔齿轮以孔定位和一个端面支承。

1）粗基准的选择。选择好粗基准是至关重要的。对回转体零件，通常以外圆为粗基准。

2）精基准的选择。在加工完 ϕ30mm 花键孔以后，各工序以花键孔为定位精基准，这样就满足了基准重合原则和互为基准原则。在加工某些表面时，可能会出现基准不重合，这时需要进行尺寸链的换算。

（3）齿轮的加工阶段

1）齿坯加工阶段。齿坯加工阶段主要为加工齿形基准并完成齿形以外的次要表面加工。这个阶段主要是为下一阶段加工齿形准备精基准，使齿轮的内孔和端面的精度基本达到规定的技术要求。

2）齿形粗加工阶段。齿形粗加工阶段是保证齿轮加工精度的关键阶段，其加工方法的选择对齿轮的加工顺序并无影响，主要取决于加工精度要求。

这个阶段的加工是保证齿轮加工精度的关键阶段，应予以特别注意。对于需要淬硬的齿轮，必须在这个阶段中加工出能满足齿形最后精加工所要求的齿形精度；对于不需要淬硬的齿轮，这个阶段通常就是齿轮的最后加工阶段，经过这个阶段就应该加工出完全符合图样要求的齿轮。

3）热处理阶段。热处理阶段的目的是使齿面达到规定的硬度要求。

4）齿形精加工阶段。齿形精加工阶段的目的是修整齿轮经过淬火后所引起的齿形变形，进一步提高齿形精度，降低表面粗糙度值，使之能够达到最终的精度要求。这个阶段中，还应对定位基准面（孔和端面）进行修整，以修整过的基准面定位进行齿形精加工，能够使定位准确可靠，余量分布比较均匀，以达到精加工的目的。

另外，齿端的锐边经渗碳淬火后很脆，在齿轮传动中易崩裂。通常在滚（插）齿之后、齿轮淬火之前，需要去除齿端的锐边，即进行齿轮的齿端加工，其方法有倒圆、倒尖、倒棱和去毛刺等，如图 4-11 所示。

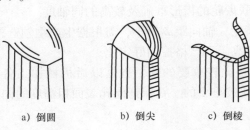

a）倒圆　　　　b）倒尖　　　　c）倒棱

图 4-11　齿端加工

二、双联齿轮加工工艺过程卡

编制双联齿轮的加工工艺过程卡，见表 4-3。

表 4-3　双联齿轮加工工艺过程卡

工序号	工序名称	工序内容	定位基准
1	锻造	毛坯锻造	
2	热处理	正火	
3	粗车	粗车外圆及端面，留余量 1.5～2mm，钻、镗花键底孔至尺寸 ϕ30H7	外圆及端面
4	拉	拉花键孔	ϕ30H7 孔及 A 面
5	钳	钳工去毛刺	
6	半精车	上心轴，精车外圆、端面及槽至要求	花键孔及 A 面
7	检验	检验	
8	滚齿	滚齿（z=42），留剃齿余量 0.07～0.10 mm	花键孔及 B 面
9	插齿	插齿（z=28），留剃齿余量 0.04～0.06 mm	花键孔及 A 面
10	倒角	倒角（Ⅰ、Ⅱ齿 12°牙角）	花键孔及端面
11	钳	钳工去毛刺	
12	剃齿	剃齿（z=42），剃齿后公法线长度至尺寸上限	花键孔及 A 面
13	剃齿	剃齿（z=28），采用螺旋角度为 5° 的剃齿刀，剃齿后公法线长度至尺寸上限	花键孔及 A 面
14	热处理	齿部高频感应淬火	
15	推孔	推孔	
16	珩齿	珩齿	花键孔及 A 面
17	检验	总检入库	

【任务实施】

1. 结构及技术条件分析

该主动齿轮为盘类圆柱齿轮，在齿圈上切出渐开线齿形，轮体孔上带有键槽。

该齿轮的模数 m 为 3，齿数 z 为 18，压力角 α 为 20°，齿轮精度等级为 7 级，加工中需要通过测量公法线长度来保证齿轮齿形精度；齿轮内孔 $\phi22_{0}^{+0.021}$mm 的表面粗糙度值为 $Ra1.6\mu$m；左、右端面的平行度为 0.020mm，端面与内孔有圆跳动为 0.025mm 的位置要求，端面的表面粗糙度值为 $Ra3.2\mu$m；齿面的表面粗糙度值为 $Ra1.6\mu$m；热处理调质后硬度为 220～260HBW，齿部表面淬火后硬度为 50～55HRC 等。

2. 工艺分析

1）$\phi22_{0}^{+0.021}$mm 孔是与轴配合的孔，也是以后机械加工各工序中的主要定位基准，因此该孔的工序是比较重要的，要保证其精度及表面粗糙度。

2）齿轮端面 B 对基准 A 的圆跳动公差不超过 0.025mm，齿轮两端面间的平行度要求为 0.020mm，主要是保证端面平整光滑。端面是齿轮加工的轴向定位基准，加工中必须保证其位置公差。

3. 工艺过程分析

（1）确定毛坯的制造形式　由于该零件结构简单，尺寸较小，力学性能要求一般，生产为小批量，工件材料为40Cr钢，根据齿轮毛坯的选择原则，毛坯形式选用棒料。

（2）定位基准的选择　根据零件图样及零件的使用情况，$\phi 22^{+0.021}_{0}$mm孔的轴向圆跳动与平行度等均应通过正确的定位才能保证，故应对基准的选择进行分析。

1）粗基准的选择。以外圆为粗基准。

2）精基准的选择。在加工完$\phi 22^{+0.021}_{0}$mm孔以后，各工序均以$\phi 22^{+0.021}_{0}$mm孔为定位精基准，这样就满足了基准重合原则和互为基准原则。

（3）热处理工序的安排　热处理调质后硬度为220~260HBW安排在齿坯加工阶段，在粗车之后，这样可以消除粗车形成的内应力；齿部表面淬火后硬度为50~55HRC安排在齿形粗加工完毕后，这样可提高齿面的硬度和耐磨性。

（4）齿形加工方案的选择　主动齿轮为7级精度的淬硬齿轮，因是小批量生产，根据表4-2选择粗加工为滚齿，精加工为磨齿。

（5）齿轮加工工艺路线的设计　总体工艺路线为：齿坯粗加工→热处理（调质）→齿坯精加工→滚齿→热处理（表面淬火）→修整内孔→磨齿。

4. 主动齿轮加工工艺过程卡

编制主动齿轮加工工艺过程卡，见表4-4。

表4-4　主动齿轮加工工艺过程卡

工序号	工序名称	工序内容	定位基准
1	下料	料 $\phi 65$mm×30mm	
2	粗车	粗车外圆及端面，留余量1.5~2mm，钻内孔至尺寸$\phi 16$mm	外圆及端面
3	热处理	调质后硬度为220~260HBW	
4	半精车1	精车内孔至$\phi 21.5^{+0.021}_{0}$mm，精车端面B，要求端面B及孔一刀落	外圆
5	钳	B面打钢印做记号	
6	半精车2	上心轴精车外圆，精车另一端面	$\phi 21.5^{+0.021}_{0}$mm孔和端面B
7	插	插键槽	外圆和端面B
8	钳	钳工去毛刺	
9	检验	检验	
10	滚齿	滚齿，留磨削余量	$\phi 21.5^{+0.021}_{0}$mm孔和端面B
11	钳	钳工去毛刺	
12	热处理	齿部高频感应淬火后硬度为50~55HRC	
13	磨	磨孔 $\phi 22^{+0.021}_{0}$mm	端面B
14	磨齿	磨齿	$\phi 22^{+0.021}_{0}$mm孔和端面B
15	检验	总检入库	

【任务拓展与练习】

试编制如图 4-12 所示圆柱齿轮的加工工艺，并详细说明。

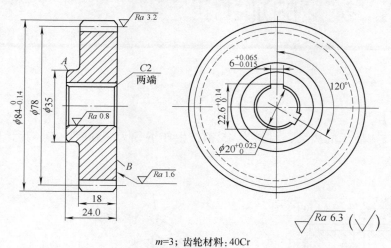

m=3；齿轮材料：40Cr

图 4-12　圆柱齿轮

【课题引入】

生产如图 5-1 所示的拨叉，材料为 45 钢，生产纲领为 8000 件/年，为该零件制订机械加工工艺规程。

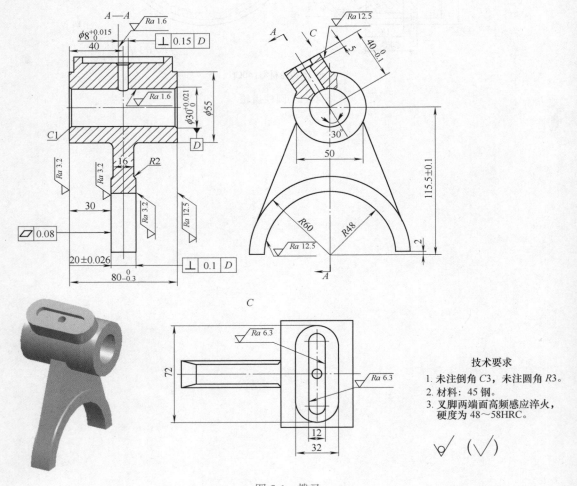

图 5-1 拨叉

技术要求

1. 未注倒角 C3，未注圆角 R3。
2. 材料：45 钢。
3. 叉脚两端面高频感应淬火，硬度为 48～58HRC。

【课题分析】

该拨叉零件属于异形件，形状较特殊，采用通用夹具装夹难以保证加工质量，需通过专用夹具来完成工件的定位夹紧。本课题将在完成加工工艺文件编制的基础上，学习专用夹具的设计方法。

拨叉零件普遍应用在变速器的换档机构中。由图 5-1 可知，拨叉以 $\phi30mm$ 孔套在叉头上，并用销钉经 $\phi8mm$ 锁销孔与变速叉轴连接，拨叉脚则夹在双联变换齿轮的槽中。当需要变速时，操纵变速杆，变速操纵机构就通过拨叉头部的操纵槽带动拨叉与变速叉轴一起在变速器中滑移，拨叉脚移动双联变换齿轮在花键轴上滑动换档位，从而改变变速器的输出速度。

拨叉在改换档位时要承受弯曲应力和冲击载荷的作用，因此该零件应具有足够的强度、刚度和韧性。该零件的主要工作表面为拨叉脚两端面、叉轴孔 $\phi30^{+0.021}_{0}$（H7）和锁销孔 $\phi8^{+0.015}_{0}$（H7）。拨叉脚两端面的平面度要求和拨叉脚两端面相对 $\phi30^{+0.021}_{0}mm$ 孔轴线的垂直度要求在设计工艺规程时应重点考虑。

任务一 拨叉加工工艺规程的制订

1. 生产纲领的计算。
2. 毛坯简图的画法。

能识读具体的拨叉零件图样，并制订加工工艺文件。

【任务实施】

一、拨叉加工工艺性审查

1. 拨叉的结构特点

拨叉形状特殊，结构简单，属于典型的叉杆类零件。为实现换档、变速的功能，其叉轴孔与变速叉轴有配合要求，因此加工精度要求较高。叉脚两端面在工作中承受冲击载荷，应具有足够的强度、刚度和韧性。

2. 拨叉零件的加工技术要求

通过识读图样，该拨叉的技术要求见表 5-1。

表 5-1 拨叉零件的技术要求

加工表面	尺寸及极限偏差/mm	公差等级	表面粗糙度值 $Ra/\mu m$	几何公差/mm
拨叉头左端面	$80^{0}_{-0.3}$	IT12	3.2	
拨叉头右端面	$80^{0}_{-0.3}$	IT12	12.5	
拨叉脚内表面	$R48$	IT13	12.5	
拨叉脚两端面	20 ± 0.026	IT9	3.2	垂直度公差为 0.1，平面度公差为 0.08

（续）

加工表面	尺寸及极限偏差/mm	公差等级	表面粗糙度值 $Ra/\mu m$	几何公差/mm
$\phi 30$mm 孔	$\phi 30^{+0.021}_{0}$	IT7	1.6	
$\phi 8$mm 孔	$\phi 8^{+0.015}_{0}$	IT7	1.6	垂直度公差为 0.15
操纵槽内侧面	12	IT12	6.3	
操纵槽底面	5	IT13	12.5	

拨叉轴孔与变速叉轴有配合要求，因此加工精度要求较高。叉脚两端面在工作中承受冲击载荷，为增强其耐磨性，该表面要求高频感应淬火处理，硬度为 48~58HRC；为保证拨叉换档时叉脚受力均匀，要求叉脚两端面相对叉轴孔 $\phi 30^{+0.021}_{0}$mm 的垂直度为 0.1mm，其自身平面度为 0.08mm；为保证拨叉在叉轴上有准确的位置，改换档位准确，拨叉采用锁销定位。锁销孔的尺寸为 $\phi 8^{+0.015}_{0}$（H7），且锁销孔的中心线与叉轴孔中心线的垂直度要求为 0.15mm。

综上所述，该拨叉件的各项技术要求制订得较合理，符合该零件在变速器中的功用。

3. 拨叉加工工艺性审查

分析零件图可知，拨叉两端面和叉脚两端面均要求切削加工，并在轴向方向上均高于相邻表面，这样既减少了加工面积，又提高了换档时叉脚端面的接触刚度；$\phi 30^{+0.021}_{0}$mm 孔和 $\phi 8^{+0.015}_{0}$mm 孔的端面均为平面，可以防止加工过程中钻头钻偏，以保证孔的加工精度。另外，该零件除主要工作表面（拨叉脚两端面、变速叉轴孔 $\phi 30^{+0.021}_{0}$mm 和锁销孔 $\phi 8^{+0.015}_{0}$mm）外，其余表面的加工精度均较低，不需要使用高精度机床加工，通过铣削、钻床的粗加工就可以达到加工要求；而主要工作表面虽然加工精度相对较高，但也可以在正常的生产条件下，采用较经济的方法保质保量地加工出来。由此可见，该零件的工艺性较好。

4. 拨叉的生产类型

依课题可知：$Q = 8000$ 台/年，$n = 1$ 件/台；结合生产实际，备用率 a 和废品率 b 分别取 3% 和 0.5%，代入年生产纲领计算公式得

$$N = 8000 \text{ 台/年} \times 1 \text{ 件/台} \times （1+3\%） \times （1+0.5\%） = 8281.2 \text{ 件/年}$$

拨叉重量为 4.5kg，查表 1-5 可知拨叉属于轻型零件，又根据 $N = 8281.2$ 件/年，确定拨叉的生产类型为大批生产。

二、拨叉的加工工艺过程及其分析

1. 拨叉毛坯的设计

（1）确定拨叉毛坯的类型　由于该拨叉在工作过程中要承受冲击载荷，为增强拨叉的强度和冲击韧度，毛坯选用锻件；生产类型属于大批生产，采用模锻方法制造毛坯，公差等级为普通级，毛坯的拔模斜度为 5°。

（2）绘制拨叉锻造毛坯简图　绘制拨叉锻造毛坯简图，如图 5-2 所示。用双点画线画出简化了次要细节的零件图的主要视图，将确定的加工余量叠加在各相应被加工表面上，即得毛坯轮廓，用粗实线表示，比例为 1∶1；在毛坯图上标出毛坯主要尺寸及公差，标出加工

5
CHAPTER

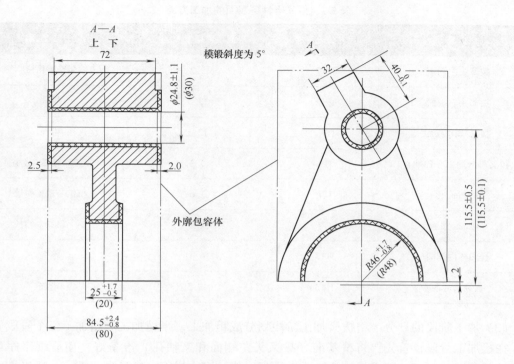

图 5-2　拨叉锻造毛坯简图

余量的名义尺寸；标注毛坯技术要求，如毛坯精度、热处理及硬度、圆角尺寸、模锻斜度和表面质量要求（裂纹、夹层、凹坑）等。

2. 拨叉工艺路线的设计

（1）定位基准的选择

1）精基准的选择。根据该拨叉零件的技术要求和装配要求，选择拨叉头左端面和叉轴孔 $\phi 30^{+0.021}_{0}$ mm 作为精基准，零件上的很多表面都可以以它们为基准进行加工，即遵循了基准统一原则。

叉轴孔 $\phi 30^{+0.021}_{0}$ mm 的轴线是设计基准，选用其作为精基准定位加工拨叉脚两端面和锁销孔 $\phi 8^{+0.015}_{0}$ mm，实现了设计基准和工艺基准的重合，保证了被加工表面的垂直度要求。选用拨叉头左端面作为精基准同样遵循了基准重合原则，因为该拨叉在轴向方向上的尺寸多以该端面为设计基准。另外，由于拨叉件刚性较差，受力易产生弯曲变形，为了避免在机械加工中产生夹紧变形，根据夹紧力应垂直于主要定位基面并应作用在刚度较大部位的原则，夹紧力作用点不能作用在叉杆上。选用拨叉头左端面作为精基准，夹紧力可作用在拨叉头的右端面上，夹紧稳定可靠。

2）粗基准的选择。作为粗基准的表面应平整，没有飞边、毛刺或其他表面缺陷，这里选择变速叉轴孔 $\phi 30^{+0.021}_{0}$ mm 的外圆面和拨叉头右端面作为粗基准。采用 $\phi 55$ mm 外圆面定位加工内孔，可保证孔的壁厚均匀；采用拨叉头右端面作为粗基准加工左端面，可以为后续工序准备好精基准。

（2）表面加工方法的确定　根据拨叉零件图上各加工表面的尺寸精度和表面粗糙度值，查表 1-13 和表 1-14 确定加工件各表面的加工方案，见表 5-2。

表 5-2　拨叉零件各表面的加工方案

加 工 表 面	尺寸公差等级	表面粗糙度值 $Ra/\mu m$	加 工 方 案
拨叉头左端面	IT12	3.2	粗铣→精铣
拨叉头右端面	IT12	12.5	粗铣
拨叉脚内表面	IT13	12.5	粗铣
拨叉脚两端面（淬硬）	IT9	3.2	粗铣→精铣→磨削
$\phi30mm$ 孔	IT7	1.6	粗扩→精扩→铰
$\phi8mm$ 孔	IT7	1.6	钻→粗铰→精铰
操纵槽内侧面	IT12	6.3	粗铣
操纵槽底面	IT13	12.5	粗铣

（3）加工阶段的划分　将拨叉加工阶段划分成粗加工、半精加工和精加工三个阶段。

在粗加工阶段，首先要将精基准（拨叉头左端面和叉轴孔）准备好，使后续工序都可采用精基准定位加工；然后粗铣拨叉头右端面、拨叉脚内表面、拨叉脚两端面、操纵槽内侧面和底面。在半精加工阶段，完成拨叉脚两端面的铣削加工和销轴孔 $\phi8^{+0.015}_{0}$ mm 的钻、铰加工。在精加工阶段，进行拨叉脚两端面的磨削加工。

（4）工序的集中与分散　本课题选用工序集中原则安排拨叉的加工工序。运用工序集中原则使工件的装夹次数减少，不但可缩短辅助时间，而且由于在一次装夹中加工了许多表面，有利于保证各个表面之间的相对位置精度要求。

（5）工序顺序的安排

1）机械加工工序的安排如下：

遵循"先基准后其他"原则，首先加工精基准——拨叉头左端面和拨叉轴孔 $\phi30^{+0.021}_{0}$ mm。

遵循"先粗后精"原则，先安排粗加工工序，后安排精加工工序。

遵循"先主后次"原则，先加工主要表面——拨叉头左端面、拨叉轴孔 $\phi30^{+0.021}_{0}$ mm 及拨叉脚两端面，后加工次要表面——操纵槽底面和内侧面。

遵循"先面后孔"原则，先加工拨叉头端面，再加工叉轴孔 $\phi30^{+0.021}_{0}$ mm；先铣操纵槽，再钻销轴孔 $\phi8^{+0.015}_{0}$ mm。

2）热处理工序的安排如下：模锻成形后切边，进行调质，调质硬度为 241～285HBW，并进行酸洗、喷丸处理。喷丸可以提高表面硬度，增加耐磨性，消除毛坯表面因脱碳而对机械加工带来的不利影响。叉脚两端面在精加工之前进行局部高频感应淬火，以提高其耐磨性和在工作中承受冲击载荷的能力。

3）辅助工序的安排如下：粗加工拨叉脚两端面和热处理后，安排校直工序；在半精加工后，安排去毛刺和中间检验工序；精加工后，安排去毛刺、清洗和终检工序。

综上所述，该拨叉工序的安排顺序为：基准加工→主要表面粗加工及一些余量大的表面的粗加工→主要表面半精加工和次要表面加工→热处理→主要表面精加工。

（6）确定工艺路线　在综合考虑上述工序顺序安排原则的基础上，确定拨叉的工艺路线如下：粗铣拨叉头两端面→半精铣拨叉头左端面→粗扩、精扩、倒角、铰 $\phi30\text{mm}$ 孔→校正拨叉脚→粗铣拨叉脚两端面→铣叉爪口内侧面→粗铣操纵槽底面和内侧面→精铣拨叉脚两端面→钻、倒角、粗铰、精铰 $\phi8\text{mm}$ 孔→去毛刺→中检→热处理（拨叉脚两端面局部淬火）→校正拨叉脚→磨削拨叉脚两端面→清洗→终检。

（7）机床设备、工装的选用　针对大批生产的工艺特征，选用设备及工艺装备按照通用、专用相结合的原则。各工序的工艺路线及使用的机床设备和工装见表 5-3。

表 5-3　拨叉零件的工艺路线及使用的机床设备和工装

工序号	工序名称及内容	机床设备	刀　具	量　具
1	粗铣拨叉头两端面	立式铣床	面铣刀	游标卡尺
2	半精铣拨叉头左端面	立式铣床	面铣刀	游标卡尺
3	粗扩、精扩、倒角、铰 $\phi30\text{mm}$ 孔	四面组合钻床	麻花钻、扩孔钻、铰刀	游标卡尺、塞规
4	校正拨叉脚	钳工工作台	锤子	
5	粗铣拨叉脚两端面	卧式双面铣床	三面刃铣刀	游标卡尺
6	铣叉爪口内侧面	立式铣床	铣刀	游标卡尺
7	粗铣操纵槽底面和内侧面	立式铣床	铣刀	卡规、深度卡尺
8	精铣拨叉脚两端面	卧式双面铣床	铣刀	游标卡尺
9	钻、倒角、粗铰、精铰 $\phi8\text{mm}$ 孔	四面组合钻床	复合钻头、铰刀	游标卡尺、塞规
10	去毛刺	钳工工作台	平锉	
11	中检			游标卡尺、塞规、百分表
12	热处理（拨叉脚两端面局部淬火）	淬火机		
13	校正拨叉脚	钳工工作台	锤子	
14	磨削拨叉脚两端面	平面磨床	砂轮	游标卡尺
15	清洗	清洗机		
16	终检			游标卡尺、塞规、百分表

三、填写机械加工工艺规程文件

将上述拨叉零件的工艺规程设计结果填入工艺规程文件，见表 5-4～表 5-6。

注：表 5-5～表 5-6 中定位符号参见附录 D。

表 5-4 机械加工工艺过程卡片

（厂名）		机械加工工艺过程卡片		产品型号			零件图号				
				产品名称			零件名称	拨叉		共 页	第 页
材料牌号	45 钢	毛坯种类	锻件	毛坯外形尺寸			每毛坯可制件数	1	每台件数 1	备注	
工序号	工序名称	工序内容		车间	工段	设备		工艺装备		工时	
										准终	单件
1	粗铣拨叉头两端面	粗铣两端面至 81. 175～80. 825mm、$Ra12.5\mu m$				立式铣床 X51		高速钢套式面铣刀、游标卡尺、专用夹具			70. 21
2	半精铣拨叉头左面	半精铣拨叉头左端面至80～79. 7mm、$Ra3.2\mu m$				立式铣床 X51		高速钢套式面铣刀、游标卡尺、专用夹具			59. 24
3	粗扩、精扩、倒角、铰 ϕ30mm 孔					四面组合钻床		扩孔钻、铰刀、游标卡尺、磨床			
4	校正拨叉脚					钳工工作台		锤子			
5	粗铣拨叉脚两端面					卧式双面铣床		三面刃铣刀、游标卡尺、专用夹具			
6	铣叉爪口内侧面					立式铣床 X51		铣刀、游标卡尺、专用夹具			
7	粗铣操纵槽底面和内侧面					立式铣床 X51		槽铣刀、卡规、深度卡尺、专用夹具			
8	精铣拨叉脚两端面					卧式双面铣床		三面刃铣刀、游标卡尺、专用夹具			
9	钻、倒角、粗铰、精铰 ϕ8mm 孔	钻、粗铰、精铰 ϕ8mm 孔至 ϕ8～ϕ8. 015mm、$Ra1.6\mu m$				四面组合钻床		复合麻花钻、铰刀、内径千分尺			157. 25
10	去毛刺					钳工工作台		锤子			
11	中检							塞规、百分表、游标卡尺等			
12	热处理	拨叉脚两端面局部淬火				淬火机等					
13	校正拨叉脚					钳工工作台		锤子			
14	磨削拨叉脚两端面					磨床 M7120A		砂轮、游标卡尺			
15	清洗机					清洗机					
16	终检							塞规、百分表、游标卡尺等			
						设计（日期）	审核（日期）	标准化（日期）	会签（日期）		
		标记处数 更改文件号 签字 日期 标记处数 更改文件号 签字 日期									

描图

描校

底图号

装订号

表 5-5　机械加工工序卡片(一)

(厂名)	机械加工工序卡片		产品型号		零件图号			
			产品名称		零件名称	拨叉	共 页	第 页

车间	工序号	工序名	材料牌号
	1	粗铣拨叉头两端面	45 钢
毛坯种类	毛坯外形尺寸	每毛坯可制件数	每台件数
锻件		1	1
设备名称	设备型号	设备编号	同时加工件数
立式铣床	X51		2
夹具编号	夹具名称		切削液
	专用夹具		

工位器具编号	工位器具名称	工序工时	
		准终	单件
		0	70.2

工步号	工步内容	工艺设备	主轴速度 /(r/min)	切削速度 /(m/min)	进给量 /(mm/r)	背吃刀量 /mm	进给次数	工步工时 机动	工步工时 辅助
1	粗铣 A 面至 83.27 ~ 82.73mm、Ra12.5μm	高速钢套式面铣刀、游标卡尺	160	40.2	0.8	1.5	1	28.8	4.35
2	粗铣 B 面至 81.175 ~ 80.825mm、Ra12.5μm	高速钢套式面铣刀、游标卡尺	160	40.2	0.8	2	1	28.8	4.35

描图

描校

底图号

装订号

	设计 (日期)	审核 (日期)	标准化 (日期)	会签 (日期)

标记	处数	更改文件号	签字	日期	标记	处数	更改文件号	签字	日期

C—C

$Ra\ 12.5$ $Ra\ 12.5$

$81.175_{-0.35}^{0}$　$83.27_{-0.54}^{0}$

A　3　3　B

Q　Q

C　C

C　C

2　2

工步 2　工步 1

课题五　拨叉的加工工艺

147

表 5-6　机械加工工序卡片(二)

| (厂名) | 机械加工工序卡片 | | 产品型号 | | 零件图号 | | | |
| | | | 产品名称 | | 零件名称 | 拨叉 | 共 页 第 页 | |

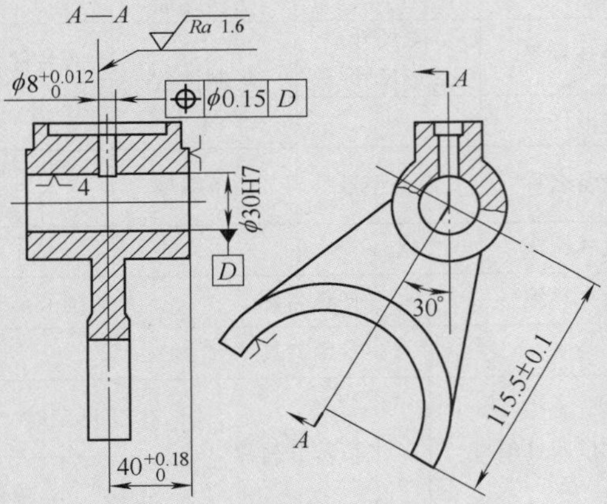

	车间	工序号	工序名	材料牌号
		9	钻、倒角、粗铰、精铰 $\phi 8mm$ 孔	45 钢
	毛坯种类	毛坯外形尺寸	每毛坯可制件数	每台件数
	锻件		1	1
	设备名称	设备型号	设备编号	同时加工件数
	四面组合钻床			3
	夹具编号		夹具名称	切削液
			专用夹具	
	工位器具编号		工位器具名称	工序工时
				准终 / 单件
				0 / 157.25

工步号	工步内容	工艺设备	主轴速度 /(r/min)	切削速度 /(m/min)	进给量 /(mm/r)	背吃刀量 /mm	进给次数	工步工时 机动	工步工时 辅助
1	钻孔至 $\phi 7.8 \sim \phi 7.95mm$, 倒角 $C1$, $Ra12.5\mu m$, 至 A 面距离为 40mm	复合钻头、游标卡尺	491	12.03	0.1	7.8	1	20.6	4.39
2	粗铰至 $\phi 7.96 \sim \phi 8.018mm$、$Ra3.2\mu m$	锥柄机用铰刀、内径千分尺	88	2.2	0.4	0.16	1	60	9
3	精铰至 $\phi 8 \sim \phi 8.015mm$、$Ra1.6\mu m$, ⊥ 0.15 D	锥柄机用铰刀、内径千分尺	172	4.3	0.3	0.04	1	38.4	2.76

描图

描校

底图号

装订号

| | | | | | | | 设计 (日期) | 审核 (日期) | 标准化 (日期) | 会签 (日期) |

| 标记 | 处数 | 更改文件号 | 签字 | 日期 | 标记 | 处数 | 更改文件号 | 签字 | 日期 |

图中标注:

$A—A$　$\sqrt{Ra\ 1.6}$

$\phi 8^{+0.012}_{0}$　⊕ $\phi 0.15$ D

4　$\phi 30H7$　D

$30°$　115.5 ± 0.1

$40^{+0.18}_{0}$

【任务拓展与练习】

制订如图 5-3 所示调整架的加工工艺规程。

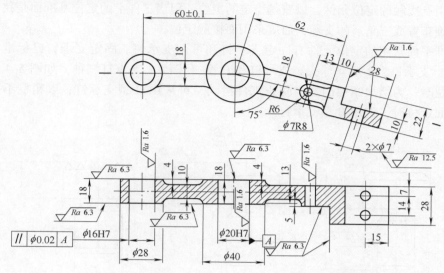

技术要求
1. 未注圆角 $R3 \sim R5$。
2. 铸件不能有气孔、砂眼、夹杂等缺陷。
3. 机加工前进行时效处理。
4. 材料：HT200。

图 5-3　调整架

任务二　定位元件认知

 知 识 点

1. 常用定位方式与定位元件。
2. 常见组合定位方式的使用。

 技 能 点

能识读定位元件，分析在工件定位时定位元件限制的自由度。

【相关知识】

一、常用的定位方式与定位元件

工件在实际定位时常用的定位方式有平面定位和圆柱孔定位。

1. 工件以平面定位

（1）工件以粗基准平面定位　粗基准平面定位通常是指以工件毛坯的平面定位，其表面粗糙度值大，且有较大的平面度误差。当这样的平面与定位支承面接触时，必然是随机分布的三个点接触。这三个点所围成的面积越小，其支承稳定性越差。为了控制这三个点的位置，应采用点接触的定位元件，以获得稳定的定位。但当工件上的定位基准面是狭窄的平面时，就很难布置成三角形的支承，而应采用面接触定位。

粗基准平面常用的定位元件有固定支承钉和可调支承钉。固定支承钉已标准化，有 A 型（平头）支承钉、B 型（球头）支承钉和 C 型（齿纹）支承钉三种，如图 5-4 所示。工件侧面定位时，为增大摩擦因数，防止工件滑动，可采用 C 型支承钉；以粗糙不平的基准面或毛坯面定位时，选用 B 型支承钉。

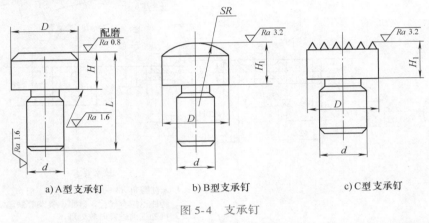

a) A型支承钉　　　　　　b) B型支承钉　　　　　　c) C型支承钉

图 5-4　支承钉

（2）工件以精基准平面定位　将经切削加工后的平面作为定位基准，这种定位基准称为精基准。精基准面具有较小的表面粗糙度值和平面度误差，可获得较高的定位精度。以面积较小的已经加工的基准面定位时，选用图 5-4a 所示的 A 型支承钉；以面积较大、平面精度较高的基准平面定位时，选用图 5-5 所示的支承板。用于侧面定位时，可选用不带斜槽的支承板；通常应尽可能选用带斜槽的支承板，以利于清除切屑。

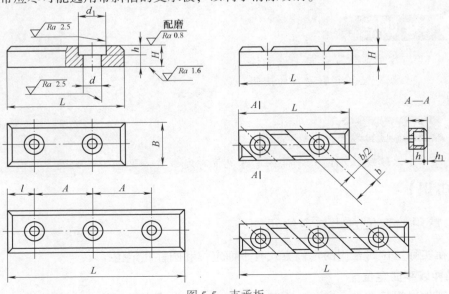

图 5-5　支承板

2. 工件以圆柱孔定位

该定位方式即采用工件上的圆柱孔作为定位基准面，与定位元件上的有关表面实现定位。其定位元件的主要形式有下面三种。

（1）圆柱销（定位销）　图 5-6 所示为常用定位销的结构。当定位销直径 D 为 $\phi3 \sim \phi10\text{mm}$ 时，为增加刚性，避免使用中折断或热处理时淬裂，通常把其根部倒成圆角 R，夹具体上有沉孔，使定位销圆角部分沉入孔内而不影响定位（见图 5-6a）；大批量生产时，为了便于定位销的更换，可采用带衬套的结构形式（见图 5-6b）；为便于工件装入，定位销的头部有 15°倒角（见图 5-6c）。该定位元件与工件配合为短圆柱面配合，定位时限制工件的两个自由度。定位销的具体参数可查阅有关国家标准。

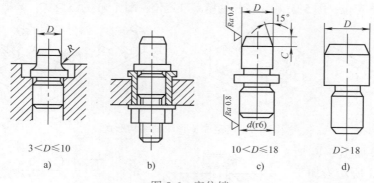

$3 < D \leqslant 10$　a)　　　b)　　　$10 < D \leqslant 18$　c)　　　$D > 18$　d)

图 5-6　定位销

（2）圆锥销　图 5-7 所示为常用圆锥销的结构。该定位方式是通过圆柱面与定位元件的外圆锥面配合实现定位的，两者的接触线是在某一高度上的圆。因此，这种定位方式与用短圆柱销定位相比，多限制了工件的一个自由度。圆锥销定位常和其他定位元件组合使用。

（3）定位心轴　上述定位销如果轴向尺寸及径向尺寸变大，定位时轴向配合长度较大，即为圆柱定位心轴。圆柱定位心轴定位时限制工件的四个自由度。当定位配合为间隙配合时（见图 5-8a），定心精度低，但装卸工件方便；定位配合为过盈配合时（见图 5-8b），定心精度高，但装卸工件不便，易损伤工件定位孔，多用于定心精度要求高的精加工。

如果上述圆锥销锥度变小（锥度为 1∶1000 ～ 1∶8000），轴向尺寸增

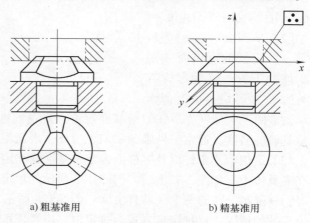

a）粗基准用　　　　b）精基准用

图 5-7　内孔用圆锥销定位

大，则定位元件为圆锥定位心轴，如图 5-8c 所示。圆锥定位心轴定位时限制工件的五个自由度，其定心精度高，但工件的轴向位移误差较大，故适用于工件定位孔精度不低于 IT7 的精车和磨削加工，不能加工端面。

3. 工件以外圆柱面定位

（1）V 形块　V 形块是夹具中常用的定位元件，对轴定位时，当工件用长 V 形块定位时

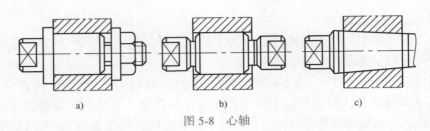

图 5-8　心轴

限制四个自由度，用短 V 形块定位时限制两个自由度，轴的左右能自动对中，即工件轴线总在 V 形块工作面的对称面内。V 形块有固定式和活动式之分。

图 5-9 所示为几种固定式 V 形块的结构。其中图 5-9a 用于不是很长的工件的定位；图 5-9b 用于较长的粗基准定位；图 5-9c 用于较长的精基准定位；图 5-9d 为镶块式，磨损后可更换镶块。

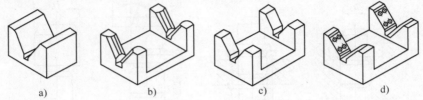

图 5-9　固定式 V 形块的结构形式

　　活动 V 形块如图 5-10 所示。其中图 5-10a 所示为加工轴承座孔时的定位方式，此时活动 V 形块除限制工件的一个自由度外，还兼有夹紧作用；图 5-10b 所示活动 V 形块只起定位作用，限制一个自由度。

　　（2）半圆套　如图 5-11 所示，半圆套的定位面 A 置于工件的下方。这种定位方式类似于 V 形块，也类似于

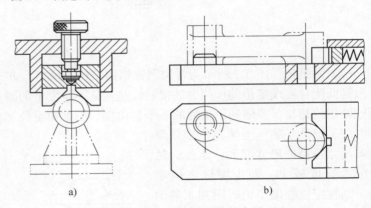

图 5-10　活动 V 形块的应用

轴承，常用于大型轴类零件的精基准定位，其稳固性比 V 形块更好。它的定位精度取决于定位基面的精度，通常工件轴颈取 IT7、IT8，表面粗糙度值为 $Ra0.8 \sim 0.4\mu m$。

　　（3）定位套　工件以外圆柱面为定位基准面在定位套中定位时，其定位元件常做成钢套装在夹具体中，如图 5-12 所示。图 5-12a 所示的短定位套用于工件以端面为主要定位基准的情况，只限制工件的两个移动自由度；图 5-12b 所示的长定位套用于工件以外圆柱面为主要定位基准的情况，这种定位方式为过定位，应考虑垂直度与配合间隙的影响，必要时应采取工艺措施，以避免由过定位引起的不良后果。长定位套限制工件的四个自由度。这种定位方式为间隙配合的中心定位，故对定位基面的精度要求较高（不应低于 IT8）。定位套应用少，主要用于形状简单的小型轴类零件的定位。

二、常见组合定位方式的使用

　　在实际生产中，为实现完全定位及不完全定位，保证产品质量，需要多个表面同时参与

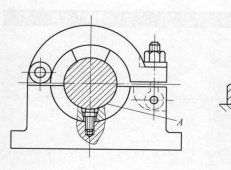

图 5-11　半圆套

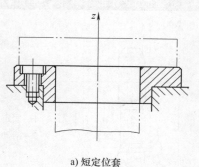

a) 短定位套　　　　　b) 长定位套

图 5-12　定位套

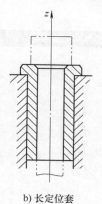

定位。各定位表面所起作用有主次之分。通常称定位点数最多的表面为主要定位面，称定位点数次多的表面为第二定位基准面，称定位点数为 1 的表面为第三定位基准面。

常见组合定位方式的定位元件及其特点、所能限制的自由度见表 5-7。

表 5-7　常用定位元件及其特点、所能限制的自由度

工件定位基准面	定位元件	定位方式简图	定位元件特点	限制的自由度
平面	支承钉			1、2、3—$\bar{z}$、$\hat{x}$、$\hat{y}$ 4、5—$\bar{x}$、$\hat{z}$ 6—$\bar{y}$
	支承板		每个支承板也可设计为两个或两个以上小支承板	1、2—$\bar{z}$、$\hat{x}$、$\hat{y}$ 3—$\bar{x}$、$\hat{z}$
	固定支承与浮动支承		1、3—固定支承 2—浮动支承	1、2—$\bar{z}$、$\hat{x}$、$\hat{y}$ 3—$\bar{x}$、$\hat{z}$
	固定支承与辅助支承		1、2、3、4—固定支承 5—浮动支承	1、2、3—$\bar{z}$、$\hat{x}$、$\hat{y}$ 4—$\bar{x}$、$\hat{z}$ 5—增加刚性，不限制自由度
圆孔	定位销（心轴）		短销（短心轴）	$\hat{x}$、$\hat{y}$
			长销（长心轴）	$\hat{x}$、$\hat{y}$、$\hat{x}$、$\hat{y}$

（续）

工件定位基准面	定位元件	定位方式简图	定位元件特点	限制的自由度
圆孔 	锥销		单锥销	$\vec{x}$、$\vec{y}$、$\vec{z}$
			1—固定销 2—活动销	$\vec{x}$、$\vec{y}$、$\vec{z}$ $\hat{x}$、$\hat{y}$
外圆柱面 	支承板或支承钉		短支承板或支承钉	$\vec{z}$（或$\hat{x}$）
			长支承板或两个支承	$\hat{x}$、$\vec{z}$
	V形块		窄 V 形块	$\vec{x}$、$\vec{z}$
			宽 V 形块或两个窄 V 形块	$\vec{x}$、$\vec{z}$ $\hat{x}$、$\hat{z}$
			垂直运动的窄活动 V 形块	$\vec{x}$（或$\hat{x}$）
	定位套		短套	$\vec{y}$、$\vec{z}$
			长套	$\vec{y}$、$\vec{z}$ $\hat{y}$、$\hat{z}$
	半圆孔衬套		短半圆孔	$\vec{x}$、$\vec{z}$
			长半圆孔	$\vec{x}$、$\vec{z}$ $\hat{x}$、$\hat{z}$
	锥套		单锥套	$\vec{x}$、$\vec{y}$、$\vec{z}$
			1—固定锥套 2—活动锥套	$\vec{x}$、$\vec{y}$、$\vec{z}$ $\hat{x}$、$\hat{z}$

【任务实施】

如图 5-13 所示为加工某工件时采用的定位方案，工件的下平面和两孔都已加工完成，现采用一面两销（孔）定位方案，即采用工件上两个轴线互相平行的孔和与之相垂直的底面作为定位基准面，试分析所采用的定位元件的种类及其限制的自由度。

根据表 5-7，结合本定位方案可以得出，支承板和工件底面接触，限制 $\vec{z}$、$\hat{x}$、$\hat{y}$ 三个自由度，圆柱销与左端孔配合限制 $\vec{x}$、$\vec{y}$ 两个自由度，削边销与右端孔配合限制 $\hat{z}$ 自由度，实现工件的完全定位。

工件采用一面两孔定位时，定位平面一般是加工过的精基准面，两孔可以是工件结构上原有的，也可以是为定位需要专门设置的工艺孔。相应的定位元件是支承板和两定位销。

在图 5-13 所示以一面两销定位的示意图中，若将右侧削边销改为短圆柱销，则限制工件的 $\vec{x}$、$\hat{z}$ 两个自由度，可见 $\vec{x}$ 被两个圆柱销重复限制，即产生过定位现象，严重时将不能安装工件。

一批工件的定位可能出现干涉的最坏情况为：孔心距最大，销心距最小，或者反之。为使工件在两种极端情况下都能装到定位销上，可把定位销上与工件孔壁相碰的那部分削去，即做成削边销，如图 5-14 所示。为保证削边销的强度，一般多采用菱形结构，故削边销又称为菱形销。安装削边销时，削边方向应垂直于两销的连心线。

采用一面两销定位易于做到工艺过程中的基准统一，以保证工件的相互位置精度。需要注意的是，削边销已标准化，其有关参数可查阅相关机床夹具设计手册。

其他组合定位方式还有以孔及其端面定位（齿轮加工中常用），有时还会采用 V 形导轨、燕尾导轨等组合成形表面作为定位基面。

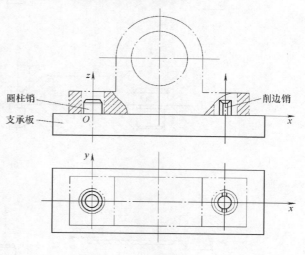

图 5-13　一面两销定位

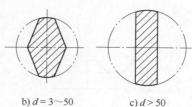

a) $d < 3$　　b) $d = 3 \sim 50$　　c) $d > 50$

图 5-14　削边销结构

【任务拓展与练习】

1. 分析在如图 5-15 所示的小轴上铣槽保证尺寸 H 和 L 时必须限制的自由度，并选择定位基准和定位元件。

2. 根据六点定位原理，试分析如图 5-16a～g 所示各定位方案中定位元件所限制的自由度及其有无欠定位或过定位现象。若有欠定位或过定位，应如何改正？

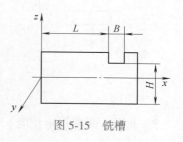

图 5-15　铣槽

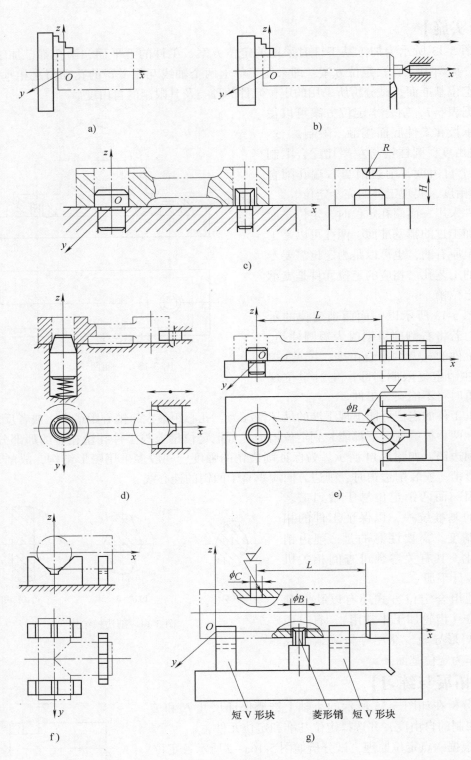

短V形块　　　菱形销　短V形块

图 5-16　定位方案

3. 采用一面两销定位时，为什么其中一个应为削边销？削边销的安装方向如何确定？

任务三　夹紧机构认知

【相关知识】

一、工件的夹紧

加工前，工件在夹具的定位元件上获得正确位置之后，还必须在夹具上设置夹紧机构将工件夹紧，以保证工件在加工过程中不致因受到切削力、惯性力、离心力或重力等外力作用而产生位置偏移和振动，并保持已由定位元件所确定的加工位置。由此可见，夹紧机构在夹具中占有重要地位。

1. 夹紧装置的组成及要求

工件定位后，将工件固定并使其在加工过程中保持定位位置不变的装置，称为夹紧装置，如图 5-17 所示。

（1）夹紧装置的组成

1）动力源装置。它是产生夹紧作用力的装置，分为手动夹紧和机动夹紧两种形式。手动夹紧的力来自人力，使用时比较费时费力。为了改善劳动条件和

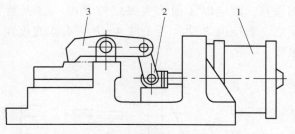

图 5-17　夹紧装置的组成

1—气缸　2—连杆　3—压板

提高生产率，目前在大批量生产时均采用机动夹紧。机动夹紧的力源来自气动、液压、气液联动、电磁、真空等动力夹紧装置。图 5-17 所示的气缸就是一种动力源装置。

2）传力机构。它是介于动力源和夹紧元件之间，用于传递动力的机构。传力机构的作用有：改变作用力的方向；改变作用力的大小；具有一定的自锁性能，以便在夹紧力消失后仍能保证整个夹紧系统处于可靠的夹紧状态，这一点在手动夹紧时尤为重要。图 5-17 所示的连杆是传力机构。

3）夹紧元件。它是直接与工件接触完成夹紧作用的最终执行元件。图 5-17 所示的压板是夹紧元件。

（2）对夹紧装置的要求　在设计夹具时，选择工件的夹紧方法一般与选择定位方法同时考虑，有时工件的定位也是在夹紧过程中实现的。在设计夹紧装置时，必须满足下列基本

要求：

1）夹紧过程中应能保持工件在定位时已获得的正确位置。

2）夹紧应适当和可靠。夹紧机构一般要有自锁作用，保证在加工过程中工件不会产生松动或振动。在夹紧工件时，不允许工件产生不适当的变形和表面损伤。

3）夹紧机构应操作方便、安全省力，以便减轻劳动强度，缩短辅助时间，提高生产率。

4）夹紧机构的复杂程度和自动化程度应与工件的生产批量和生产方式相适应。

5）结构设计应具有良好的工艺性和经济性。结构力求简单、紧凑、刚性好，尽量采用标准化夹紧装置和标准化元件，以便缩短夹具的设计和制造周期。

2. 夹紧力三要素的确定

根据上述的基本要求，正确确定夹紧力三要素（方向、作用点、大小）是一个不容忽视的问题。

（1）夹紧力方向的确定

1）夹紧力的方向应有助于工件的定位。图 5-18a 所示为不正确的夹紧方案，夹紧力有向上的分力 F_{JZ}，使工件离开原来的正确定位位置，而图 5-18b 所示为正确的夹紧方案。

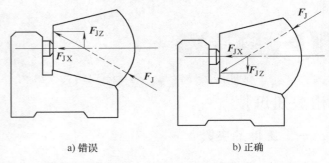

a）错误　　　　　b）正确

图 5-18　夹紧力的方向应有助于定位

2）夹紧力的方向应指向主要定位表面。如图 5-19 所示的直角支座镗孔，要求孔与 A 面垂直，故应以 A 面为主要定位基准，且夹紧力方向与之垂直，这样较容易保证质量；反之，若压向 B 面，当工件 A、B 面有垂直度误差时，就会使孔不垂直于 A 面而可能导致报废。

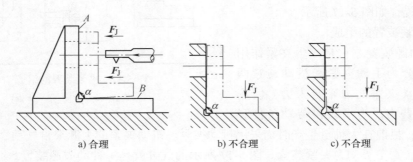

a）合理　　　　　b）不合理　　　　　c）不合理

图 5-19　夹紧力方向对镗孔垂直度的影响

3）夹紧力方向应使工件的夹紧变形尽量小。如图 5-20 所示的薄壁套筒，由于工件的径向刚度很差，用图 5-20a 所示的径向夹紧方式将产生过大的夹紧变形。若改用图 5-20b 所示的轴向夹紧方式，则可减少夹紧变形，保证工件的加工精度。

4）夹紧力方向应使所需夹紧尽可能小。在保证夹紧可靠的前提下，减小夹紧力可以减轻工人的劳动强度，提高生产率，同时可以使机构轻便、紧凑，工件变形小。为此，夹紧力 F_J 的方向最好与切削力 F_C、工件重力 G 的方向重合，这时所需要的夹紧力最小。一般同时考虑定位与夹紧时，也要同时考虑切削力 F_C、工件重力 G、夹紧力 F_J 的方向与大小。

如图 5-21 所示为夹紧力、切削力和重力之间关系的几种示意情况，显然，图 5-21a 所示最合理，图 5-21f 所示情况为最差。

（2）夹紧力的作用点 夹紧力作用点的位置和数目直接影响工件定位后的可靠性和夹紧后的变形，因此应注意以下几个方面：

1）夹紧力作用点应靠近支承元件的几何中心或几个支承元件所形成的支承面内，如在图 5-22a 中，夹紧

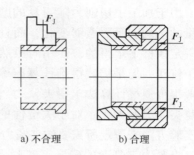

a) 不合理   b) 合理

图 5-20 夹紧力的作用方向对工件变形的影响

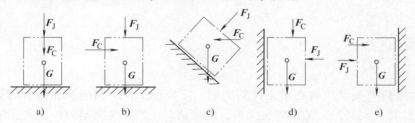

a)　　　　　b)　　　　　c)　　　　　d)　　　　　e)　　　　　f)

图 5-21 夹紧力、切削力和重力之间的关系

力作用在支承面范围之外，会使工件倾斜或移动；而在图 5-22b 中，因夹紧力作用在支承面范围之内，所以是合理的。

2）夹紧力作用点应落在工件刚度较好的部位上。这对刚度较差的工件尤其重要。如图 5-22c 所示，将夹紧力的作用点由中间的单点改成两旁的两点夹紧，工件变形将大大减小，且夹紧也较可靠。

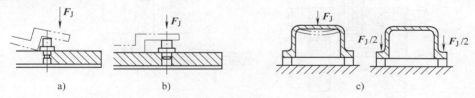

a)　　　　　　　　b)　　　　　　　　　　　c)

图 5-22 夹紧力作用点

3）夹紧力作用点应尽可能靠近被加工表面。这样可减小切削力对工件造成的翻转力矩，必要时应在工件刚性差的部位增加辅助支承并施加附加夹紧力，以免产生振动和变形。如图 5-23 所示，辅助支承 a 应尽量靠近被加工表面，同时给予附加夹紧力 F_{J2}。这样翻转力矩小，又增加了工件的刚性，既保证了定位夹紧的可靠性，又减小了振动和变形。

（3）夹紧力的大小 夹紧力的大小主要影响工件定位的可靠性、工件的夹紧变形以及夹紧装置的结构尺寸和复杂性，因此夹紧力的大小应适中。在实际设计中，确定夹紧力大小的方法有两种，即经验类比法和分析计算法。

采用分析计算法时，一般根据切削原理的公式求出切削力的大小，必要时算出惯性力、离心力的大小，然后与工件重力及待求的夹紧力组成静平衡力系，列出平衡方程式，即可算出理论夹紧力，再乘以安全系数 K，作为所需的实际夹紧力。K 值在粗加工时取 2.2~3，精加工时取 1.2~2。

　　由于加工中切削力随刀具的磨钝、工件材料性质和余量的不均匀等因素而变化，而且切削力的计算公式是在一定条件下求得的，使用时虽然根据实际的加工情况给予修正，但是仍然很难计算准确。所以，实际生产中一般很少通过计算法求得夹紧力，而是采用类比的方法估算夹紧力的大小。对于关键性的重要夹具，则往往通过实验方法来测定所需要的夹紧力。

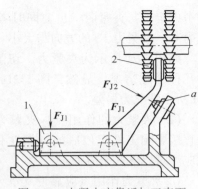

图 5-23　夹紧力应靠近加工表面
1—工件　2—铣刀

　　夹紧力三要素的确定，实际上是一个综合性问题，必须全面考虑工件的结构特点、工艺方法、定位元件的结构和布置等多种因素，才能最后确定并具体设计出较为理想的夹紧机构。

二、常见夹紧机构

1. 斜楔夹紧机构

　　图 5-24 所示为用斜楔夹紧机构夹紧工件的实例，需要在工件上钻削互相垂直的 $\phi8mm$ 与 $\phi5mm$ 小孔，工件装入夹具后，锤击楔块大头，则楔块对工件产生夹紧力，对夹具体产生正压力，从而把工件楔紧。加工完毕后，锤击楔块小头即可松开工件。但这类夹紧机构产生的夹紧力有限，且操作费时，故在生产中直接用楔块楔紧工件的情况是比较少的，而利用斜面楔紧作用的原理，采用楔块与其他机构组合起来夹紧工件的机构却比较普遍。

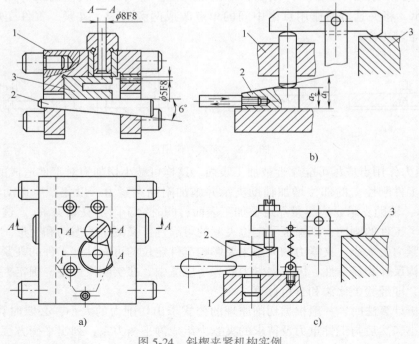

图 5-24　斜楔夹紧机构实例
1—夹具体　2—斜楔　3—工件

2. 螺旋夹紧机构

螺旋夹紧机构在夹具中应用最广，其优点是结构简单、制造方便、夹紧力大、自锁性能好。它的结构形式很多，但从夹紧方式来分，可分为螺栓夹紧和螺母夹紧两种。如图 5-25 所示，设计时应根据所需夹紧力的大小选择合适的螺纹直径。

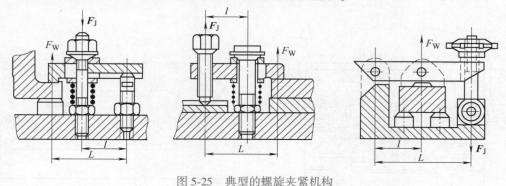

图 5-25　典型的螺旋夹紧机构

3. 偏心夹紧机构

图 5-26 所示为常见的几种偏心夹紧机构，其中图 5-26a、b 所示为偏心轮和螺栓压板的组合夹紧机构；图 5-26c 所示为利用偏心轴夹紧工件的情形；图 5-26d 所示为直接用偏心圆弧将铰链压板锁紧在夹具体上，通过摆动压块将工件夹紧。

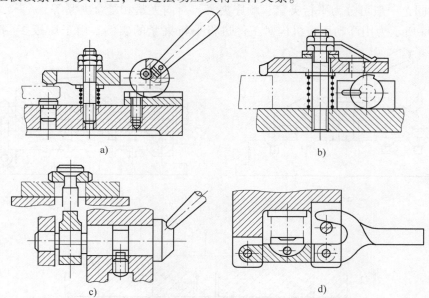

图 5-26　偏心夹紧机构

偏心夹紧机构的特点是结构简单、动作迅速，但它的夹紧行程受偏心距的限制，夹紧力较小，故一般用于工件被夹压表面的尺寸变化较小和切削过程中振动不大的场合，多用于小型工件的夹具中。

4. 联动夹紧机构

联动夹紧机构是利用机构的组合完成单件或多件的多点、多向同时夹紧的机构。它可以实现多件加工，减少辅助时间，提高生产率，减轻工人的劳动强度等。

（1）多点联动夹紧机构　图5-27所示为两点对向联动夹紧机构，当液压缸中的活塞杆3向下移动时，通过双臂铰链使浮动压板2相对转动，将工件1夹紧。

图5-28所示为铰链式双向浮动四点联动夹紧机构。由于摇臂2可以转动并与摆动压块1、3用铰链连接，因此当拧紧螺母4时，便可以从两个相互垂直的方向上实现四点联动。

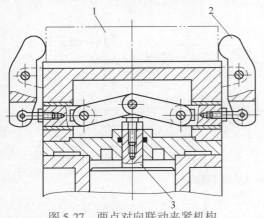

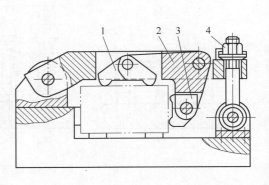

图5-27　两点对向联动夹紧机构

1—工件　2—浮动压板　3—活塞杆

图5-28　铰链式双向浮动四点联动夹紧机构

1、3—摆动压块　2—摇臂　4—螺母

（2）多件联动夹紧机构　多件联动夹紧机构多用于中、小型工件的加工，按其对工件施力方式的不同，一般可分为平行夹紧、顺序夹紧、对向夹紧和复合夹紧等。

图5-29a所示为用浮动压板机构对工件进行平行夹紧的实例。由于压板2、摆动压块3

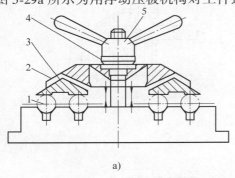

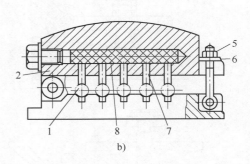

a)　　　　　　　　　　　　　b)

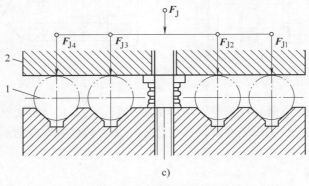

c)

图5-29　平行式多件联动夹紧机构

1—工件　2—压板　3—摆动压块　4—球面垫圈　5—螺母　6—垫圈　7—柱塞　8—液性介质

和球面垫圈 4 可以相对转动，均是浮动件，故旋动螺母 5 可同时平行夹紧每个工件。图 5-29b 所示为液性介质联动夹紧机构，密闭腔内的不可压缩液性介质既能传递力，又能起浮动连接作用，旋紧螺母 5 时，液性介质 8 推动各个柱塞 7，使它们与工件全部接触并将工件夹紧。

【任务拓展与练习】

1. 为什么说夹紧不等于定位？
2. 对夹紧机构的基本要求是什么？
3. 试分析三种基本夹紧机构的优缺点。
4. 什么是联动夹紧机构？它有什么特点？

任务四　机床夹具认知

 知 识 点

1. 机床夹具的作用和分类。
2. 机床夹具的组成。
3. 常用车床专用夹具。
4. 常用铣床专用夹具。
5. 常用钻床专用夹具。

 技 能 点

能识读具体机床夹具，分析机床夹具的种类、特点及其定位、夹紧方式。

【相关知识】

一、机床夹具概述

机床夹具是在机床上用来装夹工件的工艺设备，其作用是使工件相对机床和刀具有一个正确的位置，即定位；同时在加工中还须保持这个位置不变，即夹紧。

在现代生产中，机床夹具是一种不可缺少的工艺装备，它直接影响着工件加工的精度、劳动生产率和产品的制造成本等。

1. 机床夹具的组成

图 5-30 所示为某型号连杆的铣槽夹具结构简图，该夹具靠工作台的 T 形槽和夹具体上的定位键 9 确定其在铣床上的位置，并用 T 形螺栓紧固。加工时，工件在夹具中的正确位置靠夹具体 1 的上平面、圆柱销 11 和菱形销 10 保证；夹紧时，转动螺母 7，压下压板 2，压板 2 一端压着夹具体，另一端压紧工件，保证工件的正确位置不变。

从图 5-30 可以看出，机床夹具一般由以下几部分组成。

（1）定位装置　定位装置是由定位元件及其组合构成的，用于确定工件在夹具中的正确位置，常见的定位方式是以平面、圆孔和外圆定位。如图 5-30 中的圆柱销 11、菱形销 10 等

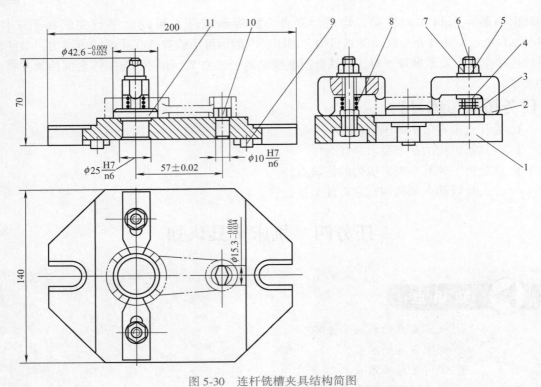

图 5-30 连杆铣槽夹具结构简图

1—夹具体 2—压板 3、7—螺母 4、5—垫圈 6—螺栓 8—弹簧 9—定位键
10—菱形销 11—圆柱销

都是定位元件。

（2）夹紧装置 夹紧装置用于保持工件在夹具中的既定位置，保证定位可靠，使其不致在外力作用下产生移动。夹紧装置包括夹紧元件、传动装置及动力装置等。如图 5-30 中的压板 2、螺母 3 和 7、垫圈 4 和 5、螺栓 6 及弹簧 8 等元件组成的装置就是夹紧装置。

（3）夹具体 用于连接夹具各元件及装置，使其成为一个整体的基础件，以保证夹具的精度、强度和刚度。

（4）其他元件及装置 如定位键、操作件、分度装置及连接元件。

2. 机床夹具的用途

1）保证被加工表面的位置精度。由于使用夹具装夹工件可以准确地确定工件与机床、刀具间的相对位置，因而能稳定地获得较高的位置精度。

2）减少辅助时间，提高劳动生产率。

3）扩大机床的使用范围。利用夹具可使机床完成其本身所不能完成的任务，如以车代镗、在卧式铣床上利用仿形夹具加工成形表面等。

4）实现工件的装夹加工。对一些支架、箱体及拐臂等形状复杂的工件，须使用专用夹具才能实现装夹加工。

5）减轻劳动强度，改善工作条件，保证生产安全。

3. 机床夹具的分类

机床夹具的种类繁多，可以从不同的角度对机床夹具进行分类，常用的分类方法有以下几种。

（1）按夹具的使用特点分类　根据夹具在不同生产类型中的通用特性，机床夹具可分为通用夹具、专用夹具、可调夹具、组合夹具和拼装夹具五大类。

1）通用夹具。已经标准化的、可加工一定范围内不同工件的夹具，称为通用夹具。其结构、尺寸已规格化，而且具有一定的通用性，如自定心卡盘、机用虎钳、单动卡盘、台虎钳、万能分度头、顶尖、中心架和磁力工作台等。这类夹具的适应性强，可用于装夹一定形状和尺寸范围的各种工件。通用夹具已作为机床附件由专门的工厂制造供应，只需选购即可。其缺点是夹具的精度不高，生产率也较低，且较难装夹形状复杂的工件，故一般适用于单件小批量生产。

2）专用夹具。专为某一工件的某道工序设计制造的夹具，称为专用夹具。在产品相对稳定、批量较大的生产中，采用各种专用夹具，可获得较高的生产率和加工精度。专用夹具的设计周期较长，投资较大。

专用夹具一般在批量生产中使用。除大批量生产之外，中小批量生产中也需要采用一些专用夹具，但在结构设计时要进行具体的技术经济分析。

3）可调夹具。某些元件可调整或更换，以适应多种工件加工的夹具，称为可调夹具。可调夹具是针对通用夹具和专用夹具的缺陷而发展起来的一类新型夹具，对不同类型和尺寸的工件，只需调整或更换原来夹具上的个别定位元件和夹紧元件便可使用。它一般又可分为通用可调夹具和成组夹具两种，前者的通用范围比通用夹具更大；后者则是一种专用可调夹具，按成组原理设计并能加工一组相似的工件，故在多品种、中小批量生产中使用有较好的经济效果。

4）组合夹具。采用标准的组合元件、部件，专为某一工件的某道工序组装的夹具，称为组合夹具。组合夹具是一种模块化的夹具，标准的模块元件具有较高的精度和耐磨性，可组装成各种夹具。组合夹具用毕可拆卸，清洗后留待组装新的夹具。由于使用组合夹具可缩短生产准备周期，元件能重复多次使用，并具有减少专用夹具数量等优点，因此组合夹具在单件、中小批量多品种生产和数控加工中，是一种较经济的夹具。

组合夹具早在20世纪50年代便已出现，现在已成为一种标准化、系列化、柔性化程度很高的夹具。它由一套预先制造好的具有不同几何形状、不同尺寸的高精度元件与合件组成，包括基础件、支承件、定位件、导向件、压紧件、紧固件、其他件、合件等。使用时按照工件的加工要求，采用组合的方式组装成所需的夹具。根据组合夹具组装连接基面的形状，可将其分为槽系和孔系两大类。槽系组合夹具的连接基面为T形槽，各元件由键和螺栓等定位紧固连接；孔系组合夹具的连接基面为由圆柱孔组成的坐标孔系。

① T形槽系组合夹具。T形槽系组合夹具是指元件上制作有标准间距的相互平行及垂直的T形槽或键槽，通过键在槽中的定位，就能确定各元件在夹具中的准确位置，元件之间再通过螺栓连接和紧固。图5-31所示为在盘类零件上钻径向孔的钻模，它由基础体、支承件、定位件和夹紧件等组成，元件间的相互位置都由可沿槽滑动的键在槽中的定位来确定，所以槽系组合夹具有很好的可调整性。21世纪以来，曾有过多种槽系组合夹具系统，世界上已生产了数以千万计的槽系组合夹具。

槽系组合夹具的特点是平移调整方便，它被广泛地应用于普通机床上进行一般精度零件的机械加工，其主要元件有基础件、定位件、支承件、导向件、夹紧件、紧固件和合件，常

课题五　拨叉的加工工艺

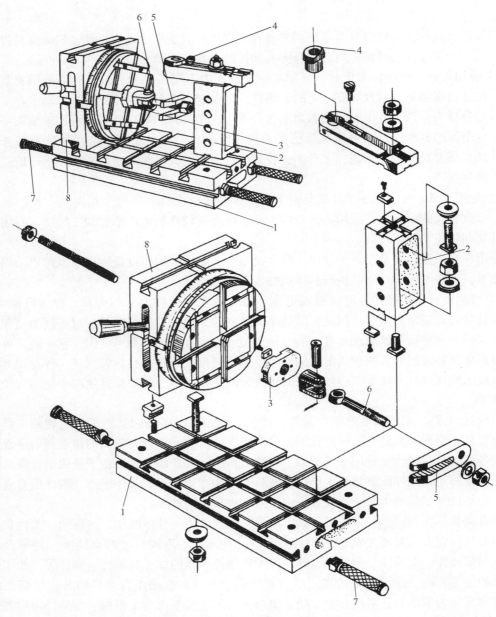

图 5-31　在盘类零件上钻径向孔的组合夹具

1—基础件　2—支承件　3—定位件　4—导向件　5—夹紧件　6—紧固件　7—其他件　8—合件

见的基本结构有基座加宽结构、定向定位结构、压紧结构、角度结构、移动结构、转动结构、分度结构等。若干个基本结构可组成一套组合夹具。

　　T形槽系组合夹具按其尺寸系列有小型、中型和大型三种，其区别主要在于元件的外形尺寸、T形槽宽度和螺栓及螺孔的直径规格不同。小型系列组合夹具用"X"表示，主要适用于仪器、仪表和电信、电子工业，也可用于较小工件的加工。该系列元件的螺栓规格为 M8×1.25mm，定位槽与键槽宽的配合尺寸为 8H7/h6，T形槽之间的距离为 30mm。中型系列组合夹具用"Z"表示，主要适用于机械制造工业，这种系列元件的螺栓规格为 M12×

1.25mm，定位键与键槽宽的配合尺寸为12H7/h6，T形槽之间的距离为60mm。这是目前应用最广泛的系列。大型系列组合夹具用"D"表示，主要适用于重型机械制造工业，这种系列元件的螺栓规格为M16×2mm，定位键与键槽宽的配合尺寸为16H7/h6，T形槽之间的距离为60mm。

② 孔系组合夹具。孔系组合夹具的元件用两个圆柱销定位，由一个螺钉紧固。孔系组合夹具较槽系组合夹具有更高的刚度，且结构紧凑。图5-32所示为德国BIUCO公司的孔系组合夹具组装示意图。孔系组合夹具用于装夹小型精密工件。由于它便于计算机编程，所以特别适用于加工中心和数控机床等。

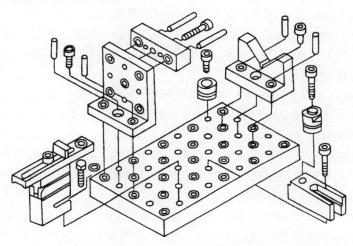

图5-32　德国 BIUCO 公司的孔系组合夹具组装示意图

③ 组合夹具的特点。

a. 组合夹具元件可以多次使用，在变换加工对象后，可以全部拆装，重新组装成新的夹具结构，以满足新工件的加工要求，但一旦组装成某个夹具，则该夹具便成为专用夹具。

b. 和专用夹具一样，组合夹具的最终精度是靠组成元件的精度直接保证的，不允许进行任何补充加工，否则将无法保证元件的互换性。因此，对组合夹具元件本身的尺寸、几何精度及表面质量的要求高。因为组合夹具需要多次装拆、重复使用，故要求有较高的耐磨性。

c. 这种夹具不受生产类型的限制，可以随时组装，以应生产之急，可以适应新产品试制中改型的变化等。

d. 由于组合夹具是由各标准件组合而成的，因此其刚性差，尤其是元件连接的接合面的接触刚度对加工精度影响较大。

e. 一般组合夹具的外形尺寸较大，不如专用夹具那样紧凑。

5）拼装夹具。用专门的标准化、系列化的拼装零部件拼装而成的夹具，称为拼装夹具。它具有组合夹具的优点，但比组合夹具精度高、效能高、结构紧凑。它的基础板和夹紧部件中常带有小型液压缸。此类夹具更适合在数控机床上使用。

（2）按使用机床的不同分类　夹具按使用机床的不同可分为车床夹具、铣床夹具、钻床夹具、镗床夹具、齿轮机床夹具、数控机床夹具、自动机床夹具、自动线随行夹具和其他机床夹具等。

（3）按夹紧的动力源分类　夹具按夹紧的动力源可分为手动夹具、气动夹具、液压夹具、气液增力夹具、电磁夹具和真空夹具等。

二、各类专用夹具

1. 车床夹具

（1）车床夹具的分类　车床主要用于加工零件的内、外圆柱面，圆锥面，回转成形面，螺纹以及端平面等。上述各种表面都是围绕机床主轴的旋转轴线形成的，根据这一加工特点和夹具在机床上的安装位置，将车床夹具分为两种基本类型。

1）安装在车床主轴上的夹具。这类夹具中，除了各种卡盘、顶尖等通用夹具或其他机床附件外，往往根据加工的需要设计各种心轴或其他专用夹具，加工时夹具随机床主轴一起旋转，切削刀具做进给运动。

2）安装在滑板或床身上的夹具。对于某些形状不规则和尺寸较大的工件，常常把夹具安装在车床滑板上，刀具则安装在车床主轴上做旋转运动，夹具做进给运动。加工回转成形面的靠模属于此类夹具。

另外，车床夹具按使用范围不同可分为通用车床夹具、专用车床夹具和组合夹具三类。

（2）车床专用夹具的典型结构　生产中需要设计且用得较多的是安装在车床主轴上的各种夹具，下面介绍该类夹具的结构特点。

1）心轴类车床夹具。心轴类车床夹具适用于以工件内孔定位加工套类、盘类等回转体零件的情况，主要用于保证工件被加工表面（一般是外圆）与定位基准（一般是内孔）间的同轴度。按照与机床主轴连接方式的不同，心轴类车床夹具可分为顶尖式心轴和锥柄式心轴两种，前者用于加工长筒形工件，后者仅能加工短的套筒或盘状工件，由于结构简单而经常被采用。心轴的定位表面根据工件定位基准的精度和工序加工要求，可以设计成圆柱面、圆锥面、可胀圆柱面以及花键等特形面，常用的有圆柱心轴和弹性心轴。弹性心轴有波纹套弹性心轴、碟形弹簧片心轴、液性介质弹性心轴和弹簧心轴等。

图 5-33 所示为手动弹簧心轴，工件以精加工过的内孔在弹性套筒 5 和心轴端面上定位。旋紧螺母 4，通过锥体 1 和锥套 3 使弹性套筒 5 产生向外的均匀弹性变形，将工件胀紧，实现对工件的定心夹紧。由于手动弹簧心轴的弹性变形量较小，要求工件定位孔的精度高于IT8，所以定心精度一般可达 0.02~0.05mm。

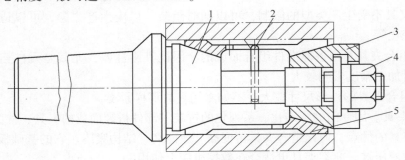

图 5-33　手动弹簧心轴

1—锥体　2—防转销　3—锥套　4—螺母　5—弹性套筒

2) 角铁式车床夹具。角铁式车床夹具的结构特点是具有类似角铁的夹具体。它常用于加工壳体、支座、接头等类零件上的圆柱面及端面。当被加工工件的主要定位基准是平面，被加工面的轴线与主要定位基准保持一定的位置关系（平行或成一定角度）时，相应的夹具上的平面定位件设置在与车床主轴轴线相平行或成一定角度的位置上。

如图 5-34 所示的角铁式车床夹具，工件以一平面和两孔为基准在夹具倾斜的定位面和两个销子上定位，用两只钩形压板夹紧，被加工表面是孔和端面。为了便于在加工过程中检验所切端面的尺寸，靠近加工面处设计有测量基准面。此外，夹具上还装有配重和防护罩。

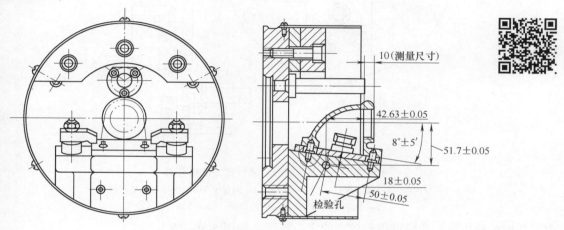

图 5-34　角铁式车床夹具

3) 花盘类车床夹具。花盘类车床夹具的基本特征是夹具体为一大圆盘形零件，装夹的工件一般形状较复杂。工件的定位基准多数是圆柱面和与圆柱面垂直的端面，因而夹具对工件多数是端面定位、轴向夹紧。

图 5-35 所示为在车床上镗两个平行孔的位移夹具，工件由固定 V 形块 4 和活动 V 形块 5 定心夹紧在燕尾滑块 10 上，左右两个挡销 3、6 分别确定燕尾滑块 10 的两端位置。滑块先和挡销 6 接触，确定大孔的加工位置，待加工完后，松开楔形压板 9，向左移动燕尾滑块 10，直到调节螺钉 2 和挡销 3 接触为止，再用楔形压板 9 压紧滑块 10，加工小孔。两孔间的距离可利用螺钉 2 调节。转动手轮 7，活动 V 形块 5 即可进退。对于这类夹具，为使整个夹具在回转时保持平衡，还应设置相应的配重装置。

（3）车床夹具的设计特点

1) 因为整个车床夹具随机床主轴一起回转，所以要求它结构紧凑，轮廓尺寸尽可能小，重量要尽量轻，重心尽可能靠近回转轴线，以减小惯性力和回转力矩。

2) 应有消除回转中的不平衡现象的平衡措施，以减小振动等不利影响。一般设置平衡块或减重孔来消除不平衡。

3) 与主轴的连接部分是夹具的定位基准。车床夹具与主轴的连接精度对夹具的回转精度有决定性的影响，因此要求夹具的回转轴线与主轴轴线应具有尽可能高的同轴度。根据夹具体径向尺寸的大小，一般有两种方法保证同轴度。

① 对于径向尺寸 $D<140mm$ 或 $D<$（2~3）d 的小型夹具，一般用锥柄安装在主轴的锥孔

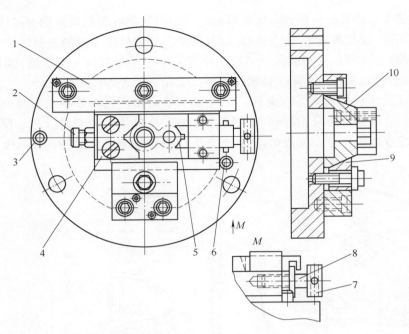

图 5-35　在车床上镗两个平行孔的位移夹具

1—导向板　2—调节螺钉　3、6—挡销　4—固定 V 形块　5—活动 V 形块
7—手轮　8—螺杆　9—楔形压板　10—滑块

中，并用螺栓拉紧。这样可得到较高的定心精度，如图 5-36a 所示。

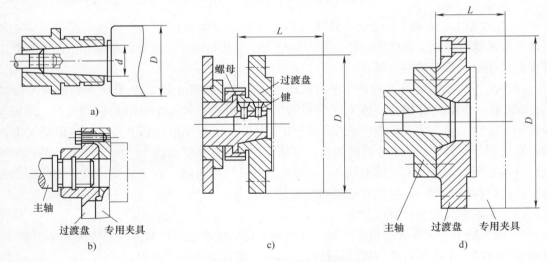

图 5-36　车床夹具与机床主轴的连接

② 对于径向尺寸较大的夹具，一般通过过渡盘与车床主轴前端连接，如图 5-36b、c、d 所示，其连接方式与车床主轴前端的结构形式有关。专用夹具与其定位止口按 H7/h6 或 H7/js6 装配在过渡盘的凸缘上，再用螺钉紧固。为防止停车和倒车时因惯性使两者松开，可用压板将过渡盘压在主轴上。为了提高安装精度，在车床上安装夹具时，也可在夹具体外圆上作一个找正圆，按找正圆找正夹具中心与机床主轴轴线的同轴度，此时止口与过渡凸缘

的配合间隙应适当加大。

4）为使夹具使用安全，应尽可能避免有尖角或凸起部分，必要时回转部分外面可加防护罩，夹紧力要足够大，自锁要可靠。

2. 铣床夹具

（1）铣床夹具的分类　铣床夹具按使用范围可分为通用铣床夹具、专用铣床夹具和组合铣床夹具三类；按工件在铣床上加工的运动特点，可分为直线进给夹具、圆周进给夹具、沿曲线进给夹具（如仿形装置）三类；还可按自动化程度和夹紧动力源的不同（如气动、电动、液压）以及装夹工件数量的多少（如单件、双件、多件）等进行分类。

1）通用铣床夹具。

① 机用虎钳装夹。对于形状简单的中、小型工件，一般可装夹在机用虎钳中，如图 5-37a 所示，使用时须保证机用虎钳在机床中的正确位置。

② 分度头装夹工件。如图 5-37b 所示，对于需要分度的工件，一般可直接将其装夹在分度头上。另外，不需分度的工件用分度头装夹加工也很方便。

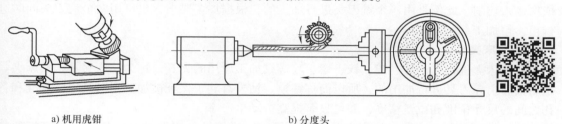

a) 机用虎钳　　　　　　　　b) 分度头

图 5-37　工件的通用夹具装夹

2）专用铣床夹具。专用铣床夹具是针对某一特定零件的铣削而设计的专用夹具。其定位准确、夹紧方便、效率高，一般适用于成批、大量生产。

（2）铣床专用夹具的典型结构　进行铣削加工时，往往把夹具安装在铣床工作台上，工件连同夹具随工作台做进给运动。根据工件的进给方式，一般可将铣床夹具分为下列两种类型。

1）直线进给式铣床夹具。这类夹具在铣削加工中随铣床工作台作直线进给运动。图 5-38 所示为双工位直线进给式铣床夹具，夹具 1、2 安装在双工位转台 3 上，当夹具 1 工作时，可以在夹具 2 上装卸工件。夹具 1 上的工件加工完毕，可将工作台 5 退出，然后将工位转台转180°，就可以对夹具 2 上的工件进行加工，同时在夹具 1 上装卸工件。

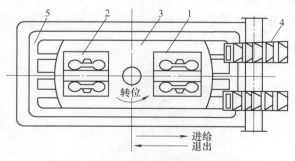

图 5-38　双工位直线进给式铣床夹具

1、2—夹具　3—双工位转台　4—铣刀　5—铣床工作台

2）圆周进给式铣床夹具。这类夹具常用于具有回转工作台的铣床，工件连同夹具随工作台做连续且缓慢的回转进给运动，不需停车就可装卸工件。图 5-39 所示为一圆周进给式铣床夹具，工件 1 依次装夹在沿回转工件台 3 圆周位置安装的夹具上，铣刀 2 不停地铣削，回转工作台 3 做连续的回转运动，将工

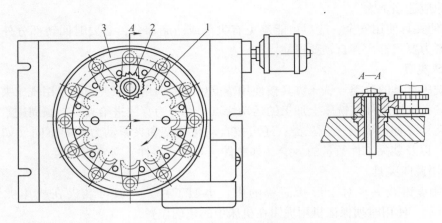

图 5-39　圆周进给式铣床夹具
1—工件　2—铣刀　3—回转工作台

依次送入切削。此例是用一个铣刀头进行加工的，根据加工要求，也可用两个铣刀头同时进行粗、精加工。

3. 钻床夹具

在钻床上进行孔的钻、扩、铰、锪、攻螺纹加工所用的夹具，称为钻床夹具。钻床夹具是用钻套引导刀具进行加工的，所以简称钻模。钻模有利于保证被加工孔对其定位基准和各孔之间的尺寸精度和位置精度，并可显著提高劳动生产率。

（1）钻床夹具的分类　钻床夹具的种类繁多，根据被加工孔的分布情况和钻模板的特点，一般分为固定式、回转式、移动式、翻转式、盖板式和滑柱式等类型。

1）固定式钻模。固定式钻模在使用过程中，夹具和工件在机床上的位置固定不变，常用于在立式钻床上加工较大的单孔或在摇臂钻床上加工平行孔系。

在立式钻床上安装钻模时，一般先将装在主轴上的定尺寸刀具（精度要求高时用心轴）伸入钻套中，以确定钻模的位置，然后将其紧固。这种加工方式的钻孔精度较高。

图 5-40 所示为固定式钻模的典型结构，工件以一平面、一外圆柱面和一小孔为定位基准，在钻夹具的定位元件定位套 4 和菱形销 1 上定位，用螺旋夹紧件通过开口垫圈 2 夹紧工件，钻模板固定在夹具体上，夹具体则固定在钻床工作台上。

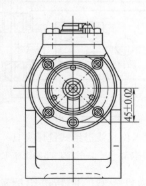
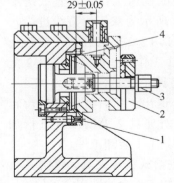

图 5-40　固定式钻模
1—菱形销　2—开口垫圈　3—螺母　4—定位套

2）回转式钻模。在钻削加工中，回转式钻模使用得较多，主要用于加工同一圆周上的平行孔系或分布在圆周上的径向孔。回转式钻模有立轴、卧轴和斜轴回转三种基本形式。这类钻模可以实现一次装夹中进行多工位加工的目的。

如图 5-41 所示为卧轴式回转钻模，用于加工分布在圆周上的径向孔，工件随分度盘 8、定位套 2 通过定位销 1 在圆周上定位，夹紧后即可进行加工。

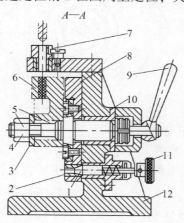
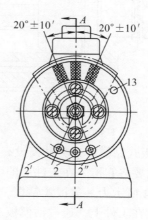

图 5-41　卧轴式回转钻模

1、5—定位销　2—定位套　3—开口垫圈　4—螺母　6—工件　7—钻套　8—分度盘　9—手柄
10—衬套　11—捏手　12—夹具体　13—挡销

3）移动式钻模。这类钻模用于钻削中、小型工件同一表面上的多个孔。图 5-42 所示为移动式钻模，用于加工连杆大、小头上的孔。工件以端面及大、小头圆弧面为定位基面，在定位套 12、13，固定 V 形块 2 及活动 V 形块 7 上定位。先通过手轮 8 推动活动 V 形块 7 压紧工件，然后转动手轮 8 带动螺钉 11 转动，压迫钢球 10，使两片半月键 9 向外胀开而锁紧。V 形块带有斜面，使工件在夹紧分力作用下与定位套贴紧。通过移动钻模，使钻头分别在两个钻套 4、5 中导入，从而加工工件上的两个孔。

4）翻转式钻模。这类钻模主要用于加工中、小型工件上分布在不同表面上的孔。该类夹具的结构比较简单，但每次钻孔都需找正钻套相对钻头的位置，所以辅助时间较长，而且翻转费力。因此，夹具连同工件的总重量不能太大，其加工批量也不宜过大。

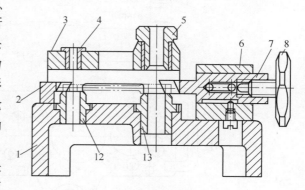
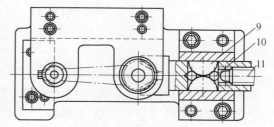

图 5-42　移动式钻模

1—夹具体　2—固定 V 形块　3—钻模板　4、5—钻套
6—支座　7—活动 V 形块　8—手轮　9—半月键
10—钢球　11—螺钉　12、13—定位套

如图 5-43 所示为 60°翻转式钻模，整个夹具和工件一起旋转，可以加工不同方向的孔。

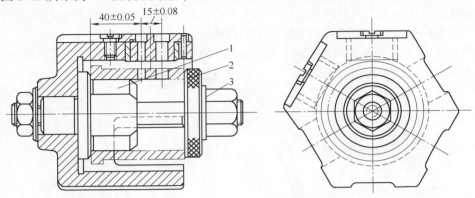

图 5-43　60°翻转式钻模
1—定位轴　2—垫圈　3—螺母

5）盖板式钻模。这类钻模没有夹具体，钻模板上除钻套外，一般还装有定位元件和夹紧装置，只要将它覆盖在工件上即可进行加工。

图 5-44 所示为一盖板式钻模，用于在摇臂钻床上加工大型工件上的平行孔。加工时，只要将它盖在工件上，通过钻模板 1、定位销 2 和菱形销 3 定位，即可进行加工。

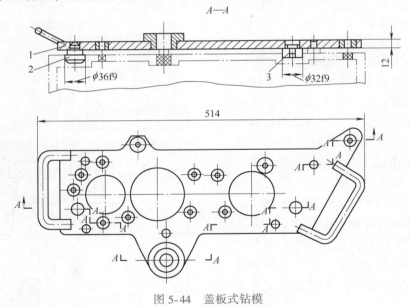

图 5-44　盖板式钻模
1—钻模板　2—定位销　3—菱形销

盖板式钻模结构简单，一般多用于加工大型工件上的小孔。因夹具在使用时需要经常搬动，故盖板式钻模的重量不宜超过 100N。为了减轻重量，可在盖板上设置加强肋而减小其厚度，设置减轻窗孔或用铸铝件。

6）滑柱式钻模。滑柱式钻模是一种带有升降钻模板的通用可调夹具。图 5-45 所示为手动滑柱式钻模的通用结构，由夹具体 1、三根滑柱 2、钻模板 4 和传动、锁紧机构组成。使用时，只要根据工件的形状、尺寸和加工要求等具体情况，专门设计制造相应的定位、夹紧装置和钻套等，并装在夹具体的平台和钻模板上的适当位置，就可用于加工；转动手柄 6，经过齿轮轴的传动和左右滑柱的导向，便能顺利地带动钻模板升降，将工件夹紧或松开。

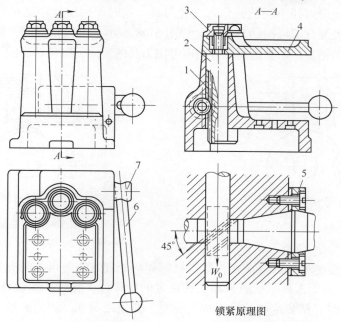

锁紧原理图

图 5-45　手动滑柱式钻模

1—夹具体　2—滑柱　3—锁紧螺母　4—钻模板　5—套环　6—手柄　7—螺旋式齿轮轴

这种手动滑柱式钻模的机械效率较低，夹紧力不大，而且由于滑柱和导孔为间隙配合（一般为 H7/f7），因此被加工孔的垂直度和孔的位置尺寸难以达到较高的精度。但其自锁性能可靠，结构简单，操作迅速，具有通用可调的优点，所以不仅广泛应用于大批量生产，也已被推广到小批量生产中。它适用于一般中、小件的加工。

（2）钻床夹具的设计特点　钻床夹具的主要特点是都有一个安装钻套的钻模板。钻套和钻模板是钻床夹具的特殊元件。钻套装配在钻模板或夹具体上，其作用是确定被加工孔的位置和引导刀具。

1）钻套的类型。钻套按其结构和使用特点可分为以下四种类型。

① 固定钻套。常用的固定钻套有无肩固定钻套和带肩固定钻套两种类型，如图 5-46 所示。固定钻套外圆与钻模以 H7/n6 或 H7/r6 配合，直接压入钻模板上的钻套底孔内，其特点是结构简单，钻孔精度高，适用于单一钻孔工序和小批量生产。在使用过程中若不需要更换钻套，则用固定钻套较为经济，钻孔的位置精度也较高。

② 可换钻套。如图 5-47 所示，当生产批量较大且为单一钻孔的工步，需要更换磨损的钻套时，使用可换钻套较为方便。可换钻套装在衬套中，衬套以 H7/n6 或 H7/r6 的配合直接压入钻模板的底孔内，钻套外圆与衬套内孔之间常采用 F7/m6 或 F7/k6 配合。当钻套磨损后，可卸下螺钉，更换新的钻

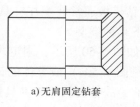

a) 无肩固定钻套

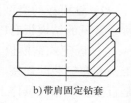

b) 带肩固定钻套

图 5-46　固定钻套

套，螺钉还能防止加工时钻套转动或退刀时钻套随刀具拔出。

③ 快换钻套。当被加工孔需要依次进行钻、扩、铰多工步加工时，由于刀具直径逐渐增大，应使用外径相同而内径不同的钻套来引导刀具，这时使用快换钻套可减少更换钻套的时间。快换钻套的有关配合与可换钻套相同。如图 5-48 所示，更换钻套时，将钻套的削边处转至螺钉处，即可取出钻套。钻套的削边方向应考虑刀具的旋向，以免钻套随刀具自行拔出。

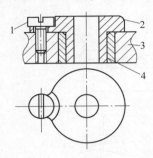

图 5-47 可换钻套
1—螺钉 2—钻套 3—钻模 4—衬套

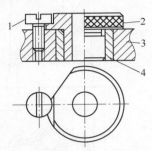

图 5-48 快换钻套
1—螺钉 2—钻套 3—钻模 4—衬套

以上三类钻套已标准化，其结构参数、材料和热处理方法等可查阅有关手册。

④ 特殊钻套。由于工件形状或被加工孔位置的特殊性，有时需要设计特殊结构的钻套。例如在斜面上钻孔时，钻套应尽量接近加工表面，并使之与加工表面的形状相吻合，排屑空间的高度应小于 0.5mm，从而增加钻头刚度，避免钻头引偏或折断，如果钻套较长，可将钻套孔上部的直径加大（一般加大 0.1mm），以减少导向长度；又如在凹坑内钻孔时，常用加长钻套，为减小刀具与钻头的摩擦，可将钻套引导高度以上的孔径放大。另外，小孔距钻套、可定位钻套等都属于特殊钻套。特殊钻套是非标准钻套，需要根据加工零件的类型、形状、精度及生产批量等要求自行设计。如图 5-49 所示为几种特殊钻套。

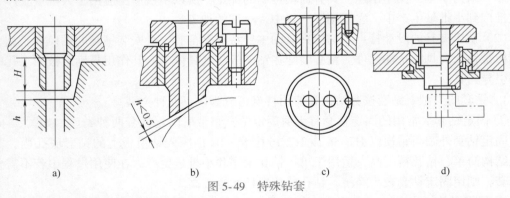

a)   b)   c)   d)
图 5-49 特殊钻套

2）钻模板的类型。钻模板通常装配在夹具体或支架上，或与夹具体上的其他元件相连接。常见的钻模板有以下几种类型。

① 固定式钻模板。如图 5-50 所示，固定式钻模板和夹具体或支架的连接，采用两个圆锥销和螺钉装配连接（见图 5-50a）或整体的铸造或焊接（见图 5-50b）结构。这种钻模板是直接固定在夹具体上的，故钻套相对于夹具体也是固定的，钻孔精度较高，使用较广泛。但是这种结构对某些工件而言装拆不太方便，在设计和制造过程中应注意以不妨碍工件的装卸为准。

② 铰链式钻模板。当钻模板妨碍工件的装卸或钻孔后的攻螺纹时，可采用图 5-51 所示的铰链式钻模板。这种钻模板是通过铰链与夹具体或固定支架连接在一起的，钻模板可绕铰链轴翻转。铰链销和钻模板的销孔采用基轴制间隙配合（G7/h6），与支座孔的配合为基轴制过盈配合（N7/h6），钻模板和支座两侧面间的配合则按基孔制间隙配合（H7/g6）。当钻孔的位置精度要求较高时，应予以配制，控制 0.01~0.02mm 的间隙，同时要注意使钻模板工作时处于正确的位置；钻套导向孔与夹具安装面的垂直度可通过调节垫片或修磨支承件的高度来保证。这种钻模板常采用蝶形螺母锁紧，装卸工件比较方便，对于钻孔后还需要进行锪平面、攻螺纹等工步尤为适宜。但该钻模板可达到的位置精度较低，结构也较复杂。

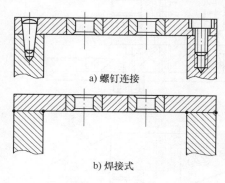

a) 螺钉连接

b) 焊接式

图 5-50　固定式钻模板

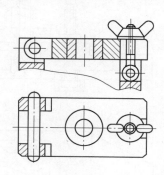

图 5-51　铰链式钻模板

除以上两种常用的钻模板之外，还有可卸式钻模板、悬挂式钻模板等类型。设计钻模板时应注意以下问题：钻模板上安装钻套的孔及孔的位置应有足够的精度；钻模板应具有足够的刚度，以保证钻套位置的精确性，但不能过于厚重，必要时可设置加强肋以提高钻模板的刚度，同时注意钻模板一般不承受夹紧力；为保证加工的稳定性，应使钻模板在夹具上维持足够的定位压力。

3）钻套公称尺寸、公差及其他相关尺寸的选择。

① 钻套导向孔直径的公称尺寸应为所用刀具的上极限尺寸，并采用基轴制间隙配合，钻孔或扩孔时其公差取 F7 或 F8，粗铰时取 G7，精铰时取 G6。若钻套引导的是刀具的导柱部分（如加长的扩孔钻、铰刀等腰三角形），则可按基孔制的相应配合进行选取，如 H7/f7、H7/g6 等。

② 钻套的导向长度 H 对刀具的导向作用影响很大。H 较大时，刀具在钻套内不易产生偏斜，导向性能好，加工精度高，但会加快刀具与钻套的磨损；H 过小时，钻孔时导向性不好。通常取导向长度 H 与其孔径 d 之比 $H/d = 1~2.5$。当加工精度要求较高或加工的孔径较小时，由于所用的钻头刚性较差，H/d 值可取得大些，如钻孔直径 $d < 5mm$ 时，应取 $H/d \geqslant 2.5$。

③ 排屑间隙 h 是指钻套底部与工件表面之间的空间。如果 h 太小，切屑排出困难，则会损伤加工表面，甚至可能折断钻头；如果 h 太大，虽然排屑方便，但会使钻头的偏斜增大，刀具的刚度和孔的加工精度都会降低。一般加工铸铁件时，$h = （0.3~0.7)d$；加工钢件时，$h = （0.7~1.5)d$（d 为所用钻头的直径）。对于位置精度要求很高的孔或在斜面上钻孔时，可将 h 值取得尽量小些，甚至可以取零。

【任务拓展与练习】

试分析图 5-52 所示铣床夹具采用的定位、夹紧方式，分析所用定位元件限制的自由度，并标注该夹具的组成零件的名称。

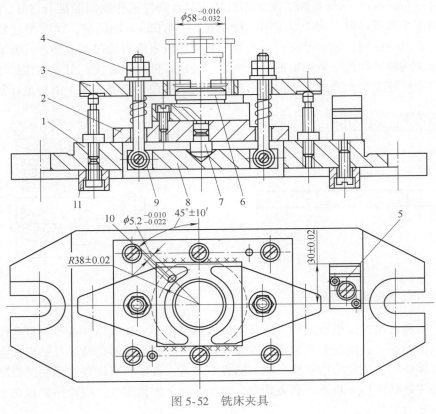

图 5-52　铣床夹具

任务五　拨叉专用钻床夹具的设计

知识点

1. 专用夹具的设计方法。
2. 专用夹具的设计步骤。

技能点

能为具体零件的加工工序设计定位、夹紧方案，并能绘制专用夹具的草图。

【相关知识】

一、对专用夹具的基本要求

（1）保证工件的加工精度　专用夹具应有合理的定位方案，合适的尺寸、公差和技术要求，并应对其进行必要的精度分析，确保夹具能满足工件的加工精度要求。

（2）提高生产率　专用夹具的复杂程度要与工件的生产纲领相适应，应根据工件生产批量的大小选用不同复杂程度的快速高效夹紧装置，以缩短辅助时间，提高生产率。

（3）工艺性好　专用夹具的结构应简单、合理，适于加工、装配、检验和维修。专用夹具的制造属于单件生产，当最终精度由调整或修配保证时，夹具上应设置调整或修配结构，如适当地调整间隙、使用可修磨的垫片等。

（4）使用性好　专用夹具的操作应简便、省力、安全可靠，排屑应方便，必要时可设置排屑结构。

（5）经济性好　除考虑专用夹具本身结构简单、标准化程度高、成本低廉外，还应根据生产纲领对夹具方案进行必要的经济分析，以提高夹具在生产中的经济效益。

二、专用夹具的设计步骤（图 5-53）

（1）明确设计任务，收集设计资料

1）分析研究被加工零件的零件图、工序图、工艺规程和设计任务书，了解工件的生产纲领、本工序的加工要求和加工条件。

2）收集有关资料，如机床的技术参数，夹具零部件的国家标准、行业标准和企业标准，各类夹具设计手册、夹具图册等，还可收集一些同类夹具的设计图样，并了解本单位制造夹具的生产条件。

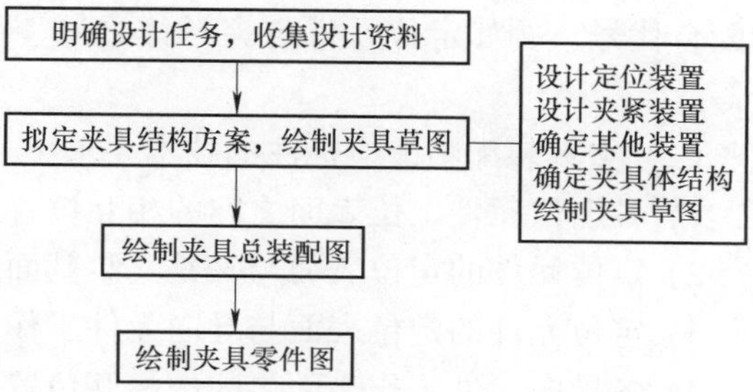

```
明确设计任务，收集设计资料
        ↓
拟定夹具结构方案，绘制夹具草图 ——— 设计定位装置
        ↓                        设计夹紧装置
绘制夹具总装配图                  确定其他装置
        ↓                        确定夹具体结构
绘制夹具零件图                    绘制夹具草图
```

图 5-53　专用夹具的设计步骤

（2）拟定夹具结构方案，绘制夹具草图

1）确定工件的定位方案，设计定位装置。

2）确定工件的夹紧方案，设计夹紧装置。

3）确定其他装置及元件的结构形式，如导向、对刀装置，分度装置及夹具在机床上的连接装置等。

4）确定夹具体的结构形式及夹具在机床上的安装方式。

5）绘制夹具草图。

这一过程中一般应考虑几种不同的方案，经分析比较后选择最佳方案。设计中需要进行必要的计算，如工件加工精度分析、夹紧力的计算、部分夹具零件结构尺寸的校核计算等。

（3）绘制夹具总装配图　夹具装配图应按国家标准绘制，比例尽量采用 1：1，主视图按夹具面对操作者的方向绘制。总图应把夹具的工作原理、各种装置的结构及其相互关系表达清楚。夹具总图的绘制顺序如下：

1）用双点画线将工件的外形轮廓、定位基面、夹紧表面及加工表面绘制在各个视图的合适位置上，在总图中工件可看作透明体，不遮挡后面的线条。

2）依次绘出定位装置、夹紧装置、其他装置及夹具体。

3）标注必要的尺寸、公差和技术要求。

4）编制夹具明细表及标题栏。

（4）绘制夹具零件图　对夹具中的非标准零件均应绘制零件图。零件图视图的选择应尽可能与零件在装配图上的工作位置相一致。

三、夹具装配图上技术要求的制订

（1）夹具装配图上应标注的尺寸和公差

1）夹具最大轮廓尺寸。

2）影响工件定位精度的有关尺寸和公差，例如定位元件与工件的配合尺寸和配合代号，各定位元件之间的位置尺寸和公差等。

3）影响刀具导向精度或对刀精度的有关尺寸和公差，例如导向元件与刀具之间的配合尺寸和配合代号，各导向元件之间、导向元件与定位元件之间的位置尺寸和公差，对刀用塞尺的尺寸，对刀块工作表面与定位表面之间的距离尺寸和公差。

4）影响夹具安装精度的有关尺寸和公差，例如夹具与机床工作台或主轴的连接尺寸、配合处的尺寸和配合代号、夹具安装基面与定位表面之间的距离尺寸和公差。

5）其他影响工件加工精度的尺寸和公差，主要指夹具内部各组成元件之间的配合尺寸和配合代号，例如定位元件与夹具体之间、导向元件与衬套之间、衬套与夹具体之间的配合等。

（2）夹具装配图上应标注的技术要求

1）各定位元件定位表面之间的相互位置精度要求。

2）定位元件的定位表面与夹具安装基面之间的相互位置精度要求。

3）定位元件的定位表面与导向元件工作表面之间的相互位置精度要求。

4）各导向元件工作表面之间的相互位置精度要求。

5）定位元件的定位表面或导向元件的工作表面与夹具找正基面之间的位置精度要求。

6）与保证夹具装配精度有关或与检验方法有关的特殊技术要求。

（3）夹具装配图上公差与配合的确定　对于直接影响工件加工精度的夹具公差，例如夹具装配图上应标注的第2）、3）、4）三类尺寸，其公差取 $T_J = (1/5 \sim 1/2) T_G$，其中 T_G 为与 T_J 相对应的工件尺寸公差或位置公差。当工件精度要求低、批量大时，T_J 取小值，以便延长夹具的使用寿命，又不增加夹具的制造难度；反之取大值。当工件的加工尺寸为未注公差时，工件公差视为 IT14～IT12，夹具上相应的尺寸公差值按 IT11～IT9 选取；当工件上的位置要求为未注公差时，夹具上相应的位置公差值按 IT9～IT7 选取；当工件上的角度为未注公差时，夹具上相应的角度公差值为 ±(3′～10′)。

对于直接影响工件加工精度的配合类别的确定，应根据配合公差（间隙或过盈）的大小，通过计算或类比确定，并应尽量选用优先配合。

对于与工件加工精度无直接影响的夹具公差与配合，其中位置尺寸一般按 IT11～IT9 选取，夹具的外形轮廓尺寸可不标注公差，按 IT13 确定。其他的几何公差数值、配合类别可参考有关夹具设计手册或机械设计手册确定。

【任务实施】

1. 夹具设计任务分析

图 5-54a 所示为表 5-6 中拨叉零件加工工序 9 钻拨叉锁销孔的工序简图。已知工件材料为 45 钢，毛坯为模锻件，所用机床为 Z525 型立式钻床，成批生产。试设计该工序的专用钻床夹具。

2. 确定夹具的结构方案

1）确定定位元件。根据工序简图规定的定位基准，选用一面两销定位方案（见图 5-54b），长定位销与工件定位孔的配合取为 $\phi30$ H7/f6，限制四个自由度；定位销轴肩小环面与工件定位端面接触，限制一个自由度，且保证工序尺寸 $40^{+0.18}_{0}$ mm，定位基准与设计基准重合，定位误差为零；削边销与工件叉口接触，限制一个自由度，保证尺寸 115.5±0.1mm；$\phi8$mm 孔孔径尺寸由刀具直接保证，位置精度由钻套位置保证。

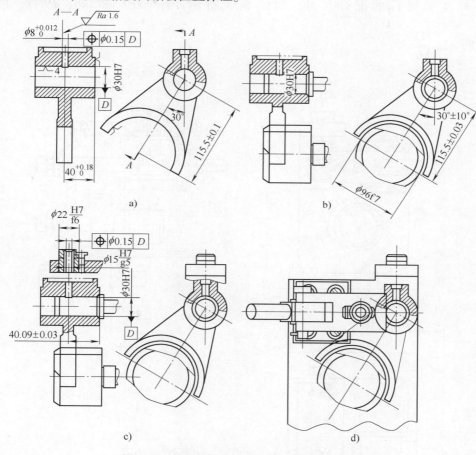

图 5-54　拨叉锁销孔专用钻床夹具方案设计

2）确定导向装置。本工序要求对 $\phi8$mm 孔进行钻、扩、铰三个工步的加工，生产批量大，故选用快换钻套作为刀具的导向元件。快换钻套、钻套用衬套、钻套螺钉可查阅有关国家标准，确定钻套高度 $H=3D=3\times8$mm$=24$mm，排屑空间 $h=d=8$mm，如图 5-54c 所示。

3）确定夹紧机构。选用偏心螺旋压板夹紧机构，如图 5-54d 所示。其上零件均采用标准夹具元件，可查阅相关标准确定。

4）画夹具装配图，如图 5-55 所示。

5）确定夹具装配图上的标注尺寸及技术要求。

① 确定定位元件之间的尺寸。定位销与削边销中心距公差取工件相应尺寸公差的 1/3，偏差对称标注，即 115.5±0.03mm，如图 5-54b 所示。

② 确定钻套位置尺寸。钻套中心线与定位销定位环面之间的尺寸取保证零件相应工序

尺寸 $40^{+0.18}_{0}$mm 的平均尺寸，即 40.09mm，公差取其公差的 1/3，偏差对称标注，即 ±0.03mm，标注为 40.09±0.03mm。

③ 确定钻套位置公差。钻套中心线与定位销定位环面之间的位置度公差取工件相应位置度公差的 1/3，即 0.03mm。

④ 定位销中心线与夹具底面的平行度公差取 0.02mm。

⑤ 标注关键件的配合尺寸，如图 5-55 所示，有 ϕ8F7、ϕ30f6、ϕ96f7、$\phi 15\dfrac{H7}{g6}$、$\phi 22\dfrac{H7}{r6}$和 $\phi 16\dfrac{H7}{k6}$。

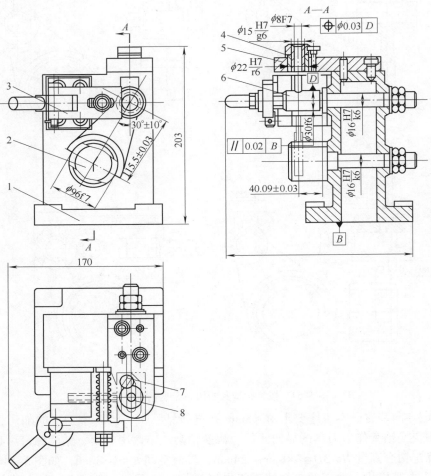

图 5-55　拨叉锁销孔专用钻床夹具装配图

1—夹具体　2—长定位销　3—压板　4—衬套　5—钻模板　6—削边销

7—钻套螺钉　8—可换钻套

【任务拓展与练习】

图 5-3 中孔 ϕ16H7、ϕ20H7 等各孔的两端面已加工好，绘制加工调整架右端 28mm 宽处台阶面所需的铣床夹具（只画草图）。

课题六 主轴箱箱体的加工工艺

【课题引入】

生产图 6-1 所示某型号车床的主轴箱箱体，材料为 HT200，生产纲领为大批生产，为该零件制订机械加工工艺规程。

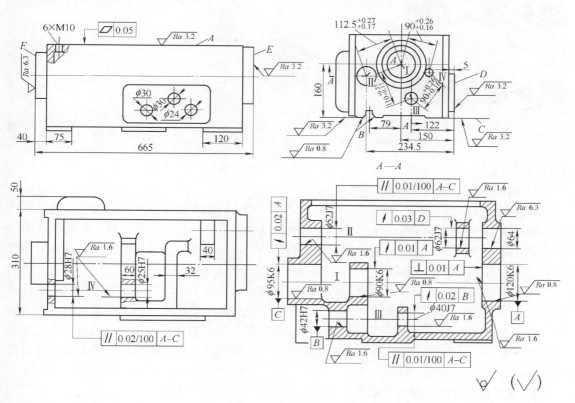

图 6-1 车床主轴箱

【课题分析】

该零件属于箱体类零件，通过本课题的学习，了解箱体类零件的功用、结构特点、技术要求、材料和毛坯；理解箱体类零件机械加工的一般方法及所能达到的公差等级；具备制订箱体类零件加工工艺和选择常用工艺装备的能力。

箱体类零件是典型的机械零部件，是机械或机器部件的基础零件。将箱体内的轴、套、齿轮等有关零件组装成一个整体，使它们之间保持正确的相互位置，可按照一定的传动关系协调地传递运动或动力。因此，箱体的加工质量将直接影响机器或部件的精度、性能和使用寿命。

该零件的结构特点及主要技术要求如下：形状复杂，内部呈腔形，壁薄且壁厚不均匀，加工部位多；孔和平面的尺寸公差、形状公差，孔与孔之间、孔与平面之间的位置公差的要求都很高，表面粗糙度值小等。以上要求都是课题中的难点及要点，需采取合理的工艺手段予以解决。

任务一　识读主轴箱箱体零件

知识点

箱体的功用与结构特点。

技能点

1. 能识读具体的箱体零件图样。
2. 针对箱体零件进行加工工艺分析。

【相关知识】

1. 箱体的分类与结构特点

箱体的种类很多，其尺寸大小和结构形式按用途不同也有很大差异，如轮船、内燃机车的内燃机、发动机缸体，其尺寸很大，结构相当复杂；汽车、矿山运输机械、轧钢机减速器及各种机床的主轴箱、进给箱等的结构也比较复杂。箱体零件根据结构形式不同，可分为整体式箱体（见图6-2a、b、d）和分离式箱体（见图6-2c）两大类。

从箱体的结构形式上看，虽然其结构多种多样，但仍有共同的特点：形状复杂，内部呈腔形，壁薄且壁厚不均匀，加工部位多；有一对或数对加工要求高、加工难度大的轴承支承孔，有一个或数个基准面和一些支承面；既有精度要求较高的孔系和平面，也有许多精度要求较低的紧固孔。据统计，一般中型机床制造厂用于箱体类零件的机械加工劳动量，约占其整个产品加工量的15%~20%。

2. 箱体类零件的主要技术要求

（1）主要平面的形状精度和表面粗糙度　箱体的主要平面是装配基准，并且往往是加工时的定位基准，所以应有较高的平面度和较小的表面粗糙度值，否则将直接影响箱体加工时的定位精度，以及箱体与机座总装时的接触刚度和相互位置精度。

一般箱体主要平面的平面度公差为0.1~0.03mm，表面粗糙度值为$Ra2.5~0.63\mu m$，各主要平面对装配基准面的垂直度公差为0.1/300mm。

（2）孔的尺寸精度、形状精度和表面粗糙度　箱体上的轴承支承孔本身的尺寸精度、形状精度和表面质量要求都较高，否则将影响轴承与箱体孔的配合精度，使轴的回转精度下降，也易使传动件（如齿轮）产生振动和噪声。一般机床主轴箱主轴支承孔的尺寸公差等级为IT6，圆度、圆柱度公差不超过孔径公差的一半，表面粗糙度值为$Ra0.63~0.32\mu m$。其

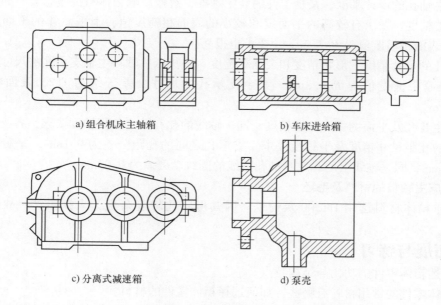

a) 组合机床主轴箱　　　　　　　　　b) 车床进给箱

c) 分离式减速箱　　　　　　　　　d) 泵壳

图 6-2　几种箱体的结构简图

余支承孔的尺寸公差等级为 IT7~IT6，表面粗糙度值为 $Ra2.5~0.63\mu m$。

（3）主要孔和平面的相互位置精度　同一轴线的孔应有一定的同轴度要求，各支承孔之间也应有一定的孔距尺寸精度及平行度要求，否则不仅装配有困难，而且会使轴的运转情况恶化、温度升高、轴承磨损加剧、齿轮啮合精度下降，引起振动和噪声，影响齿轮寿命。支承孔之间的孔距公差为 0.12~0.05mm，平行度公差应小于孔距公差，一般在全长上取 0.1~0.04mm；同一轴线上孔的同轴度公差一般为 0.04~0.01mm；支承孔与主要平面之间的平行度公差为 0.1~0.05mm；主要平面间及主要平面与支承孔之间的垂直度公差为 0.1~0.04mm。

3. 箱体的材料及毛坯

箱体毛坯的制造方法一般有两种，一种是铸造，另一种是焊接。

金属切削用机床的箱体，由于其形状比较复杂，而铸造具有成形容易、可加工性好、吸振性好、成本低等优点，所以一般都选用铸铁材料。箱体材料一般选用 HT200~HT400 的各种牌号的灰铸铁，最常用的为 HT200。此外，精度要求较高的坐标镗床主轴箱选用耐磨铸铁，负荷大的主轴箱也可采用铸钢件。

单件生产的或某些简易机床的箱体，为了缩短生产周期、降低生产成本，可采用钢材焊接结构。

毛坯的加工余量与生产批量、毛坯尺寸、结构、精度和铸造方法等因素有关，有关数据可查有关资料及根据具体情况确定。

【任务实施】

1. 车床主轴箱的技术条件

（1）主要平面的形状精度和表面粗糙度　该主轴箱体的主要平面是底面导轨 B、C 面，两者既是主轴孔的设计基准，又是工件的装配基准，直接影响箱体与机座总装时的接触刚度和相互位置精度，要求有较高的平面度和较小的表面粗糙度值；上平面 A 的平面度公差为 0.05mm，表面粗糙度值为 $Ra3.2\mu m$，要求也很高。

（2）孔的尺寸精度、形状精度和表面粗糙度 该机床主轴箱主轴支承孔的尺寸公差等级为 IT6，表面粗糙度值为 $Ra0.8\mu m$。其余支承孔的尺寸公差等级为 IT7，表面粗糙度值为 $Ra1.6\mu m$。

（3）主要孔及平面的相互位置精度 同一轴线的孔有一定的同轴度要求，各支承孔之间也有一定的孔距尺寸精度及平行度要求。支承孔之间的孔距公差为 0.1mm，平行度公差为 0.01/100 mm，同一轴线上的孔对基准孔轴线的圆跳动公差为 0.02mm。

2. 车床主轴箱的材料及毛坯

该主轴箱体材料选用 HT200 灰铸铁。因其形状比较复杂且为大批生产，故毛坯采用铸造。

【任务拓展与练习】

1. 简述箱体零件的功用与结构特点。

2. 箱体零件的常用材料有哪些？如何选择箱体零件的材料？

3. 识读图 6-3 所示减速箱箱体图样。该减速箱箱体为上、下分离式箱体结构，其主要技术要求如下：

1）对合面对底座的平行度公差不超过 0.5/1000mm。

2）对合面的表面粗糙度值小于 $Ra1.6\mu m$，两对合面的接合间隙不超过 0.03mm。

3）轴承支承孔必须在对合面上，公差不超过±0.2mm。

4）轴承支承孔的尺寸公差为 H7，表面粗糙度值小于 $Ra1.6\mu m$，圆柱度公差不超过孔径公差之半，孔距精度为±（0.05~0.08）mm。

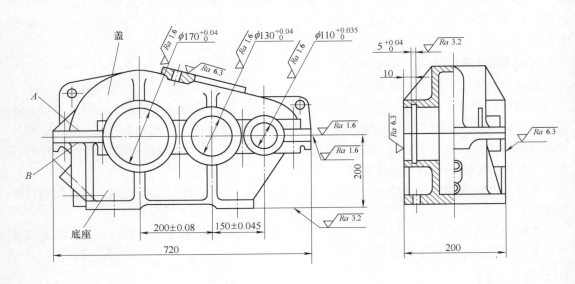

图 6-3 减速箱箱体

任务二　主轴箱箱体加工工艺分析

知 识 点

1. 箱体零件的结构工艺性。
2. 箱体零件的平面加工方案。
3. 箱体零件的孔加工方案。
4. 箱体零件工艺路线的安排。

技 能 点

能对具体箱体零件进行加工工艺性分析，并制订加工方案。

【相关知识】

一、箱体零件的结构工艺性

箱体零件的主要加工面是孔和平面。

1. 箱体的基本孔

箱体上的孔分为通孔、阶梯孔、不通孔和交叉孔等。通孔的工艺性较好，其中又以孔长 L 与孔径 d 之比 $L/d \leqslant 1.5$ 的短圆柱孔的工艺性最好；$L/d > 5$ 的深孔若孔径精度较高，且表面粗糙度值较小，则加工较困难。阶梯孔的工艺性较差，若孔径相差大，最小孔径又很小，则工艺性更差。相贯通的交叉孔的工艺性也较差，如图 6-4a 所示，$\phi100mm$ 的孔与 $\phi70mm$ 的孔相交，加工时刀具走到贯通处时，由于背向力不等，易造成孔轴线偏斜。在工艺上，如图 6-4b 所示，毛坯上的 $\phi70mm$ 孔处可不预先铸通，加工 $\phi100mm$ 孔后再加工 $\phi70mm$ 孔，这样可以保证交叉孔的质量。不通孔的工艺性最差，因为精镗或精铰加工不通孔时，要手动送进或采用特殊工具送进，故结构中应尽量避免不通孔。

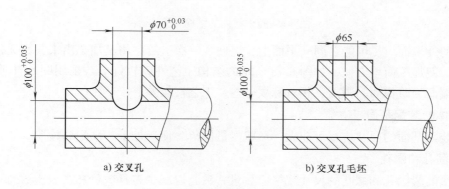

a) 交叉孔　　　　　　　　　　　　b) 交叉孔毛坯

图 6-4　相贯通的交叉孔的工艺性

2. 箱体的同轴孔

箱体上同轴孔的孔径排列方式有三种，如图 6-5 所示。图 6-5a 所示孔径大小向一个方向递减，且相邻两孔直径差大于孔的毛坯加工余量，这种排列方式便于镗杆和刀具从一端深入同时加工同轴线上的各孔，对于单件小批生产，这种结构的加工最为方便。图 6-5b 所示孔径从两边向中间递减，加工时刀柄可从两边进入，这样不仅缩短了镗杆的长度，提高了镗杆的刚性，而且为双面同时加工创造了条件，所以大批量生产的箱体常采用此种孔径分布方式。图 6-5c 所示孔径大小呈不规则排列，其工艺性差，应避免。

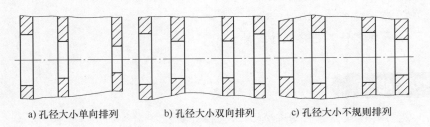

a) 孔径大小单向排列　　　　b) 孔径大小双向排列　　　　c) 孔径大小不规则排列

图 6-5　同一轴线上孔径的排列方式

3. 箱体的端面

箱体内端面的加工比较困难，加工时应尽可能使内端面尺寸小于刀具需要穿过的孔加工前的直径，如图 6-6a 所示，如此可避免伤及其他的孔。若如图 6-6b 所示，加工时镗杆伸进后才能装刀，加工完成镗杆退出前又需将刀具卸下，则操作很不方便，应尽量避免。

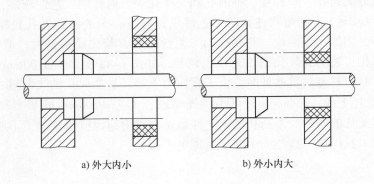

a) 外大内小　　　　　　　　　b) 外小内大

图 6-6　孔内端面的结构工艺性

箱体的外端面应尽可能在同一平面上，以便在一次进给中将其加工出来，而无须调整刀具的位置，使加工简单方便，如图 6-7a 所示的结构工艺性就较好。若采用图 6-7b 所示的形式，即外端面为阶梯面，则加工相对麻烦一些，工艺性较差。

4. 箱体的装配基面

箱体装配基面的尺寸应尽可能大，形状尽量简单，便于加工、装配和检验。

5. 紧固孔和螺孔

箱体上的紧固孔和螺孔的尺寸规格应尽量一致，以减少刀具数量和换刀次数。

此外，为保证箱体有足够的刚度与抗震性，应酌情合理使用肋板、肋条，加大圆角半

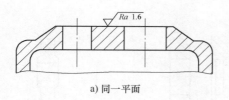

a) 同一平面

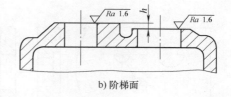

b) 阶梯面

图 6-7　外端面的结构工艺性

径，收小箱口，加厚主轴前轴承口的厚度。

二、箱体零件的平面加工方案

平面加工方法有刨、铣、拉、磨等，刨削和铣削常用作平面的粗加工和半精加工，而磨削则用作平面的精加工。此外，还有刮研、研磨、超精加工、抛光等光整加工方法。采用哪种加工方法较合理，需根据零件的形状、尺寸、材料、技术要求、生产类型及工厂现有设备来确定。

对于中、小件，箱体平面的加工一般在牛头刨床或普通铣床上进行。对于大件，一般在龙门刨床或龙门铣床上进行。刨削的刀具结构简单，机床成本低，调整方便，但生产率低；在大批、大量生产时，多采用铣削；当生产批量大且精度较高时可采用磨削。单件小批生产精度较高的平面时，除一些高精度的箱体仍需手工刮研外，一般采用宽刃精刨。当生产批量较大或需要保证平面间的相互位置精度时，可采用组合铣削和组合磨削（见图 6-8）同时加工几个平面，既保证了平面间的位置精度，又提高了生产率。

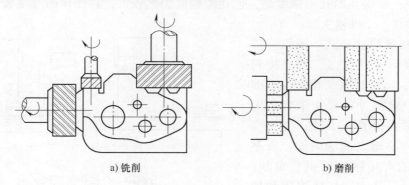

a) 铣削　　　　　　　　　　　　b) 磨削

图 6-8　箱体平面的组合铣削与组合磨削

三、箱体零件的孔加工方案

1. 孔系加工

箱体上一系列有相互位置精度要求的孔的组合称为孔系。孔系可分为平行孔系、同轴孔系和交叉孔系，如图 6-9 所示。

孔系加工中不仅孔本身的精度要求较高，而且孔距精度和相互位置精度的要求也高，因此孔系加工是箱体加工的关键。孔系的加工方法根据箱体生产批量的不同和孔系精度要求的不同而不同。

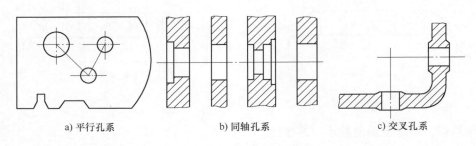

a) 平行孔系　　　　　　b) 同轴孔系　　　　　　c) 交叉孔系

图 6-9　孔系的分类

（1）平行孔系的加工　平行孔系的主要技术要求是各平行孔中心线之间及中心线与基准面之间的距离尺寸精度和相互位置精度，生产中常采用以下几种方法：

1）找正法。找正法是在通用机床上，借助辅助工具找正要加工孔的正确位置的加工方法。这种方法的加工效率低，一般只适用于单件、小批量生产。根据找正方法不同，找正法又可分为以下几种。

① 划线找正法。加工前按照零件图在毛坯上划出各孔的位置轮廓线，然后按划线进行加工。划线和找正时间较长，生产率低，加工出来的孔距精度也低，一般在±0.5mm 左右。为提高划线找正的精度，往往结合试切法进行，即先按划线找正镗出一孔，再按线将主轴调至第二孔中心，试镗出一个比图样小的孔，若不符合图样要求，则根据测量结果重新调整主轴的位置，再进行试镗、测量、调整，如此反复几次，直至达到要求的孔距尺寸。此法虽比单纯的按线找正所得到的孔距精度高，但孔距精度仍然较低，且操作的难度较大，生产率低，适用于单件、小批量生产。

② 心轴和量块找正法。镗第一排孔时将心轴插入主轴孔内（或直接利用镗床主轴），然后根据孔和定位基准的距离组合一定尺寸的量块来找正主轴位置，如图 6-10 所示。找正时用塞尺测量量块与心轴之间的间隙，以避免量块与心轴直接接触而损伤量块；镗第二排孔时，分别在机床主轴和加

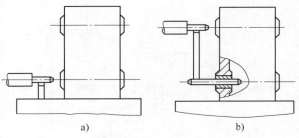

a)　　　　　　　　　　b)

图 6-10　心轴和量块找正法

工孔中插入心轴，采用同样的方法找正主轴线的位置，以保证孔心距的精度。这种找正法的孔心距精度可达±0.03mm。

③ 样板找正法。用 10~20mm 厚的钢板制造样板，装在垂直于各孔的端面上（或固定于机床工作台上），如图 6-11 所示。样板上的孔距精度较箱体孔系的孔距精度高，一般为± (0.1~0.3) mm，样板上的孔径较工件孔径大，以便于镗杆通过。样板上孔径的尺寸精度要求不高，但要有较高的形状精度和较小的表面粗糙度值。当样板准确地装到工件上后，在机床主轴上装一个千分表，按样板找正机床主轴，找正后，即换上镗刀进行加工。此法加工孔系不易出差错，找正方便，孔距精度可达±0.05mm。这种样板成本低，仅为镗模成本的1/9~1/7，单件、小批量的大型箱体的加工常用此法。

④ 定心套找正法。如图 6-12 所示，先在工件上划线，按线攻螺钉孔，然后装上形状精度高、表面粗糙度值小的定心套。定心套与螺钉间有较大间隙，然后按图样要求的孔心距公差的 1/5～1/3 调整全部定心套的位置，并拧紧螺钉。复查后即可上机床，按定心套找正镗床主轴位置，卸下定心套，镗出一孔。每加工一个孔找正一次，直至孔系加工完毕。此法工装简单，可重复使用，特别

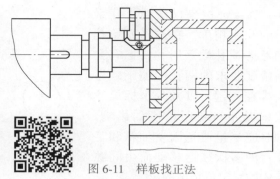

图 6-11　样板找正法

适用于单件生产的大型箱体和在缺乏坐标镗床的条件下加工钻模板上的孔系。

2）镗模法。镗模法即利用镗模夹具加工孔系。镗孔时，工件装夹在镗模上，镗杆被支承在镗模的导套里，增加了系统的刚性，镗刀便通过模板上的孔将工件上相应的孔加工出来。因为机床精度对孔系加工精度的影响很小，孔距

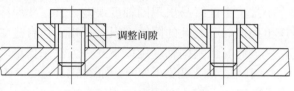

图 6-12　定心套找正法

精度主要取决于镗模的制造精度，故可以在精度较低的机床上加工出精度较高的孔系。当用两个或两个以上的支承来引导镗杆时，镗杆与机床主轴必须为浮动连接。

镗模法加工孔系时镗杆刚度大大提高，定位夹紧迅速，节省了调整、找正的辅助时间，生产率高，是中批生产、大批大量生产中广泛采用的加工方法。但由于镗模自身存在制造误差，导套与镗杆之间存在间隙与磨损，所以孔距的精度一般可达 ±0.05 mm，同轴度和平行度从一端加工时可达 0.02～0.03mm；分别从两端加工时可达 0.04～0.05mm。此外，镗模的制造要求高、周期长、成本高，大型箱体较少采用镗模法。

用镗模法加工孔系，既可在通用机床上加工，也可在专用机床或组合机床上加工。图 6-13 所示为在组合机床上用镗模加工孔系的示意图。

3）坐标法。坐标法镗孔是在普通卧式镗床、坐标镗床或数控镗铣床等设备上，借助测量装置，调整机床主轴与工件间在水平和垂直方向的相对位置，来保证孔距精度的一种镗孔方法。

在箱体的设计图样上，因孔与孔间有齿轮啮合关系，故对孔距尺寸有严格的公差要求。采用坐标法

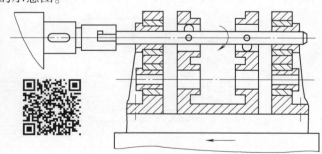

图 6-13　在组合机床上用镗模加工孔系

镗孔之前，必须借助三角几何关系及工艺尺寸链规律，把各孔距尺寸及公差换算成以主轴孔中心为原点的相互垂直的坐标尺寸及公差。

图 6-14 所示为两轴孔的坐标尺寸及公差计算示意图。两孔中心距为 L_{OB}。加工时，先镗孔 O，然后在 Y 方向移动 Y_{OB}，在 X 方向移动 X_{OB}，再加工孔 B。中心距 L_{OB} 是由 X_{OB} 和 Y_{OB} 间接保证的。

课题六　主轴箱箱体的加工工艺

为保证按坐标法加工孔系时的孔距精度，在选择原始孔和考虑镗孔顺序时，要把有孔距精度要求的两孔的加工顺序安排在一起，以减少坐标尺寸累积误差对孔距精度的影响，同时应尽量避免因主轴箱和工作台的多次往返移动而由间隙造成的对定位精度的影响。

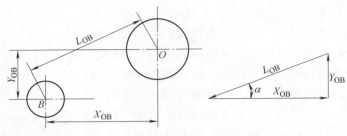

图 6-14　坐标法示意图

（2）同轴孔系的加工　成批生产中，一般采用镗模加工孔系，其同轴度由镗模保证。单件、小批量生产时易出现同轴度误差，其主要原因是：当主轴进给时，在重力作用下镗杆轴线产生挠度而引起孔的同轴度误差；当工作台进给时，导轨的直线度误差会影响各孔的同轴度精度。此时，其同轴度用以下几种方法来保证：

1）利用已加工孔支承导向。如图 6-15 所示，当箱体前壁上的孔加工好后，在孔内装一导向套，支承和引导镗杆加工后壁上的孔，以保证两孔的同轴度要求。此法适合加工箱壁上较近的孔。

2）利用镗床后立柱上的导向套支承镗杆。这种在镗杆两端进行支承的方法刚性好，但调整麻烦，镗杆要长，比较笨重，仅适用于大型箱体的加工。

图 6-15　利用已加工孔作支承

3）采用调头镗。当箱体箱壁相距较远时，可采用调头镗，如图 6-16 所示。工件在一次装夹下镗好一端孔后，将镗床工作台回转 180°，调整工作台位置，使已加工孔与镗床主轴同轴，然后加工另一端的孔。

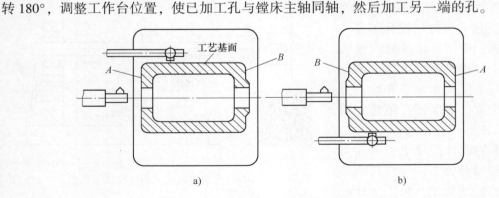

图 6-16　调头镗

当箱体上有一较长并与所镗孔轴线有平行度要求的平面时，镗孔前应先用装在镗杆上的百分表对此平面进行找正，使其与镗杆轴线平行。如图 6-16a 所示，找正后加工孔 A，然后将工作台回转 180°，并用装在镗杆上的百分表沿此平面重新找正（见图 6-16b），同时须严格保证镗杆中心到工艺基面的距离，然后加工孔 B，就可保证 A、B 孔同轴。若箱体上无长的加工好的工艺基面，也可将平行长铁置于工作台上，使其表面与要加工的孔轴线平行后将其固定，调整方法同上，也可达到保证两孔同轴的目的。

（3）交叉孔系的加工　交叉孔系的主要技术要求是控制有关孔的垂直度误差，在普通镗床上主要靠机床工作台上的90°对准装置来保证。这种装置属于挡块装置，结构简单，但对准精度低。

当镗床工作台90°对准装置的精度很低时，可用检验棒与百分表找正来提高其定位精度，即在加工好的孔中插入检验棒，工作台转位90°，摇动工作台用百分表找正，如图6-17所示。

2. 主轴孔的加工

由于主轴孔的精度比其他轴孔高，表面粗糙度值比其他轴孔小，故应在其他轴孔加工后再单独进行主轴孔的精加工（或光整加工）。

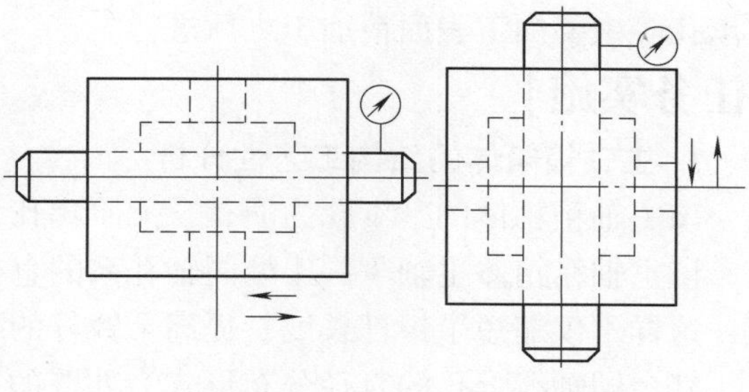

目前机床主轴箱主轴孔的精加工方案有：精镗→浮动镗；金刚镗→珩磨；金刚镗→滚压。

上述主轴孔精加工方案中的最终工序

图 6-17　加工交叉孔系

所使用的刀具都具有径向"浮动"性质，这对提高孔的尺寸精度、减小表面粗糙度值是有利的，但不能提高孔的位置精度。孔的位置精度应由前一工序（或工步）予以保证。

从工艺要求上，精镗和半精镗应在不同的设备上进行。若设备条件不足，也应在半精镗之后把被夹紧的工件松开，以便使夹紧压力或内应力造成的工件变形在精镗工序中得到纠正。

四、箱体零件工艺路线的安排

箱体零件要求加工的表面很多。在这些加工表面中，由于平面加工精度比孔的加工精度容易保证，所以箱体中主要孔及孔系的加工精度成为了工艺的关键。因此，在箱体零件工艺路线的安排中应注意以下几个问题。

1. 工件的时效处理

箱体结构复杂、壁厚不均匀，铸造内应力较大。由于内应力会引起变形，因此铸造后应安排人工时效处理以消除内应力，减少变形。对于一般精度要求的箱体，可利用粗、精加工工序之间的自然停放和运输时间，得到自然时效的效果。但自然时效需要的时间较长，否则会影响箱体精度的稳定性。对于特别精密的箱体，在粗加工和精加工工序间还应安排一次人工时效，以迅速、充分地消除内应力，提高精度的稳定性。

2. 先面后孔

由于平面面积较大，定位稳定可靠，有利于简化夹具结构，减少安装变形。因此从加工难度来看，平面比孔容易加工。所以若先加工平面，把铸件表面的凹凸不平和夹砂等缺陷切除，再加工分布在平面上的孔，则对孔的加工和保证孔的加工精度都是有利的。因此，一般均应先加工平面后加工孔。

3. 粗、精分开

箱体大多为铸件，加工余量较大，在粗加工中切除的金属较多，因而夹紧力、切削力都较大，切削热也较多，加之粗加工后，工件内应力的重新分布也会引起工件变形，因此对加工精度影响较大。为此，把粗、精加工分开进行，有利于把已加工后由各种原因引起的工件变形充分暴露出来，然后在精加工中将其消除。

4. 工序集中、先主后次

箱体零件上相互位置精度要求较高的孔系和平面，一般尽量集中在同一工序中加工，以保证其相互位置要求，减少装夹次数；紧固螺纹孔、油孔等次要工序，则一般安排在平面和支承孔等主要加工表面精加工之后进行。

【任务实施】

1. 主轴箱箱体的结构工艺性分析

该主轴箱箱体的基本孔为通孔，无阶梯孔、不通孔和交叉孔。通孔工艺性很好。

该主轴箱箱体主轴 I—I 处同轴孔系的直径大小从两边向中间递减，可使刀柄从两边进入，这样不仅缩短了镗杆长度，提高了镗杆的刚性，而且为双面同时加工创造了条件。

其余同轴线上孔的直径分布形式为外壁的孔径大于中间壁上的孔径。加工这种孔系时，加工可连续进行，结构工艺性也很好。

箱体的装配基面尺寸比较大，形状也很简单。

2. 主轴箱箱体零件的平面加工方案

该主轴箱箱体的平面要求相对较高，平面度公差为 0.05mm，表面粗糙度值为 $Ra3.2\mu m$，精加工可以选择磨削，粗加工选择铣削。

3. 主轴箱箱体零件的孔加工方案

该主轴箱箱体的主轴支承孔的尺寸公差等级为 IT6，表面粗糙度值为 $Ra0.8\mu m$，其余支承孔的尺寸公差等级为 IT7，表面粗糙度值为 $Ra1.6\mu m$。根据加工要求，精加工选择精镗削，粗加工因为毛坯是铸件，故选择粗镗。

4. 主轴箱箱体零件的加工工艺路线

安排主轴箱箱体零件的工艺路线时，应遵循先面后孔、粗精分开的原则，并且在铸造后安排时效工序，以消除残余应力。

【任务拓展与练习】

1. 何谓孔系？孔系的加工方法有哪几种？举例说明各种加工方法的特点和适用范围。
2. 举例说明安排箱体零件的加工顺序时，一般应遵循哪些主要原则。
3. 试识读图 6-3 所示的减速箱箱体图样。

任务三　主轴箱箱体加工工艺规程的制订

知 识 点

1. 主轴箱箱体精基准的选择。

2. 主轴箱箱体粗基准的选择——划线装夹法。

3. 主轴箱箱体粗基准的选择——夹具装夹法。

能根据主轴箱箱体的加工内容制订合理的加工工艺规程。

【相关知识】

箱体定位基准的选择直接关系到箱体上各个平面与平面之间、孔与平面之间、孔与孔之间的尺寸精度和位置精度要求是否能够得到保证。在选择基准时，首先要遵循基准重合和基准统一原则，同时必须考虑生产批量、生产设备，特别是夹具的选用等因素。

一、精基准的选择

精基准的选择对保证箱体类零件的技术要求十分重要。在选择精基准时，首先要遵循基准统一原则，即使具有相互位置精度要求的加工表面的大部分工序尽可能用同一组基准定位，这样才可避免因基准转换带来的误差，有利于保证箱体类零件各主要表面的相互位置精度。

对车床主轴箱体，具体有两种可行的精基准选择方案。

1. 中小批生产时以装配基准作为定位基准

在图 6-1 中，由于底面导轨 B、C 是装配基面，这样就实现了定位基准、装配基准与设计基准的重合，消除了基准不重合误差。此外，用 B、C 面定位稳定可靠，装夹误差小，在加工各支承孔时由于箱口朝上，观察、测量以及安装和调整刀具也较方便。但是在镗削箱体中间壁上的孔时，为了增加镗杆刚度，需要在中间安置导向支承，而以工件底面为定位基准面的镗模，中间支承只能采用悬挂的方式，由箱体顶面的开口处伸入箱体内，如图 6-18 所示。这种悬挂于夹具座体上的导向支承装置不仅刚度差，安装误差大，并且每加工一件需装卸一次，装卸也不方便，使加工的辅助时间增加，故只适用于中小批量生产。

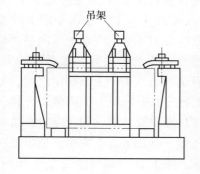
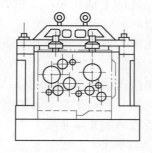
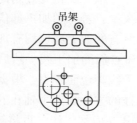

图 6-18　吊架式镗模夹具

2. 大量生产时采用一面两孔作为定位基准

大批量生产的主轴箱常以顶面和两定位销孔为精基准，如图 6-19 所示。采用这种定位方式加工时箱体口朝下，中间导向支架可固定在夹具上，简化了夹具结构，提高了夹具的刚度，同时工件的装卸也比较方便，因而提高了孔系的加工质量和劳动生产率。其不足之处在于定位基准与设计基准不重合，产生了基准不重合误差。为了保证箱体的加工精度，必须提高作为定位基准的箱体顶面和两定位销孔的加工精度。另外，由于箱口朝下，

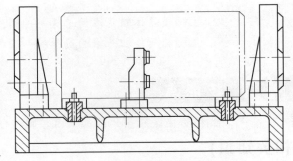

图 6-19　箱体以一面两孔定位

加工时不便于观察各表面的加工情况，因此不能及时发现毛坯是否有砂眼、气孔等缺陷，而且加工中不便于测量和调刀。所以，用箱体顶面和两定位销孔做精基准进行加工时，必须采用定径刀具（如扩孔钻和铰刀等）。

上述两种方案的对比分析，仅仅是针对类似主轴箱而言的，许多其他形式的箱体采用一面两孔的定位方式时，上面所提及的问题就不一定存在。实际生产中，一面两孔的定位方式在各种箱体加工中应用十分广泛。因为这种定位方式很简便地限制了工件的六个自由度，定位稳定可靠，而且在一次安装下，可以加工除定位面以外的所有五个面上的孔或平面，也可以作为从粗加工到精加工的大部分工序的定位基准，实现了基准统一。此外，这种定位方式夹紧方便，工件的夹紧变形小，易于实现自动定位和自动夹紧。因此，在组合机床与自动线上加工箱体时，多采用这种定位方式。

二、粗基准的选择

粗基准的作用主要是决定不加工面与加工面的位置关系，以及保证加工面的余量均匀。虽然箱体类零件一般都选择重要孔（如主轴孔）作为粗基准，但当生产类型不同时，实现以主轴孔为粗基准的工件的装夹方式也是不同的。

1. 中小批量生产

中小批量生产时，由于毛坯精度较低，一般采用划线装夹，其方法如下：首先将箱体用千斤顶安放在平台上，如图 6-20a 所示，调整千斤顶，使主轴孔 I 和 A 面与台面基本平行，D 面与台面基本垂直，根据毛坯的主轴孔划出主轴孔的水平线 I—I，在四个面上均要划出，作为第一找正线。划此线时，应根据图样要求，检查所有加工部位在水平方向是否均有加工余量，若有的加工部位无加工余量，则需要重新调整 I—I 线的位置，做必要的借正，直到所有的加工部位均有加工余量，才将 I—I 线最终确定下来。I—I 线确定之后，划出 A 面和 C 面的加工线，然后将箱体翻转 90°，D 面一端置于三个千斤顶上，调整千斤顶，使 I—I 线与台面垂直，根据毛坯的主轴孔并考虑各加工部位在垂直方向的加工余量，按照上述同样的方法划出主轴孔的垂直轴线 II—II 作为第二找正线，如图 6-20b 所示。依据 II—II 线划出 D 面加工线。再将箱体翻转 90°，如图 6-20c 所示，将 E 面一端置于三个千斤顶上，使 I—I 线和 II—II 线与台面垂直。根据凸台高度尺寸，先划出 F 面，然后划出 E 面的加工线。

加工箱体平面时，按划线找正装夹工件，这样就实现了以主轴孔为粗基准。

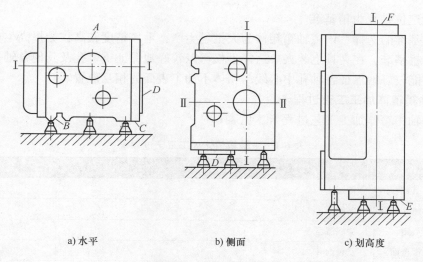

a) 水平　　　　　　　　b) 侧面　　　　　　　　c) 划高度

图 6-20　主轴箱的划线

2. 大批量生产

大批量生产时，毛坯精度较高，可直接以主轴孔在夹具上定位，采用图 6-21 所示的夹具进行装夹。先将工件放在预支承 1、3、5 上，并使箱体侧面紧靠支架 4，端面紧靠挡销 6，进行工件预定位；然后操纵手柄 9，将液压控制的两个短轴 7 伸入主轴孔中，每个短轴上有三个活动支柱 8，分别顶住主轴孔的毛面，将工件抬起，离开预支承 1、3、5，这时，主轴孔中心线与两短轴中心线重合，实现了以主轴孔为粗基准定位。为了限制工件绕两短轴的回转自由度，在工件抬起后，调节两可调支承 10，辅以简单找正，使顶面基本成水平，再调节辅助支承 2，使其与箱体底面接触；最后将液压控制的两个夹紧块 11 插入箱体两端相应的孔内夹紧，即可进行加工。

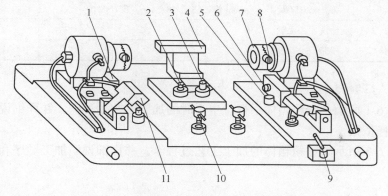

图 6-21　以主轴孔为粗基准铣顶面的夹具

1、3、5—预支承　2—辅助支承　4—支架　6—挡销　7—短轴　8—活动支柱
9—手柄　10—可调支承　11—夹紧块

【任务实施】

1. 定位基准的选择

（1）精基准的选择　该主轴箱箱体为大批量生产，宜采用一面两孔作为定位基准，故以

顶面 *A* 和两定位销孔为精基准。

（2）粗基准的选择　该主轴箱箱体为大批量生产，毛坯精度较高，为提高生产率，采用主轴孔作为粗基准，在夹具上装夹。这样不仅可以较好地保证重要孔及其他各轴孔的加工余量均匀，还能较好地保证各轴孔中心线与箱体不加工表面的相互位置。

2. 主轴箱箱体加工工艺过程卡

编制主轴箱箱体加工工艺过程卡，见表 6-1。

表 6-1　主轴箱箱体加工工艺过程卡

工序号	工序名称	工序内容	定位基准
1	铸造	铸造	
2	热处理	时效	
3	钳	漆底漆	
4	铣顶面	铣顶面 *A*	Ⅰ孔与Ⅱ孔
5	钻	钻、扩、铰 2×φ8H7 工艺孔（将 6×M10 先钻至 φ7.8mm，铰 2×φ8H7）	顶面 *A* 及外形
6	铣端面	铣两端面 *E*、*F* 及前面 *D*	顶面 *A* 及两工艺孔
7	铣导轨面	铣导轨面 *B*、*C*	顶面 *A* 及两工艺孔
8	磨顶面	磨顶面 *A*	导轨面 *B*、*C*
9	粗镗	粗镗各纵向孔	顶面 *A* 及两工艺孔
10	精镗 1	精镗各纵向孔	顶面 *A* 及两工艺孔
11	精镗 2	精镗主轴孔 Ⅰ	顶面 *A* 及两工艺孔
12	镗	加工横向孔及各面上的次要孔	
13	磨导轨面	磨 *B*、*C* 导轨面及前面 *D*	顶面 *A* 及两工艺孔
14	钳	将 2×φ8H7 及 4×φ7.8mm 均扩钻至 φ8.5mm，攻 6×M10	
15	钳	清洗、去毛刺、倒角	
16	检验	检验	

【任务拓展与练习】

1. 编制图 6-1 所示主轴箱箱体小批量生产时的加工工艺过程卡，并详细说明加工顺序和定位基准的选择依据。

2. 编制图 6-3 所示减速箱箱体的加工工艺过程卡，并详细说明加工顺序和定位基准的选择依据。

【课题引入】

生产图 7-1 所示某冲裁模的凹模，材料为 Cr12，生产纲领为单件，为该零件制订机械加工工艺规程。

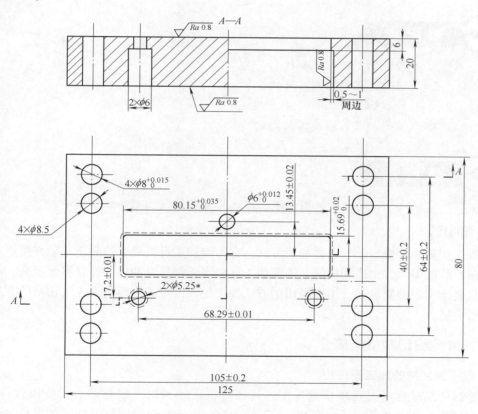

技术要求

1. 装配时与凸模的配合双面间隙值为0.1～0.14。
2. *尺寸与凸模配作，保证冲裁双面间隙值为0.1～0.14。
3. 热处理硬度为60～64HRC。
4. 未注倒角C1。

图 7-1　凹模

【课题分析】

该零件属于冲裁模中的关键零件。一般来讲，冲裁件对外形、尺寸和形状精度有要求，断面也要求垂直、光洁、毛刺少。因为这些和凹模、凸模的质量有直接关系。

凸模和凹模的配合间隙以及刃口锋利程度都将影响冲裁件断面的表面质量，配合间隙合适时，断面光滑、平直、毛刺较少；刃口越锋利，冲裁时拉力越集中，毛刺越少，断面质量越好。

凸模和凹模的刃口尺寸和公差直接影响冲裁件的尺寸精度。另外，此凹模的硬度也有要求，为60~64HRC。如何在达到凹模硬度的前提下，保证零件的尺寸、形状精度和刃口的锋利程度都是本课题需要解决的问题。

任务一　数控线切割认知

 知 识 点

1. 数控线切割的加工原理。
2. 数控快走丝线切割机床的结构。
3. 数控线切割加工的特点。
4. 线切割加工的基本工艺知识。

 技 能 点

掌握线切割的应用范围，能合理选择并应用线切割的加工工序。

【相关知识】

数控线切割是冲模零件的主要加工方式，它不受加工材料硬度的限制，能方便地加工出各种复杂形状的型面、小孔和窄缝，还能加工低刚度工件等。冲模零件材料硬度高、结构细微、形状复杂、表面质量高，用金属切削方式加工比较困难，采用电火花线切割的方法进行加工比较合适。

一、数控线切割机床简介

1. 数控线切割的加工原理

数控线切割又称电火花线切割加工，其加工过程是利用一根移动着的金属丝（钼丝、钨丝或铜丝等）作为工具电极（负极），工件作为正极，在金属丝与工件间加以高频的脉冲电流，并置于乳化液或去离子水等工作液中，使其不断产生火花放电，工件不断被蚀除，从而达到对工件进行加工的目的。

图7-2所示为数控线切割的加工原理。电极丝穿过工件上预先钻好的小孔（穿丝孔），经导轮由走丝机构带动进行轴向走丝运动。工件通过绝缘板安装在工作台上，由数控装置按加工程序指令控制沿 X、Y 坐标方向移动而合成所需的直线、圆弧等平面轨迹。在移动的同时，线电极和工件间不断地产生放电腐蚀现象，工作液通过喷嘴注入，将电蚀产物带走，最后在金属工件上留下细丝切割形成的细缝轨迹线，从而达到使一部分金属与另一部分金属分离的加工要求。

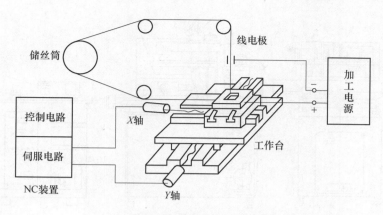

图 7-2 数控线切割的加工原理

2. 数控线切割机床的分类

根据电极丝运动的方式，可将数控线切割机床分为快走丝线切割机床和慢走丝线切割机床两大类。

快走丝线切割和慢走丝线切割加工的不同之处见表 7-1。

表 7-1 快、慢走丝电火花线切割加工比较

项　目	类　型	
	快 走 丝	慢 走 丝
走丝速度	2~12 m/s	1~8 m/min
电极丝材料	钼丝、钨钼丝	黄铜丝、铜合金及其镀覆材料
精度保持	丝抖动大，精度较难保持	走丝平稳，精度容易保持
电极丝的工作状态	循环重复使用	一次性使用
工作液	特制乳化油水溶液	去离子水
工作液绝缘强度/（kΩ·cm）	0.5~50	10~100
最高切割速度/（mm²/min）	300	300（国外）
最高尺寸精度/mm	±0.01	±0.005
表面粗糙度值/μm	0.63	0.16
数控装置	开环、步进电动机	闭环、半闭环、伺服电动机
程序形式	3B、4B 程序，5 单位纸带	国际 ISO 代码程序、8 单位纸带

快走丝线切割机床与慢走丝线切割机床虽同属于电火花线切割机床，但由于走丝方式不同以及历史原因造成的主攻方向的不一样，使得二者有很大的区别，各适应于不同的加工领域。

3. 快走丝数控线切割机床的基本组成

我国的快走丝线切割机床是在 20 世纪 60 年代研制成功的，其主要特点是电极丝运行速度快，加工速度较快，排屑容易，机构比较简单，价格相对便宜，因而在我国应用广泛。本课题将只对快走丝线切割进行探讨，故以下所述线切割在未注明时都指快走丝线切割。

快走丝数控线切割机床由机械装置（包括床身、移动工作台、走丝系统等）、脉冲电源、数控装置和工作液供给装置等组成，如图 7-3 所示。

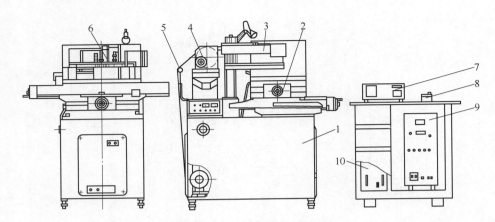

图 7-3　DK7725d 型快走丝数控线切割机床

1—床身　2—工作台　3—导丝架　4—储丝筒　5—紧丝装置　6—工作液循环系统
7—控制箱　8—程控机头　9—脉冲电源　10—驱动电源

（1）床身　一般为铸铁，是坐标工作台、走丝机构及线架的支承和固定基础。

（2）移动工作台　数控线切割加工是通过移动工作台与电极丝的相对运动来完成的。

（3）走丝系统　走丝系统使电极丝以一定的速度运动并保持一定的张力。

（4）脉冲电源　受加工表面粗糙度和电极丝允许承受电流的限制，线切割加工总是采用正极性加工。

（5）数控装置　主要作用是在电火花线切割加工过程中，按加工要求自动控制电极丝相对工件的运动轨迹和进给速度，来实现对工件形状和尺寸的加工。

4. 数控线切割的加工特点

（1）电火花加工与切削加工的区别　见表7-2。

表 7-2　电火花加工与切削加工的区别

比较项目	加工方式	
	电火花加工	切削加工
材料要求	工具电极的硬度可以低于工件	工具（刀具）比工件硬
接触方式	工具电极与工件不接触	工具必须与工件接触
加工能源	电能、热能	机械能

（2）电火花加工的优点

1）可以加工难以用金属切削方法加工的零件，不受材料硬度的影响。

2）加工时工具电极与工件不接触，没有机械切削力，工具电极可以做得十分细微，能进行细微加工和复杂型面加工。

3）采用电能和热能进行加工，由于脉冲电源参数较机械量易于进行数字控制和智能控制，因此便于实现自动化和无人化操作。

4）除了电极丝直径决定的内侧角部的最小半径（电极丝半径+放电间隙）的限制外，任何复杂形状的零件，只要能编制加工程序，就可以用电火花加工方法进行加工。该方法特别适用于小批量生产工件和试制品的加工。

CHAPTER 7

（3）电火花加工的局限性

1）只能加工金属等导电材料，在一定条件下也可以加工半导体和聚晶金刚石等非导体超硬度材料。

2）加工效率一般较低。

3）存在电极损耗。

4）加工表面有变质层，在某些使用场合需要去除。

5. 不宜进行线切割加工的工件

1）表面粗糙度和尺寸精度要求很高，超过线切割所能达到的要求，在线切割后需要进行手工研磨的工件。

2）窄缝尺寸小于电极丝直径加放电间隙的工件，或图形内拐角处不允许带有电极丝半径加放电间隙所形成的圆角的工件。

3）非导电材料。

4）加工长度和厚度超过机床加工范围（如长度超过 X、Y 拖板的有效行程长度）且精度要求较高的工件，以及厚度超过丝架跨距的零件等。

6. 数控线切割的应用范围

由于线切割所采用的电极丝很细，所以能加工出任何平面几何形状的零件，应用范围较广，主要有以下几个方面。

（1）试制新产品　用线切割直接切除零件，无须另行制造模具，大大降低了试制产品的成本和时间。另外，如果变更设计，则只需改变程序，便可再次切割新产品。

（2）加工模具　适于加工各种形状的冲模，在切割凸模和凹模时，只需进行一次编程，通过使用不同的间隙补偿量，就能保证模具的配合间隙和加工精度。

（3）加工特殊材料　在切割一些高硬度、高熔点的金属时，采用其他切削加工几乎是不可能实现的，而采用电火花线切割加工既经济，质量又好。

二、线切割加工的基本工艺知识

1. 工件的装夹

工件的装夹形式对加工精度有直接影响。线切割机床的夹具比较简单，一般是在通用夹具上采用压板螺钉固定工件，有时也会用到磁力夹具、旋转夹具或专用夹具。

（1）工件装夹的一般要求

1）工件的基准表面应清洁无毛刺；经热处理的工件，在穿丝孔内及扩孔的台阶处，要清除热处理残留物及氧化皮。

2）夹具应具有必要的精度，能稳固地固定在工作台上，拧紧螺钉时用力要均匀。

3）工件装夹的位置应有利于工件找正，并应与机床行程相适应，工作台移动时工件不得与丝架相碰。

4）对工件的夹紧力要均匀，不得使工件变形或翘起。

5）大批量加工零件时，最好采用专用夹具，以提高生产率。

6）细小、精密、薄壁的工件应固定在不易变形的辅助夹具上。

（2）工件支承装夹的方法

1）悬臂支承方式。图 7-4 所示为悬臂支承方式，其通用性强，装夹方便。但由于其工件单端压紧，另一端悬空，因此工件底部不易与工作台平行，所以易出现上仰或倾斜，致使切割面与工件上、下平面不垂直或达不到预定精度的情况，故此支承方式只用于要求不高或悬臂较短的情况。

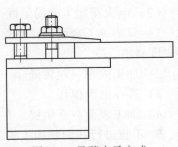

图7-4　悬臂支承方式

2）两端支承方式。图7-5所示为两端支承方式，其支承稳定，平面定位精度高，工件底面与切割面垂直度好，但对于较小的零件不适用。

3）桥式支承方式。图7-6所示为桥式支承方式，它采用两块支承垫铁架在双端夹具体上。其特点是通用性强，装夹方便，大、中、小工件的装夹都比较方便。

4）板式支承方式。图7-7所示为板式支承方式。根据经常加工工件的尺寸，板式支承方式可呈矩形或圆形孔，并可增加 X、Y 两方向的定位基准。其装夹精度高，适用于常规生产和批量生产。

5）复式支承方式。图7-8所示为复式支承方式，它是在桥式夹具上再装上专用夹具组合而成。其装夹方便，特别适用于成批零件的加工，可节省工件找正和调整电极丝相对位置等辅助工时，易保证工件加工的一致性。

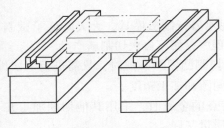

图7-5　两端支承方式

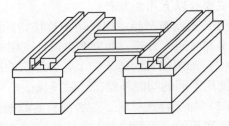

图7-6　桥式支承方式

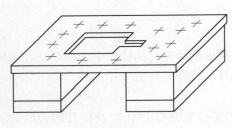

图7-7　板式支承方式

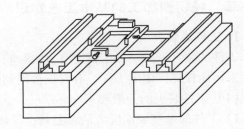

图7-8　复式支承方式

（3）工件的调整　用以上方式装夹工件时，还必须配合找正法进行调整，这样才能使工件的定位基准面分别与机床的工作台面和工作台的进给方向保持平行，以保证所切割的表面与基准面之间的相对位置精度。常用的找正方法有下面两种。

1）用百分表找正。如图7-9所示，用磁性表架将百分表固定在丝架或其他位置上，百分表的测头与工件基准面接触，往复移动工作台，按百分表指示值调整工件的位置，直至百分表指针的偏摆范围达到所要求的数值。此找正应在相互垂直的三个方向上进行。

2）划线法找正。当工件的切割图形与定位基准之间的相互位置精度要求不高时，可采用划线法找正，如图7-10所示。利用固定在丝架上的划针对准工件上划出的基准线，往复移动工作台，目测划针、基准间的偏离情况，将工件调整到正确位置。

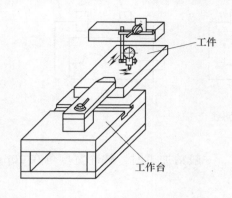

图 7-9   用百分表找正

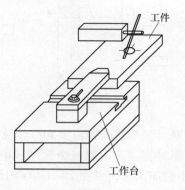

图 7-10   划线法找正

2. 电极丝的选择

线切割常用的电极丝种类及特点见表 7-3，生产中根据需要进行选择。

表 7-3   常用电极丝的种类及特点

材　　料	线径/mm	特　　点
纯铜	$\phi 0.1 \sim \phi 0.25$	适合在切割速度要求不高或精加工时使用，丝不易卷曲，抗拉强度低，容易断丝
黄铜	$\phi 0.1 \sim \phi 0.30$	适用于高速加工，加工面的蚀屑附着少，表面粗糙度值小，加工面的平面度也比较好
专用黄铜	$\phi 0.05 \sim \phi 0.35$	适用于高速、高精度和理想的表面粗糙度加工以及自动穿丝，但价格高
钼丝	$\phi 0.06 \sim \phi 0.25$	由于其抗拉强度高，一般用于快速走丝，在进行细微加工和窄缝加工时，也可用于慢速走丝

3. 工作液的选择与配制

线切割常用的工作液见表 7-4，生产中根据需要进行选用。

表 7-4   线切割常用工作液的种类、特点及应用

种　　类	特点及应用
水类工作液（自来水、蒸馏水、去离子水）	冷却性能好，但洗涤性能差，易断丝，切割表面易黑脏，适用于厚度较大的零件
煤油工作液	介电强度高、润滑性能好，但切割速度低，易着火，只有在特殊情况下才采用
皂化液	洗涤性能好，切割速度较高，适用于加工精度及表面质量较低的零件
乳化型工作液	介电强度比水高，比煤油低；冷却能力比水弱，比煤油好；洗涤性能比水和煤油都好；切割速度较高，是普通使用的工作液

4. 切割路线的确定

确定切割路线，即确定线切割加工的起始点和走向。一般情况下，应将切割起点安排在靠近夹持端，然后转向远离夹具的方向进行加工，最后转向零件夹具的方向。如在图 7-11 中，图 7-11b 所示的切割路线正确，图 7-11a 和图 7-11c 所示的切割路线都不好。

5. 加工参数的选择

快走丝数控线切割机床的加工参数如下。

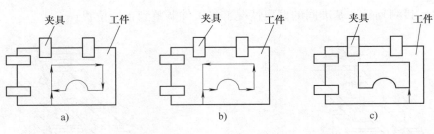

图 7-11　切割路线

1）脉冲波形：有矩形波和分组脉冲。

2）脉冲宽度：设置一个脉冲放电时间的长短。一般精加工时，脉冲宽度可在 20μs 内选择；半精加工时，可在 20~60μs 内选择。

3）脉冲间隔：设置一个脉冲周期内的停歇时间。

4）功率管数：设置投入放电加工回路的功率管数。

5）间歇电压：用来控制伺服。

6）电压：即加工电压值，有常压和低压两种。

脉冲电源的电参数选择得是否恰当，对加工模具的表面粗糙度值、精度及切割速度起着决定性的作用。电参数与加工工件工艺指标的关系是：脉冲宽度增加、脉冲间隔减少、脉冲电压幅值增大、电源电压升高、峰值电流增大和功率管数增多，都会使切割速度提高，但加工的表面粗糙度值会增大，精度会下降；反之，可改善表面质量和提高加工精度。随着峰值电流的增大，脉冲间隔减少、频率提高、脉冲宽度增大、电极丝损耗增大，脉冲波形前沿变陡，电极丝损耗也增大。

快走丝线切割加工脉冲参数的选择见表 7-5。

表 7-5　快走丝线切割加工脉冲参数的选择

应　用	脉冲宽度 t_i/μs	电流峰值 I_e/A	脉冲间隔 t_0/μs	空载电压/V
快速切割或加大厚度工件 $Ra>2.5$μm	20~40	>12	为实现稳定加工，一般选择 $t_0/t_i=3~4$ 以上	一般为 70~90
半精加工 $Ra=1.25~2.5$μm	6~20	6~12		
精加工 $Ra<1.25$μm	2~6	<4.8		

6. 偏移量（间隙补偿量）的计算

线切割编程时都是以电极丝中心按照图样的实际轮廓进行编程的，但在实际加工中，所采用的电极丝有一定的直径，电极丝与被加工材料之间有一定的放电间隙。因此，为了使加工图形的轮廓尺寸满足图样设计要求，必须使电极丝中心的运动轨迹偏离图样尺寸一个固定值。例如，要加工出图 7-12a 所示的凸模类零件（外形轮廓），电极丝中心轨迹应向外偏移，并从图形的外部向内切入；要加工图 7-12b 所示的凹模类零件（内孔），电极丝中心轨迹应向内偏移，并从图形的内部向外切入。其偏移量（间隙补偿量）的计算如下

偏移量（间隙补偿量）＝实际电极丝半径+单边放电间隙

7. 穿丝孔的确定

当线切割如图 7-12b 所示的封闭型腔时，电极丝要在封闭型腔内部运行，切割前需在工

件封闭型腔处预钻一个穿丝孔。

穿丝孔的位置与加工精度及切割速度关系很大。通常，穿丝孔的位置最好选在已知轨迹尺寸的交点处或便于计算的坐标点上，以简化编程中有关坐标尺寸的计算，减少误差。切割带有封闭型孔的凹模工件时，穿丝孔应设在型孔的中心，这样既可准确地加工穿丝孔，又可较方便地控制坐标轨迹的计算，但无用的切入行程较长。穿丝孔也可选在距离型孔边缘2~5mm 处，如图 7-13a 所示。

在切割凸模外形时，应将穿丝孔选在型面外，最好设在靠近切割起始点处。为减小变形，电极丝切割时的运动轨迹与边缘的距离应大于5mm，如图 7-13b 所示。

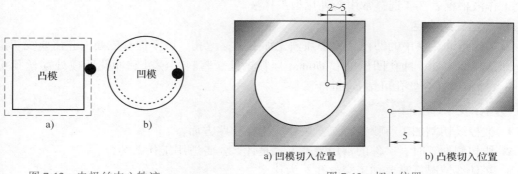

图 7-12　电极丝中心轨迹
　　　　的偏移方向

图 7-13　切入位置

a) 凹模切入位置　　　　b) 凸模切入位置

如图 7-14 所示，在同一块坯件上切割出两个以上工件时，应设置各自独立的穿丝孔，不可仅设一个穿丝孔一次切割出所有工件。切割大型凸模时，有条件者可沿加工轨迹设置数个穿丝孔，以便切割中发生断丝时能够就近重新穿丝，继续切割。

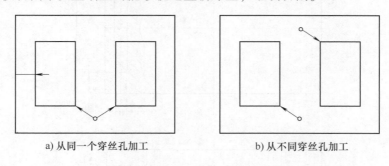

a) 从同一个穿丝孔加工　　　　　　b) 从不同穿丝孔加工

图 7-14　凸模穿丝孔位置的选择

穿丝孔的直径大小应适宜，一般为 $\phi 2 \sim \phi 8$mm。若孔径过小，则既增加钻孔难度又不方便穿丝；若孔径太大，则会增加钳工工作量。如果要求切割的型孔数较多，孔径太小，排布较为密集，应采用较小的穿丝孔（$\phi 0.3 \sim \phi 0.5$mm），以避免各穿丝孔相互打通或发生干涉现象。

【任务实施】

1. 内腔加工机床的选择

该零件是冲裁模中的凹模，其产品硬度高，达 60~64HRC；结构细微、形状复杂，各结构要素间有较高的尺寸、位置要求；凸、凹模配合双面间隙为 0.1~0.14mm，表面质量高。

根据以上特点，适于选用快走丝线切割机床。

2. 工件的装夹方式选择

该零件外形尺寸为 125mm×80mm，为小型零件，根据其特点宜选用桥式支承方式，如图 7-6 所示。采用两块支承垫铁架在双端夹具体上，再将工件放置在两块支承垫铁上找正后固定。

3. 电极丝和工作液的选择

根据所选用机床和表 7-3，选用钼丝。根据加工工件的结构和精度，钼丝直径在 $\phi0.06\sim\phi0.25$mm 范围内可以选择较大值，一般选择 $\phi0.18$mm 或 $\phi0.16$mm。

工作液根据表 7-4 选择常用的乳化型工作液。

4. 穿丝孔的确定

该零件是冲裁模中的凹模，故必须预先加工出穿丝孔。该零件有三处内腔需要线切割完成，即落料凹模处、冲孔凹模处和 $\phi6$mm 挡料销处。落料凹模处和冲孔凹模处穿丝孔可钻 $\phi8$mm，挡料销处穿丝孔可钻 $\phi4$mm。

【任务拓展与练习】

1. 数控线切割加工有哪些特点？主要应用在哪些方面？
2. 线切割加工时，工件的常用装夹方式是什么？各适用于什么场合？
3. 在什么情况下需要加工穿丝孔？为什么？
4. 选择加工如图 7-15 所示落料凸模零件所用的机床和工件装夹方式。

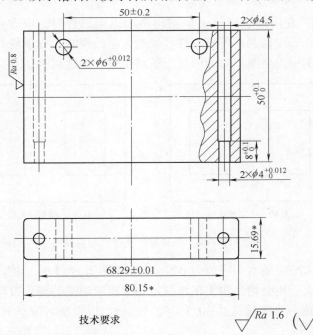

技术要求

1. *尺寸与凹模配作，保证冲裁双面间隙为 0.1~0.14。
2. 淬火硬度为 58~62HRC。

图 7-15　落料凸模

任务二 凹模加工工艺规程的制订

【相关知识】

一般将线切割作为工件加工的最后一道工序，使工件达到图样规定的加工精度和表面粗糙度。为此，应合理控制线切割加工时的各种工艺因素（如电参数、切割速度、工件装夹等），同时，应安排好零件的工艺路线并做好线切割加工前的准备。图 7-16 所示为数控线切割加工的工艺准备和工艺过程。

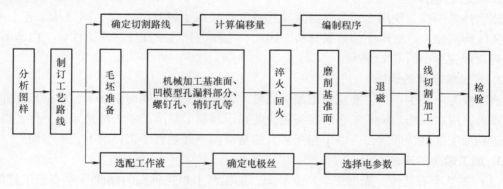

图 7-16　数控线切割加工的工艺准备和工艺过程

一、线切割加工工件的材料

线切割加工一般是大面积去除金属和切断加工。如果工件材料选择不当，加上热处理不合适，会使材料内部产生较大的内应力，致使在加工过程中剩余内应力释放，会使工件变形，破坏零件的加工精度，严重时甚至会在切割过程中出现裂纹。因此，需要用线切割加工的工件，应选择可锻性好、淬透性好、内部组织均匀、热处理变形小的材料，并采用合适的热处理方法，以达到加工后变形小、精度高的目的，应尽量选用 Cr12、CrWMn、Cr12MoV和 GCr15 等材料。

二、线切割加工基准的选择

为了便于进行线切割加工，根据工件外形和加工要求，应准备相应的找正和加工基准，并且此基准应尽量与图样的设计基准一致，常见的有以下两种形式。

1）以外形为找正和加工基准。外形是矩形状的工件，一般需要有两个相互垂直的基准面，并垂直于工件的上、下平面，如图7-17所示。

2）以外形为找正基准，内孔为加工基准。无论是矩形、圆形还是其他异形工件，都应准备一个与工件的上、下平面保持垂直的找正基准，此时其中一个内孔可作为加工基准，如图7-18所示（外形一侧边为找正基准，内孔为加工基准）。在大多数情况下，外形基面在线切割加工前的机械加工中就已准备好了。工件淬硬后，若基面变形很小，则稍加打光便可用线切割加工；若变形较大，则应当重新修磨基面。

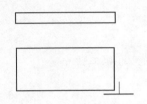

图7-17　矩形工件的找正和加工基准

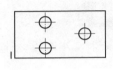

图7-18　加工基准的选择

【任务实施】

1. 毛坯的选择

该工件是凹模，使用上对零件的强度、硬度都提出了较高的要求，同时从工艺上考虑，应选择线切割加工后变形小的金属材料。因此，毛坯选择可锻性好、淬透性好、内部组织均匀、热处理变形小的 Cr12 锻件。

2. 定位精基准的选择

该凹模为单件生产，主要应考虑加工质量。为了便于进行线切割加工，根据工件外形和加工要求，应在线切割加工工序前准备相应的找正和加工基准。本工件是矩形工件，以外形为找正和加工基准，即需要有两个相互垂直的基准面，并垂直于工件的上、下平面。

3. 加工顺序的安排

（1）先基准后其他　先加工上、下平面，加工两个相互垂直的侧面（垂直于工件的上、下平面）作为基准，然后以此基准加工其余面和孔等，这样有利于保证产品质量。

（2）先粗后精、先面后孔　大平面、侧面基准面都应分粗、精加工。先加工大平面至尺寸，然后完成次要孔的加工，最后线切割凹模内腔。

（3）热处理的安排　毛坯锻造后可安排退火工序，消除锻造后产生的内应力，降低毛坯硬度。淬火工序应安排在次要面加工后、内腔线切割前。

4. 凹模加工工艺过程卡（单件生产）

编制凹模加工工艺过程卡，见表7-6。

表 7-6　凹模加工工艺过程卡

序号	工序名称	加　工　内　容
1	备料	备料为 φ65mm×86mm
2	锻造	锻造成平行六面体 130mm×85mm×25mm
3	热处理	退火，消除锻造后产生的内应力

序号	工序名称	加 工 内 容
4	刨（铣）	刨（铣）六个面，两大平面留余量0.6mm，侧面留余量0.4mm。注意相邻两侧面与大平面用标准直角尺测量应基本垂直
5	磨	磨两大平面，长短各一侧面；留加工余量0.2~0.3mm，表面粗糙度值$Ra0.8\mu m$；四面垂直，垂直度为0.02/100mm
6	钳	1）划线。划出各孔径中心，并划出凹模洞口轮廓尺寸 2）钻孔。钻4×ϕ8.5mm、2×ϕ6mm落料孔，钻、铰凹模穿丝孔、冲孔凹模穿丝孔、ϕ6mm挡料销处穿丝孔，钻、铰孔4×ϕ8
7	热处理	按图样要求淬火，硬度达60~64HRC
8	平磨	磨削两大平面达技术要求
9	线切割	切削两冲孔凹模孔、落料凹模型孔、挡料销孔、两凸模孔，保证双面刃口间隙$Z_{min}=0.12mm$、$Z_{max}=0.14mm$，留0.01~0.02mm的研磨量
10	钳工	对型孔进行抛光修整，用酸腐蚀漏料孔

【任务拓展与练习】

1. 线切割矩形外形的工件为何应加工一对正交立面？

2. 编制如图7-15所示落料凸模的加工工艺过程卡，并详细说明加工顺序和定位基准的选择依据。

任务三　凹模线切割加工工序的优化

　知识点

1. 切割线路的优化。
2. 两次（或多次）切割法。
3. 起始切割点（引入线终点）的优化。
4. 切割前工件的准备。

　技能点

能对具体工件的线切割工序进行优化。

【相关知识】

电火花线切割加工一般作为工件加工的最后工序，要达到零件的加工要求，应合理控制线切割加工的各种工艺因素。

一、切割线路的优化

在加工中，为避免引起工件的变形，应优化加工线路。

前面已经讲述，图7-19a所示的切割线路是错误的，按此加工，切割完前几段线后，继续加工时，由于原来主要连接的部位被割离，余下的材料与夹持部分连接较少，工件刚度将大为降低，容易产生变形，从而影响加工精度。如按图 7-19b 所示的切割线路进行加工，可减少由材料割离后残余应力重新分布而引起的变形。所以一般情况下，最好将工件与其夹持部分分割的线段安排在切割总程序的末端。对精度要求较高的零件，最好采用图 7-19c 所示的方案，电极丝不由坯料的外部切入，而是将切割起点取在坯件预制的穿丝孔中。

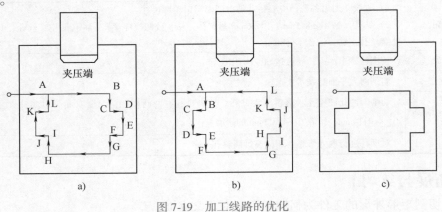

图 7-19　加工线路的优化

二、两次（或多次）切割法

当切割孔类工件时，为减少变形，可采用两次切割法，如图 7-20 所示，第一次粗加工型孔，周边留余量 0.1~0.5 mm，以补偿材料应变之后的变形；第二次切割为精加工，这样可达到较令人满意的效果。为更好地避免切割大型孔时产生尖角以及应力开裂的可能性，还可以用其他加工方法对型孔预先进行镂空处理，同时对尖角处添加过渡圆。

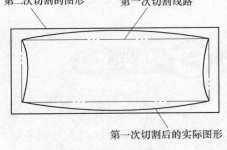

图 7-20　两次切割法

若要进一步提高切割精度，在精切割之前，可留 0.20~0.30mm 的余量进行半精切割，即为三次切割法，第一次为粗切割，第二次为半精切割，第 3 次为精切割。这是提高模具线切割加工精度的有效方法。

三、起始切割点（引入线终点）的优化

由于电火花线切割加工的零件大部分是封闭的图形，所以起始切割点也是完成切割的终点。在加工中，电极丝返回起始切割点时很容易造成加工痕迹，使工件精度受到影响，为了避免这一影响，起始切割点的选择原则如下：

1）当切割工件各表面粗糙度要求不一致时，应在较粗糙的面上选择起始切割点。

2）当切割工件各表面粗糙度要求相同时，首选图样上直线与直线的交点，其次选择直线与圆弧的交点和圆弧与圆弧的交点作为起始切割点。

3）当工件各表面粗糙度相同，又没有相交面时，起始切割点应选择在钳工容易修复的

凸出部位。

4）避免将起始切割点选择在应力集中的夹角处，以防止造成断丝、短路等故障。

凹模穿丝点多取在凹模的对称中心，起始切割点（引入线终点）的选取除考虑上述原则外，还应考虑选取最短路径切入且钳工容易修复的位置。

一般情况下，凸模不需要钻穿丝孔，而是如图7-21a所示直接从材料外切入，引入线长度一般取3~5mm。但当材料较厚、应力较大、加工中易变形时，切割凸模类零件应尽量避免从材料外向里切割，最好从预钻的穿丝孔切割，如图7-21b所示，以保证工件、毛坯的结构刚性，防止变形。

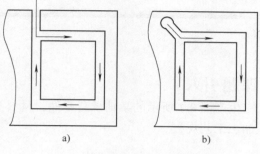

a)   b)

图 7-21 凸模引入线位置的选择

四、切割前工件的准备

为了减少切割过程中模具的变形及提高加工质量，切割前凸凹模零件应满足以下要求：

1）工件上、下平面的平行度误差应小于0.05mm。

2）工件应加工一对正交立面，作为定位、校验与测量的基准。

3）模具切割应采用封闭式切割，以降低切割温度，减小变形。

4）切割工件的四周边料留量以模具厚度的1/4为宜，一般边缘留量不小于5mm。

5）为减小模具变形，并正确选择加工方法和严格执行热处理规范，对于精度要求高的模具，最好进行两次回火处理。

6）工件淬火前应将所有销孔、螺钉孔加工成形。

7）模具热处理后，穿丝孔内应去除氧化皮与杂质，防止导电性能降低而引起断丝故障。

8）线切割前，工件表面应去除氧化皮和锈迹，并进行消磁处理。

【任务实施】

1. 起始切割点（引入线终点）的确定

凹模穿丝点取在凹模的对称中心。影响落料凹模型腔起始切割点（引入线终点）选取的因素较多，需考虑避免造成加工痕迹，使工件精度受到影响；避免将起始切割点选择在应力集中的夹角处；选取钳工容易修复的位置。以上因素无法全面兼顾时，综合考虑为避免应力集中而导致报废，宜选择最短路径切入。

2. 切割前工件的准备

线切割前，模具经热处理后，应去除穿丝孔内的氧化皮与杂质，防止导电性能降低而引起断丝故障。

【任务拓展与练习】

1. 何种情况下采用两次（或多次）切割法？具体应如何操作？

2. 如何确定起始切割点（引入线终点）？

3. 工件接近切割完时断丝的原因是什么？如何解决？

4. 数控线切割加工的工艺准备包括哪些内容？

【课题引入】

生产图 8-1 所示的某轴承套零件，材料为 45 钢，生产纲领为小批量。为该零件制订机械加工工艺规程。

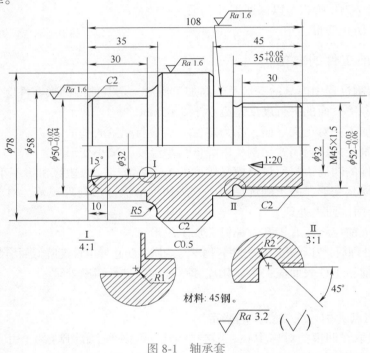

图 8-1 轴承套

【课题分析】

数控技术是利用数字化的信息对机床运动及加工过程进行控制的一种方法。用数控技术实施加工控制的机床，或者说装备了数控系统的机床称为数控（NC）机床。数控机床产生于 20 世纪 40 年代，随着科学技术和社会生产的发展，机械产品的形状和结构不断改进，对零件的加工质量要求越来越高，零件的形状也越来越复杂，数控机床在现代工业企业中得到了越来越广泛的应用。

该轴承套零件表面由内、外圆柱面，内圆锥面，外螺纹等表面组成，其中多个直径尺寸与轴向尺寸有较高的尺寸精度和较小的表面粗糙度值要求。生产纲领为小批量，工艺设计时必须保证产品的加工质量和生产率。

数控车床主要用于加工轴类、盘类等回转体零件，通过数控加工程序的运行，可自动完成内外圆柱面、圆锥面、成形表面、螺纹和端面等的切削加工，并能进行车槽、钻孔、扩孔、铰孔等工作。因此，考虑使用数控车床加工本工件。

任务一　数控车削认知

1. 数控车削的主要加工对象。
2. 数控车削加工工艺的主要内容。
3. 数控车削常用刀具。

能够识读具体零件图，选择数控车削内容、机床及车刀。

【相关知识】

一、数控车床及其加工对象

数控车床是数字程序控制车床的简称，它集通用性好的万能型车床、加工精度高的精密型车床和加工效率高的专用型普通车床的特点于一身，是目前使用量最大、覆盖面最广的一种数控机床，占数控机床总数的 25% 左右。

1. 数控车床的分类

数控车床的分类方法较多，但通常都以与普通车床相似的方法进行分类，即主要按车床主轴的位置分类，分为如下两种。

（1）立式数控车床　立式数控车床（见图8-2）简称数控立车，其车床主轴垂直于水平面，并有一个直径很大的圆形工作台，供装夹工件用。这类机床主要用于加工径向尺寸大、轴向尺寸相对较小的大型复杂零件。

（2）卧式数控车床　卧式数控车床（见图8-3）又分为数控水平导轨卧式车床和数控倾斜导轨卧式车床。其倾斜导轨结构可以使车床具有更大的刚性，并易于排除切屑。

2. 数控车削的加工对象

（1）轮廓形状特别复杂或难以控制尺寸的回转体零件　因车床数控装置都具有直线和圆弧插补功能，部分车床的数控装置还具有某些非圆曲线插补功能，故数控车床能车削由任意平面曲线轮廓组成的回转体零件，包括通过拟合计算处理后的、不能用方程描述的列表曲线类零件。

难以控制尺寸的零件，如具有封闭内成型面的

图 8-2　立式数控车床

壳体零件，以及图 8-4 所示"口小肚大"的特形内表面零件，在普通车床上是无法加工的，而在数控车床上则很容易加工出来。

如果说车削圆弧零件和圆锥零件既可选用普通车床也可选用数控车床，那么，车削复杂形状的回转体零件就只能使用数控车床了。

（2）精度要求高的零件 零件的精度要求主要是指尺寸、形状、位置精

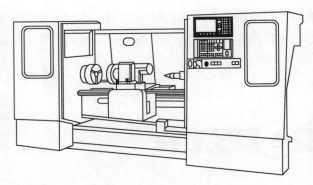

图 8-3 卧式数控车床

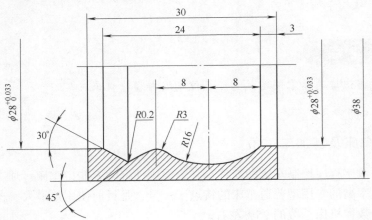

图 8-4 特形内表面零件

度和表面粗糙度等要求。精度要求高的零件有尺寸精度高（达 0.001mm 或更小）的零件，圆柱度要求高的圆柱体零件，素线直线度、圆度和倾斜度均要求高的圆锥体零件，线轮廓度要求高的零件（其轮廓形状精度可超过用数控线切割加工的样板精度）。在特种精密数控车床上，还可加工出几何轮廓精度要求极高（达 0.001mm）、表面粗糙度值极小（达 $Ra0.02\mu m$）的超精零件。利用恒线速度切削功能，还可加工表面精度要求高的各种变径表面类零件等。

（3）特殊的螺旋零件 传统车床所能切削的螺纹相当有限，它只能车削等导程（或螺距）的直、锥面米制和寸制螺纹，而且一台车床只限定加工若干种导程（或螺距）。数控车床不但能车任何等导程（或螺距）的直、锥和端面螺纹，而且能车增、减导程（或螺距）以及要求等导程（或螺距）、变导程（或螺距）之间平滑过渡的螺纹和变径螺纹。数控车床车削螺纹时主轴转向不必像传统车床那样交替变换，它可以一刀又一刀地不停循环，直到完成为止，所以其车削螺纹的效率很高。由于数控车床可以配备精密螺纹切削功能，再加上采用机夹硬质合金螺纹车刀以及使用较高的转速，所以车削出来的螺纹精度较高、表面粗糙度值小。可以说，包括丝杠在内的螺纹零件都适于在数控车床上进行加工。

（4）淬硬工件的加工 在大型模具加工中，有不少尺寸大且形状复杂的零件。这些零件热处理后的变形量较大，磨削加工有困难，因此可以用陶瓷车刀在数控机床上对这些淬硬

后的零件进行车削加工，以车代磨，提高加工效率。

二、数控车削加工工艺的内容

1. 数控加工工艺过程和数控加工工艺

（1）数控加工工艺过程　数控加工工艺过程是利用切削刀具在数控机床上直接改变加工对象的形状、尺寸和表面位置等，使其成为成品和半成品的过程。需要说明的是，数控加工工艺过程往往不是从毛坯到成品的整个工艺过程，而是仅由几道数控加工工序组成。

（2）数控加工工艺　数控加工工艺是采用数控机床加工零件时所运用的各种方法和技术手段的总和，它应用于整个数控加工工艺过程。数控加工工艺是伴随着数控机床的产生、发展而逐步完善起来的一种应用技术，是人们对大量数控加工实践的总结。

（3）数控加工工艺与数控编程的关系　数控加工工艺是数控编程的前提和依据。没有符合实际的、科学合理的数控加工工艺，就不可能有真正切实可行的数控加工程序。因此，必须建立"先工艺后程序"的概念。数控编程就是将所制订的数控加工工艺内容格式化、符号化，形成数控加工程序，以使数控机床能够正常地识别和执行。

2. 数控车削加工工艺设计的主要内容

要制订合理的数控加工工艺，必须对加工零件进行全面的分析。数控车削加工工艺设计的具体内容如下：

1）确定适合数控车削加工的内容。

2）分析被加工零件的设计图样，确定零件的加工方案，制订数控加工工艺路线，如划分工序、安排加工顺序、处理与非数控加工工序的衔接等。

3）加工工序的设计，如选取零件的定位基准、选择装夹方案、划分具体工步、选择刀具和确定切削用量等。

4）数控加工程序的调整，如选取对刀点和换刀点、确定刀具补偿量及确定加工路线等。

5）编制数控加工工艺文件，如数控加工工序卡、程序说明卡和走刀路线图等。

3. 适于数控车削加工的内容

1）普通车床上无法加工的内容应作为优选内容。

2）普通车床难加工、质量难保证的内容作为重点选择内容。

3）普通车床加工效率低、工人手工操作劳动强度大的内容，可以考虑在数控机床有富裕加工能力时选择。

总之，零件的车削加工应根据需要，合理安排普通车削和数控车削，将形状、结构简单，精度要求不高的工件或工序安排在普通车床上加工；将适于数控车削的工件或工序安排在数控车床上加工。不应该将数控车削和普通车削对立起来，而应统筹考虑，有机地将两者结合在一起。

4. 数控加工工艺文件

制订数控加工工艺规程的方法、原则和制订一般机械加工工艺规程是非常相似的，但在具体操作上有一些区别，最后的工艺文件也有所不同。数控加工技术文件主要有数控编程任务书、数控加工工序卡片、工件安装和原点设定卡片、数控加工走刀路线图和数控加工刀具卡片等。以下提供了常用的文件格式，文件格式可根据各企业实际情况自行设计。

（1）数控编程任务书　它阐明了工艺人员对数控加工工序的技术要求、工序说明以及数控加工前应保证的加工余量。它是编程人员和工艺人员协调工作和编制数控程序的重要依据之一，见表8-1。

表8-1 数控编程任务书

工艺处	数控编程任务书	产品零件图号		任务书编号	
		零件名称			
		使用数控设备		共 页第 页	

主要工序说明及技术要求：

编程收到日期	月 日	经手人		

编制		审核		编程		审核		批准	

（2）数控加工工序卡片 数控加工工序卡片与普通加工工序卡有许多相似之处，所不同的是：工序简图中应注明编程原点与对刀点，要进行简要的编程说明（如所用机床型号、程序编号、刀具半径补偿、镜向对称加工方式等）及切削参数（即程序编入的主轴转速、进给速度、最大背吃刀量或宽度等）的选择，见表8-2。

表8-2 数控加工工序卡片

单位	数控加工工序卡片	产品名称或代号	零件名称	零件图号
工序简图		车 间		使用设备
		工艺序号		程序编号
		夹具名称		夹具编号

工步号	工 步 作 业 内 容	加工面	刀具号	刀 补 量	主轴转速/ (r/min)	进给速度/ (mm/min)	背吃刀量/ mm	备注

编制		审核		批准		年 月 日	共 页	第 页

（3）工件安装和原点设定卡片　它应表示出数控加工的原点定位方法和夹紧方法，并应注明加工原点的设置位置和坐标方向以及使用的夹具名称和编号等，见表 8-3。

表 8-3　工件安装和原点设定卡片

零件图号		工件安装和原点设定卡片		工序号	
零件名称				装夹次数	
加工工件安装和原点设定简图					
编制（日期）		批准（日期）	第　页		
审核（日期）			共　页	序号	夹具名称 夹具图号

（4）数控加工刀具卡片　数控加工刀具卡片的格式见表 8-4。该表为数控车床用加工刀具卡片，数控铣床和加工中心用刀具卡片的形式与之略有差别。

表 8-4　数控加工刀具卡片

产品名称或代号			零件名称		零件图号		程序号	
工步号	刀具号	刀具名称	刀具型号	刀片			刀尖半径/mm	备注

（5）数控加工走刀路线图　数控加工走刀路线图的格式见表 8-5。在数控加工中，走刀路线图用来告诉操作者数控程序中的刀具运动路线，包括编程原点、下刀点、抬刀点、刀具的走刀方向和轨迹等，以防止程序运行过程中刀具与夹具或机床发生意外碰撞。

表 8-5　数控加工走刀路线图

数控加工走刀路线图	零件图号	NC01	工序号		工步号		程序号	O100
机床型号	XK5032	程序段号	N10～N170	加工内容	铣轮廓周边		共 1 页	第　页

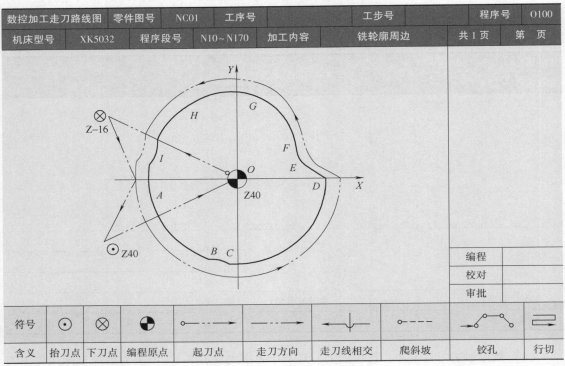

							编程	
							校对	
							审批	

符号	⊙	⊗	◑	•—→•	↓	○---○	↗○○	⇄
含义	抬刀点	下刀点	编程原点	起刀点	走刀方向	走刀线相交	铰孔	行切

三、数控车削常用的刀具

1. 数控车削常用刀具的类型

数控车削用的车刀按刀尖形式一般分为三类，即尖形车刀、圆弧形车刀和成形车刀。

（1）尖形车刀　以直线形切削刃为特征的车刀一般称为尖形车刀。这类车刀的刀尖（同时也为其刀位点）由直线形的主、副切削刃构成，如 90° 内、外圆车刀，左、右端面车刀，切槽（断）刀及刀尖倒棱很小的各种外圆和内孔车刀。

用这类车刀加工零件时，其零件的轮廓形状主要由一个独立的刀尖或一条直线形主切削刃的位移得到，它与另两类车刀加工时得到零件轮廓形状的原理是截然不同的。

（2）圆弧形车刀　圆弧形车刀是较为特殊的数控加工用车刀，如图 8-5 所示。其特征是构成主切削刃的切削刃形状为一圆度误差或轮廓误差很小的圆弧，该圆弧上的每一点都是圆弧形车刀的刀尖，因此刀位点不在圆弧上，而在该圆弧的圆心上；车刀圆弧半径理论上与被加工零件的形状无关，并可按需要灵活确定或经测定后确认。

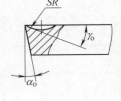

当某些尖形车刀或成形车刀（如螺纹车刀）的刀尖具有一定的圆弧形状时，也可作为这类车刀使用。

圆弧形车刀可以用于车削内、外表面，特别适合车削各种光滑连接（凹形）的成形面。

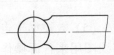

图 8-5　圆弧形车刀

（3）成形车刀　成形车刀也称样板车刀，其加工零件的轮廓形状完全由车刀切削刃的形状和尺寸决定。在数控车削加工中，常见的成

8 CHAPTER

形车刀有小半径圆弧车刀、非矩形车槽刀和螺纹车刀等。在数控加工中，应尽量少用或不用成形车刀，当确有必要选用时，应在工艺文件或加工程序单上进行详细说明。

2. 数控车削刀具的选择

数控车床能兼做粗、精车削。为使粗车时能采用大的背吃刀量和进给量，要求粗车刀强度高、使用寿命长；精车首先是保证加工精度，所以要求刀具的精度高、使用寿命长。为减少换刀时间和方便对刀，应尽可能多地采用机夹刀。如果说在普通车床上采用机夹刀只是一种倡议，那么在数控车床上采用机夹刀就是一种要求了。

（1）刀体的选择　机夹刀具的刀体要求制造精度较高，刀片夹紧方式的选择也要比较合理。一般来讲，机夹刀在数控车床安装时不加垫片调整，所以刀尖高度的精度在制造时就应得到保证。对于长径比较大的内孔加工刀具的刀柄，最好具有抗震结构。内孔加工刀具最好采用内冷却，即切削液先引入刀体，再从刀头附近喷出。

（2）刀片的选择

1）刀片的材料。车刀刀片的材料主要有高速钢、硬质合金、涂层硬质合金、陶瓷、立方氮化硼和金刚石等。选择刀片材质时主要依据被加工工件的材料、被加工表面的精度、表面质量要求、切削载荷的大小以及切削过程中有无冲击和振动等。

在多数情况下，数控加工应采用涂层硬质合金刀片。涂层只有在切削速度较高（大于 100m/min）时才能体现出它的优越性，而普通车床的切削速度一般达不到 100m/min，所以使用的硬质合金刀片可以不涂层。刀片涂层增加的成本不到一倍，而在数控车床上使用时刀具寿命可增加两倍以上。数控车床用了涂层刀片可提高切削速度，从而提高加工效率。涂层材料一般有碳化钛、氮化钛和氧化铝等，在同一刀片上也可以涂几层不同的材料，称为复合涂层。

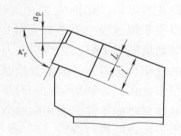

图 8-6　切削刃长度、背吃刀量与主偏角的关系

l—切削刃长度　L—有效切削刃长度

2）刀片尺寸的选择。如图 8-6 所示，刀片尺寸的大小取决于有效切削刃长度 L。有效切削刃长度与背吃刀量 a_p 和车刀的主偏角 κ_r 有关，使用时可查阅有关的刀具手册选取。

3）刀片形状的选择。刀片形状主要依据被加工工件的表面形状、切削方法、刀具寿命和刀片的转位次数等因素选择。根据加工轮廓选择刀片形状时，可按图 8-7 所示进行选择。

图 8-8 所示为七种数控可转位车刀常用的刀片形状。

R 型：圆形刃口，用于特殊圆弧面的加工，刀片利用率高，但径向力大。

S 型：四个刃口，刃口较短，刀尖强度较高，主要用于 75°、45°车刀，在内孔车刀中用于加工通孔。

C 型：有两种刀尖角，100°刀尖角的两个刀尖强度高，一般做成 75°车刀，用来粗车外圆和端面；80°刀尖角的两个刃口强度较高，不用换刀即可加工端面或圆柱面，在内孔车刀中一般用于加工台阶孔。

W 型：有三个刃口且较短，刀尖角为 80°，刀尖强度较高，主要用于在车床上加工圆柱面和台阶面。

T 型：有三个刃口，刃口较长，刀尖强度低，主要用于主偏角为 60°或 90°的外圆车刀、端面车刀和内孔车刀。在内孔车刀中主要用于加工不通孔和台阶孔。由于此刀片刀尖角小、强度差、使用寿命短，故加工时须选择较小的切削用量。

D型：有两个刃口且较长，刀尖角为55°，刀尖强度较低，主要用于成形表面和圆弧表面的加工。当做成93°车刀时，切入角不得大于27°~30°；做成62.5°车刀时，切入角不得大于57°~60°。加工内孔时可用于台阶孔及较浅的清根。

V型：有两个刃口并且长，刀尖角为35°，刀尖强度低，主要用于成形表面和圆弧表面的加工。做成93°车刀时，切入角不大于50°；做成72.5°车刀时，切入角不大于70°；做成107.5°车刀时，切入角不大于35°。

4）刀片断屑槽的选择。数控车床对刀片的断屑槽有较高的要求，其原因是数控车床的自动化程度高，切削常常在封闭环境中进行，所以在车削过程中很难对大量切屑进行人工处置。

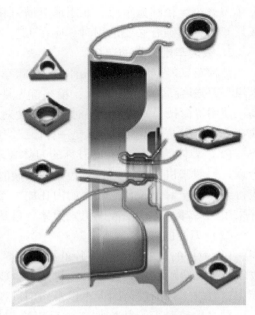

图8-7　根据加工轮廓选择刀片形状

如切屑断得不好，会缠绕在刀体上，既可能挤坏刀片，也会把已加工表面拉伤。普通车床用的硬质合金刀片一般是二维断屑槽，而数控车削刀片常采用三维断屑槽。三维断屑槽的形式很多，在刀片制造厂内一般是定型成若干种标准。其特点是断屑性能好、断屑范围宽。对于具体材质的零件，在切削参数确定之后，要注意选择刀片的断屑槽形式，可根据具体刀具样本上的说明进行选取。

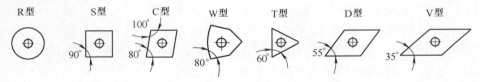

图8-8　刀片形状

5）刀片寿命的选择。数控车床对刀片寿命也有要求，所使用刀片寿命的一致性好将便于刀具寿命管理。进行刀具寿命管理时，刀片寿命的设定原则是把该批刀片中寿命最短的刀片作为依据。在这种情况下，刀片寿命的一致性甚至比其平均寿命更重要。

6）数控车床常用的刀具。数控车床上常用的刀具如图8-9所示。

3. 数控刀具工具系统

（1）数控刀具工具系统概述　由于在数控机床上要加工多种工件，并完成工件上多道工序的加工，因此需要使用的刀具品种、规格和数量较多。要加工不同的工件，所需的刀具就更多，刀具品种规格繁多将对加工造成很大困难。

为了适应多变的加工零件的要求，减少刀具的品种规格，有必要提高刀具及其工具系统的标准化、系列化和模块化程度，通过发展柔性制造系统和数控刀具工具系统，获得最佳经济效益。数控刀具工具系统一般为模块化组合结构，在一个通用的刀柄上可以装多种不同的刀具，使数控加工中的刀具品种规格大大减少，同时便于刀具的管理。

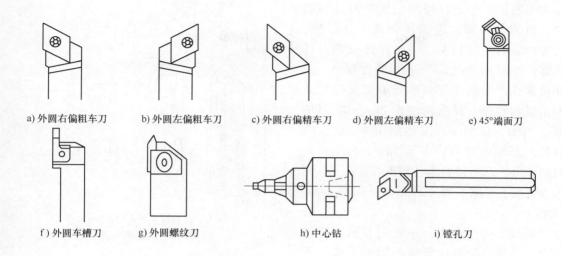

a) 外圆右偏粗车刀　　b) 外圆左偏粗车刀　　c) 外圆右偏精车刀　　d) 外圆左偏精车刀　　e) 45°端面刀

f) 外圆车槽刀　　g) 外圆螺纹刀　　h) 中心钻　　i) 镗孔刀

图 8-9　数控车床常用的刀具

　　数控加工刀具必须适应数控机床高速、高效和自动化程度高的特点，一般应包括通用刀具、通用连接刀柄及少量专用刀柄。刀柄要连接刀具并装在机床动力头上，因此已逐渐标准化和系列化。

　　（2）数控车削工具系统　数控车削加工用工具系统的构成和结构，与机床刀架的形式、刀具类型及刀具是否需要动力驱动等因素有关。数控车床常采用立式或卧式转塔刀架作为刀库，如图 8-10 所示。刀库容量一般为 4~12 把刀具，常按加工工艺顺序布置，由程序控制实现自动换刀，其特点是结构简单、换刀快速，每次换刀仅需 1~2s。

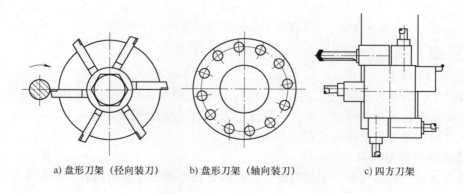

a) 盘形刀架（径向装刀）　　b) 盘形刀架（轴向装刀）　　c) 四方刀架

图 8-10　常用数控车床刀架

　　图 8-11 所示为在数控车削加工中心上加工某工件的情况，可以看到不仅需要使用很多种车刀，而且需要使用铣刀。

　　目前已出现了几种车削类工具系统，它们具有换刀速度快、刀具的重复定位精度高、连接刚度好等特点，提高了机床的加工能力和加工效率。被广泛采用的一种整体式车削工具系统是 CZG 车削工具系统，它与机床连接接口的具体尺寸及规格可参考相关资料。图 8-12 所示为车削加工中心用模块化快换刀具的结构，由刀具头部、连接部分和刀体组成，刀体内装有拉紧机构，通过拉杆拉紧刀具头部，如图 8-12a 所示。在拉紧过程中，能使拉紧孔产生微小的弹性变形而获得很高的精度和刚度，径向精度达 2μm、轴向精度达 5μm。在切削深度达到 10mm 时，刀具径向和轴向变形均小于 5μm，自动换刀时间仅为 5s。这种刀体可装车刀、钻刀、镗刀、丝锥、检测头等多种工具，如图 8-12b 所示。

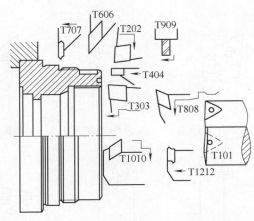

图 8-11　在数控车削加工中心上加工工件时需要的刀具

通过上例可看出，在通用刀柄上可以快速、可靠、精确地更换不同刀具头，还可以换上测量工件加工尺寸的测量装置。

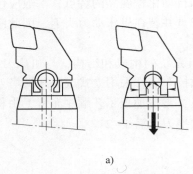

a)

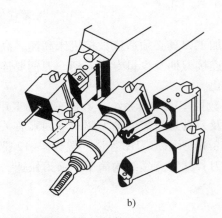

b)

图 8-12　车削加工中心用模块化快换刀具的结构

【任务实施】

1. 选择加工设备

该零件生产纲领为批量生产，零件材料为 45 钢，可加工性较好，无热处理和硬度要求，选择数控加工能有效地保证加工质量，降低工人劳动强度，提高生产率。

该零件的车削加工选择卧式数控车床。

2. 选择数控车削刀具

该零件由内、外圆柱面，内圆锥面，过渡圆弧及外螺纹等表面组成。结合零件尺寸，选择 45°硬质合金端面车刀、外圆车刀、60°外螺纹车刀、φ5mm 中心钻、φ26 mm 钻头和镗刀等。除钻头和中心钻外，其余刀具如有条件均应选择机夹刀。

【任务拓展与练习】

1. 数控车削的主要加工对象有哪些？
2. 数控车削对刀具有哪些要求？如何合理选择数控车床的刀具？
3. 在数控机床上加工零件，数控刀具工具系统有何优点？

任务二　轴承套数控车削加工工艺分析

1. 数控车削零件加工工艺性分析。
2. 工序划分和装夹方法的确定。
3. 车削加工顺序和进给路线的确定。
4. 车削切削用量的确定。

能够分析具体零件的加工工艺性，确定装夹方式，拟订加工顺序，确定切削用量。

【相关知识】

一、数控车削零件加工工艺性分析

在制订数控车削加工工艺的过程中，工艺编制除应遵循课题一中所述的总体原则外，还应针对数控车削加工常用的原则，对数控车削加工的特点进行分析。

在设计零件的加工工艺规程时，首先要对加工对象进行深入分析。对于数控车削加工，应考虑以下几个方面。

1. 构成零件轮廓的几何条件

在车削加工手工编程时，要计算每个节点的坐标；在自动编程时，要对构成零件轮廓的所有几何元素进行定义。因此，在分析零件图时应注意以下几点：

1）零件图上是否漏掉某尺寸，使其几何条件不充分，影响到零件轮廓的构成。

2）零件图上的图线位置是否模糊或尺寸标注是否不清，使编程无从下手。

3）零件图上给定的几何条件是否不合理，造成数学处理困难。

4）零件图上尺寸标注的方法应适应数控车床加工的特点。在数控加工中，所有尺寸都是以编程原点为基准的，零件图应以同一基准标注尺寸或直接给出坐标尺寸。这种标注方法不仅便于编程，也便于尺寸之间的相互协调，同时还为保证设计基准、工序基准、测量基准和编程基准的一致性带来了方便。

出于对装配、使用、尺寸标注简单等各方面的考虑，设计人员常采用局部分散的尺寸标注方式。这时应根据数控加工的特点对尺寸标注进行处理，将分散标注法改为以同一基准标注尺寸或直接给出坐标尺寸的标注法。如图 8-13 所示，由图 8-13b 改为图 8-13a，即改为直接给出坐标尺寸的标注法。

5）零件图上几何要素的形状是否适于数控加工。如图 8-14 所示的槽形，在普通车床上切削时，图 8-14a 工艺性最好，图 8-14b 次之，图 8-14c 最差。因为图 8-14b、c 所示刀具制造困难，切削抗力比较大，刀具磨损后重磨困难。若改用数控车床加工，则图 8-15c 工艺性最好，图 8-15b 次之，图 8-15a 最差。因为图 8-15a 所示槽形在数控车床上仍要用成形切槽

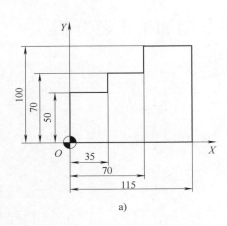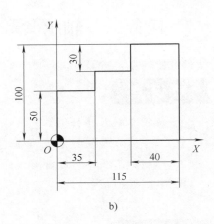

图 8-13　尺寸标注

刀加工，不能充分利用数控加工走刀的特点，图 8-15b、c 所示槽形则可用通用的外圆车刀加工，一方面无须换刀，另一方面效率也大大提高。

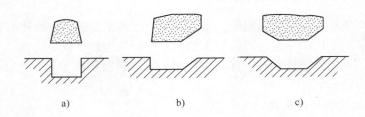

图 8-14　普通车床对不同槽形的加工

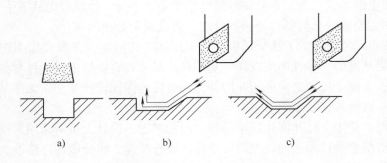

图 8-15　数控车床对不同槽形的加工

2. 尺寸精度要求

分析零件图样的尺寸精度要求，以判断能否利用车削工艺达到要求，并确定控制尺寸精度的工艺方法。

在该项分析过程中，还可以同时进行一些尺寸的换算，如增量尺寸、绝对尺寸及尺寸链计算等。在利用数控车床车削零件时，常常对要求的零件尺寸取上极限尺寸和下极限尺寸的平均值作为编程的尺寸依据。

3. 形状和位置精度要求

零件图样上给定的几何公差是保证零件精度的重要依据。加工时，要按照其要求确定零件的定位基准和测量基准，还可以根据数控车床的特殊需要进行一些技术性处理，以便有效控制零件的形状和位置精度。

4. 表面粗糙度要求

表面粗糙度是保证零件表面微观精度的重要要求，也是合理选择数控车床、刀具及确定切削用量的依据。

5. 材料与热处理要求

零件图样上给定的材料与热处理要求，是选择刀具、数控车床型号、确定切削用量的依据。

对零件进行工艺分析时发现的问题，工艺人员可向设计人员提出修改意见，经设计部门同意并办理一定的手续后方可修改图样。

二、加工工艺路线的确定

数控加工工艺路线与普通机床加工工艺路线的主要区别在于，它往往不是指从毛坯到成品的整个加工工艺过程，而可能仅仅是包含几道数控加工工序的工艺过程。数控加工工序一般穿插在零件加工的整个加工过程中，因此要与其他加工工序衔接好。

1. 工序的划分

对于数控车削加工来说，划分加工工序时，以下两种原则使用得较多。

（1）按所用刀具划分工序　采用这种方式可提高车削加工的生产率。

（2）按粗、精加工划分工序　采用这种方式可保持数控车削加工的精度。如图 8-16 所示的零件，应先切除整个零件的大部分余量，再将表面精车一遍，以保证加工精度和表面粗糙度的要求。

2. 确定零件的装夹方法和夹具的选择

数控车床上零件的安装方法与普通车床一样，要尽量选用已有的通用夹具进行装夹。此外，数控车削加工要求夹具具有定位精度和刚度高，结构简单、通用性强，便于在机床上安装，能迅速装卸工件，自动化程度高等特性。

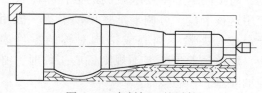

图 8-16　车削加工的零件

数控车床常用的数控夹具有如下几种。

（1）液压动力卡盘　常见的自定心卡盘有机械式和液压式两种。液压卡盘动作灵敏、装夹迅速、使用方便，能实现较大的压紧力。由于数控车床主轴转速极高，为便于工件夹紧，提高生产率和减轻劳动强度，自动化程度高的数控车床多采用液压高速动力卡盘或液压自定心卡盘，尤其适用于批量加工。

液压动力卡盘在生产厂已通过了严格的平衡测试，具有高转速（极限转速可达 4000～6000r/min）、高夹紧力（最大推拉力为 2000～8000N）、高精度、调爪方便、使用寿命长等优点。

数控车床有两种常用的标准卡盘卡爪，即硬卡爪和软卡爪，如图 8-17 所示。硬卡爪主要用于夹持未加工面，如铸件或粗糙棒料的表面，且在需要大的夹紧力时使用；当需要减小两个或多个零件的径向圆跳动误差以及不希望在已加工表面上留下夹痕时，则应使用软卡爪。软卡爪通常用低碳钢制造，在使用前为配合被加工工件要进行镗孔加工。软卡爪弧面由操作者根据工件直径配制，其内圆直径应与工件外圆直径相同，略小更好，目的是消除卡盘的定位间隙，增加软卡爪与工件的接触面积，获得理想的夹持精度。通过调整液压缸压力，可改变卡盘的夹紧力，以满足夹持各种薄壁和易变形工件的特殊需要。

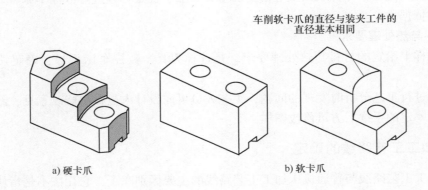

车削软卡爪的直径与装夹工件的直径基本相同

a) 硬卡爪　　　　　　　　　　　b) 软卡爪

图 8-17　自定心卡盘的硬卡爪和软卡爪

（2）可调卡爪式卡盘　可调卡爪式单动卡盘如图 2-22b 所示，其每个基体卡座上的卡爪能单独手动调整，可手动操作分别移动各卡爪，使零件夹紧、定位。加工前，要把工件加工面中心对中到卡盘（主轴）中心。

可调卡爪式单动卡盘比其他类型的卡盘需要用更多的时间来夹紧和找正零件。因此，对提高生产率要求较高的数控车床很少使用这种卡盘。可调卡爪式单动卡盘一般用于定位、夹紧不同心或结构对称的零件表面。用单动卡盘装夹不规则偏心工件时，必须加配重。

（3）自动夹紧拨动卡盘　在数控车床上加工轴类零件时，毛坯装在主轴顶尖和尾座顶尖之间，工件由主轴上的拨动卡盘或拨齿顶尖带动旋转。这类夹具在粗车时可传递足够大的转矩，以适应主轴的高转速切削。

如图 8-18 所示，自动夹紧拨动卡盘工作时，工件安装在顶尖和车床的尾座顶尖之

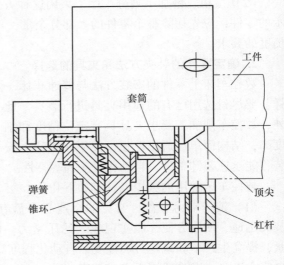

图 8-18　自动夹紧拨动卡盘

间。当旋转车床尾座螺杆并向主轴方向顶紧工件时，顶尖也同时顶压起自动复位作用的弹

簧。在顶尖向左移动的同时，套筒与顶尖同步移动。在套筒的槽中装有杠杆，当套筒随着顶尖运动时，杠杆左端触头沿锥环的斜面绕着支承销轴线做逆时针方向的摆动，从而使杠杆右端的触头夹紧工件，并将机床主轴的转矩传给工件。

（4）高速动力卡盘　为了提高数控车床的生产率，对其主轴提出了越来越高的要求，以实现高速，甚至超高速切削，有些数控车床的转速甚至达到了 100000r/min。对于这样高的转速，一般的卡盘已不适用，而必须采用高速动力卡盘才能保证安全可靠地进行加工。

高速动力卡盘工作时，随着卡盘转速的提高，由卡爪、滑座和紧固螺钉组成的卡爪组件离心力急剧增大，卡爪对零件的夹紧力下降。试验表明：ϕ380mm 的楔式动力卡盘在转速为 2000r/min 时，动态夹紧力只有静态时的 1/4。因此，高速动力卡盘常增设离心力补偿装置，利用补偿装置的离心力抵消卡爪组件离心力造成的夹紧力损失，还可以通过减轻卡爪组件的质量来减小其离心力。

3. 加工顺序的确定

在数控机床加工过程中，由于加工对象复杂多样，特别是轮廓曲线的形状及位置千变万化，加上材料不同、批量不同等多方面因素的影响，在对具体零件制订加工顺序时，应该进行具体分析，区别对待，灵活处理。只有这样，才能使所制订的加工顺序合理，从而达到质量优、效率高、成本低的目的。

选择数控车削的加工顺序时，要从以下几点出发。

（1）先粗后精　为了提高生产率并保证零件的精加工质量，在切削加工时，应先安排粗加工工序，在较短的时间内，将精加工前大量的加工余量去除掉（见图 8-19 中的双点画线内部分），同时尽量满足精加工的余量均匀性要求。

当粗加工工序安排完后，应接着安排换刀后进行的半精加工和精加工。其中，安排半精加工的目的是：当粗加工后所留余量的均匀性满足不了精加工的要求时，可安排半精加工作为过渡性工序，以便使精加工余量小而均匀。

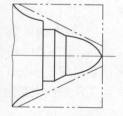

图 8-19　先粗后精示例

在安排可以一刀或多刀进行的精加工工序时，其零件的最终轮廓应由最后一刀连续加工而成。这时，加工刀具的进、退刀位置要考虑妥当，尽量不要在连续的轮廓中安排切入和切出或换刀及停顿，以免因切削力突然变化而造成弹性变形，致使光滑连接的轮廓上产生表面划伤、形状突变或滞留刀痕等缺陷。

（2）先近后远加工，减少空行程时间　这里所说的远与近，是按加工部位相对于对刀点的距离大小而言的。一般情况下，特别是在粗加工时，通常安排离对刀点近的部位先加工，离对刀点远的部位后加工，以便缩短刀具移动距离，减少空行程时间。对于车削加工，先近后远有利于保持毛坯件或半成品件的刚性，改善其切削条件。

如加工图 8-20 所示的零件时，如果按 ϕ38mm→ϕ36mm→ϕ34mm 的次序安排车削，不仅会增加刀具返回对刀点所需的空行程时间，还可能使台阶的外直角处产生毛刺。对于这类直径相差不大的台阶轴，当第一刀的背吃刀量（图中最大背吃刀量为 3mm 左右）未超限时，宜按 ϕ34mm→ϕ36mm→ϕ38mm 的次序先近后远地安排车削。

（3）内外交叉　对既有内表面（内型腔）又有外表面需要加工的零件，安排加工顺序时，应先进行内、外表面的粗加工，后进行内、外表面的精加工。切不可将零件上一部分表面（外表面或内表面）加工完毕后，再加工其他表面（内表面或外表面）。

（4）基面先行原则　用作精基准的表面应优先加工出来，因为定位基准的表面越精确，装夹误差就越小。例如加工轴类零件时，总是先加工中心孔，再以中心孔为精基准加工外圆表面和端面。

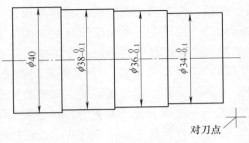

图 8-20　先近后远示例

上述原则并不是一成不变的，对于某些特殊情况，需要采取灵活可变的方案。如有的工件就必须先精加工完成某一表面后再粗加工其他表面，才能保证其他表面的加工精度与质量。这些都有赖于编程者的不断学习与实际加工经验的不断积累。

4. 进给路线的确定

进给路线是刀具在整个加工工序中相对于工件的运动轨迹，它不但包括了工步的内容，而且反映出工步的顺序。进给路线也是编程的依据之一。

进给路线的确定首先必须保持被加工零件的尺寸精度和表面质量，其次是考虑数值计算简单、走刀路线尽量短、效率较高等。因精加工的进给路线基本上都是沿其零件轮廓顺序进行的，因此确定进给路线的工作重点是确定粗加工及空行程的进给路线，具体分析如下。

（1）加工路线与加工余量的关系　在数控车床还未达到普及使用的条件下，一般应把毛坯件上过多的余量，特别是含有锻、铸硬皮层的余量安排在普通车床上加工，如必须用数控车床加工，则要注意程序的灵活安排，可安排一些子程序对余量过多的部位先做一定的切削加工。

1）对大余量毛坯进行阶梯切削时的加工路线。图 8-21 所示为车削大余量工件的两种加工路线，图 8-21a 所示是错误的阶梯切削路线；图 8-21b 所示按 1→5 的顺序切削，每次切削所留余量相等，是正确的阶梯切削路线。因为在相同背吃刀量的条件下，按图 8-21a 所示方式加工所剩的余量过多。

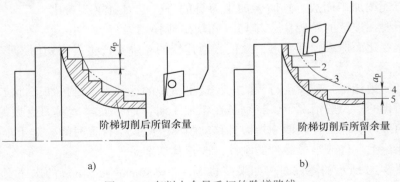

a)　　　　　　　　　　　　b)

图 8-21　车削大余量毛坯的阶梯路线

根据数控加工的特点，还可以放弃常用的阶梯车削法，改用依次从轴向和径向进刀、顺工件毛坯轮廓走刀的路线，如图 8-22 所示。

2）分层切削时刀具的终止位置。当某表面的余量较多需分层多次走刀切削时，从第二刀开始就要注意防止走刀到终点时背吃刀量的猛增。如图 8-23 所示，用主偏角为 90° 的车刀分层车削外圆时，合理的安排应是每一刀的切削终点依次提前一小段距离 e（例如可取 $e=0.05\mathrm{mm}$）。如果 $e=0$，则每一刀都终止在同一轴向位置，主切削刃就可能受到瞬时的重负荷冲击。当刀具的主偏角大于90°，但仍然接近90°时，也宜作出层层递退的安排。经验表明，这对延长粗加工刀具的寿命是有利的。

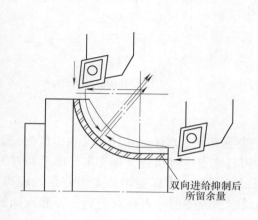

图 8-22　双向进给路线

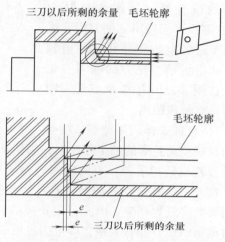

图 8-23　分层切削时刀具的终止位置

（2）刀具的切入、切出　在数控机床上进行加工时，要安排好刀具的切入、切出路线，尽量使刀具沿轮廓的切线方向切入、切出。尤其是车螺纹时，必须设置升速段 δ_1 和降速段 δ_2，如图 8-24 所示，这样可避免因车刀升降而影响螺距的稳定。

（3）确定最短的空行程路线　确定最短的走刀路线除了依靠大量的实践经验外，还应善于分析，必要时辅以一些简单计算。现将切削实践中经常采用的部分设计方法及思路介绍如下。

1）巧用起刀点。图 8-25a 所示为采用矩形循环方式进行粗车的示例，其起刀点 A 的设定是考虑到精车等加工过程中需方便地换刀，故设置在离坯料较远的位置处，同时将起刀点与对刀点重合在一起，按三刀粗车的走刀路线安排如下：

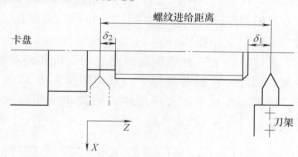

图 8-24　车螺纹时的引入距离和超越距离

第一刀：$A \to B \to C \to D \to A$

第二刀：$A \to E \to F \to G \to A$

第三刀：$A \to H \to I \to J \to A$

图 8-25b 所示则是将起刀点与对刀点分离，并设于图示 B 点位置处，仍按相同的切削用量进行三刀粗车，其走刀路线安排如下（起刀点与对刀点分离的空行程为 $A \to B$）：

第一刀：$B \to C \to D \to E \to B$

第二刀：$B \to F \to G \to H \to B$

第三刀：$B \to I \to J \to K \to B$

显然，图 8-25b 所示的走刀路线短。

2）巧设换刀点。为了考虑换（转）刀的方便和安全，有时也会将换（转）刀点设置在离坯件较远的位置处（见图 8-25 中 A 点），那么，当换第二把刀后，进行精车时的空行程路线必然也较长。如果将第二把刀的换刀点也设置在图 8-25b 中的 B 点处，则可缩短空行程距离。

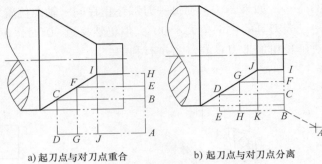

a) 起刀点与对刀点重合　　　　b) 起刀点与对刀点分离

图 8-25　巧用起刀点

3）合理安排回零路线。在手工编制较复杂轮廓的加工程序时，为使其计算过程尽量简化，既不易出错，又便于校核，编程者（特别是初学者）有时将每一刀加工完后的刀具终点通过执行"回零"（即返回对刀点）指令，使其全都返回对刀点位置，然后进行后续程序。这样会增加走刀路线的距离，从而大大降低生产率。因此，在安排"回零"路线时，应使前一刀终点与后一刀起点间的距离尽量缩短，或者为零，即可满足走刀路线最短的要求。

（4）确定最短的切削进给路线　切削进给路线短，可有效地提高生产率，降低刀具损耗等。在安排粗加工或半精加工的切削进给路线时，应同时兼顾被加工零件的刚性及加工的工艺性等要求，不要顾此失彼。

图 8-26 所示为粗车工件时几种不同切削进给路线的安排示例，其中图 8-26a 所示为利用数控系统具有的封闭式复合循环功能来控制车刀沿着工件轮廓进行进给的路线；图 8-26b 所示为利用程序循环功能安排的"三角形"进给路线；图 8-26c 所示为利用矩形循环功能安排的"矩形"进给路线。

通过对以上三种切削进给路线的分析和判断可知，矩形循环进给路线的走刀长度总和最短。因此，在同等条件下，其切削所需时间（不含空行程）最短，刀具的损耗小。另外，矩形循环加工的程序段格式较简单，所以这种进给路线的安排在制订加工方案时应用较多。

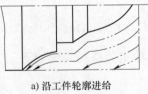　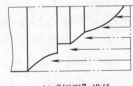

a) 沿工件轮廓进给　　　　b) "三角形"进给　　　　b) "矩形"进给

图 8-26　进给路线示例

三、数控车削切削用量的确定

切削用量（a_p、f、v）选择得是否合理，对于能否充分发挥机床潜力与刀具的切削性能，实现优质、高产、低成本和安全操作具有很重要的作用。这里主要针对车削用量的选择原则进行论述。

粗车时，首先考虑选择一个尽可能大的背吃刀量 a_p，其次选择一个较大的进给量 f，最后确定一个合适的切削速度 v。增大背吃刀量 a_p 可使走刀次数减少，增大进给量 f 有利于断屑，因此根据以上原则选择粗车切削用量对于提高生产率、减少刀具损耗和降低加工成本是有利的。

精车时，加工精度和表面质量要求较高，加工余量不大且较均匀，因此选择精车切削用量时，应着重考虑如何保证加工质量，并在此基础上尽量提高生产率。为此，精车时应选用较小（但不太小）的背吃刀量 a_p 和进给量 f，并选用切削性能好的刀具材料和合理的几何参数，以尽可能提高切削速度 v。

1. 背吃刀量 a_p 的确定

在工艺系统刚度和机床功率允许的情况下，应尽可能选取较大的背吃刀量，以减少进给次数。当零件精度要求较高时，则应考虑留出精车余量，其所留的精车余量一般比普通车削时所留余量小，常取 $0.1 \sim 0.5\,mm$。

2. 进给量 f（有些数控机床用进给速度 v_f）

进给量 f 的选取应该与背吃刀量和主轴转速相适应。在保证工件加工质量的前提下，可以选择较高的进给速度（$2000\,mm/min$ 以下）；在切断、车削深孔或精车时，应选择较低的进给速度。当刀具处于空行程，特别是远距离"回零"时，可以设定尽量高的进给速度。

粗车时，一般取 $f = 0.3 \sim 0.8\,mm/r$；精车时，常取 $f = 0.1 \sim 0.3\,mm/r$；切断时，常取 $f = 0.05 \sim 0.2\,mm/r$。

3. 主轴转速的确定

（1）车外圆时主轴的转速　车外圆时主轴的转速应根据零件上被加工部位的直径，并按零件和刀具材料以及加工性质等条件所允许的切削速度来确定。

切削速度除了计算和查表选取外，还可以根据实践经验确定。需要注意的是，交流变频调速的数控车床低速输出转矩小，因而切削速度不能太低。

切削速度确定后，用公式 $n = 1000\,v_c / \pi d$ 计算主轴转速 n（r/min）。

加工时切削速度的确定除了可参考附录 B 给出的数值外，主要根据实践经验进行确定。

（2）车螺纹时主轴的转速　车削螺纹时，车床的主轴转速将受到螺纹螺距 P（或导程）的大小、驱动电动机的升降频特性以及螺纹插补运算速度等多种因素的影响，故对于不同的数控系统，推荐不同的主轴转速选择范围。大多数经济型数控车床车螺纹时的推荐主轴转速 n（r/min）为

$$n \leqslant 1200/P - k$$

式中　P——被加工螺纹的螺距（mm）；

k——保险系数，一般取 80。

此外，在安排粗、精车削用量时，应注意机床说明书给定的允许切削用量范围。对于主轴采用交流变频调速的数控车床，由于主轴在低转速时转矩减小，尤其应注意此时切削用量的选择。

【任务实施】

1. 数控车削零件加工工艺性分析

该轴承套零件表面由内、外圆柱面，内圆锥面，过渡圆弧及外螺纹等表面组成，零件图

尺寸标注完整，几何要素完整、准确。其中多个直径尺寸与轴向尺寸有较高的尺寸精度和较小的表面粗糙度值要求。该零件生产纲领为小批量生产，零件材料为45钢，无热处理和硬度要求，适合全部安排数控加工。

2. 工序和装夹方法的确定

（1）工序的确定

1）工序集中。工序安排上利用数控加工的特点，选用工序集中的原则，在一次安装中完成尽可能多的加工内容。

2）先粗后精。该轴承套零件没有硬度要求，为了提高生产率并保证零件的精加工质量，切削加工时，在一次装夹中先安排粗加工，再安排精加工。

（2）装夹方法的确定

1）内孔加工。内孔加工时以外圆定位，用自定心卡盘夹紧。

2）外轮廓加工。外轮廓加工以零件轴线为定位基准，选择合理的方法夹紧。

3. 车削加工顺序和进给路线的确定

加工顺序按由内到外、由粗到精、由近到远的原则确定，结合本零件的结构特征，可先加工内孔各表面，然后加工外轮廓表面。

由于该零件为小批量生产，走刀路线的设计不必考虑最短进给路线或最短空行程路线，外轮廓表面车削走刀路线可沿零件轮廓顺序进行。

4. 车削用量的确定

切削用量参考切削用量手册或有关资料选取。粗加工时，为提高生产率，应选取较大的背吃刀量，以减少进给次数；精加工时，为保证零件表面粗糙度要求，背吃刀量一般取0.1~0.4mm。

【任务拓展与练习】

1. 在数控车床上加工零件，分析零件图样时主要考虑哪些方面？
2. 数控车削加工顺序和进给路线的确定原则是什么？
3. 在数控车床上加工零件，选择粗车、精车切削用量的原则是什么？

任务三　轴承套数控车削加工工艺规程的制订

 技能点

能根据轴承套的加工内容制订合理的数控车削加工工艺规程。

【任务实施】

1. 零件图工艺分析

该零件表面由内、外圆柱面，内圆锥面，顺圆弧，逆圆弧及外螺纹等表面组成，其中多个直径尺寸与轴向尺寸有较高的尺寸精度和较小的表面粗糙度值要求。零件图尺寸标注完整，符合数控加工尺寸标注要求；轮廓描述清楚完整；零件材料为45钢，可加工性较好，无热处理和硬度要求。

通过上述分析，为保证加工质量，该零件选用数控车削时应采取以下工艺措施：

1）零件图样上带公差的尺寸，因公差值较小，故编程时不必取其平均值，而取公称尺寸即可。

2）左、右端面均为多个尺寸的设计基准，进行相应工序的加工前，应该先将左、右端面车出来。

3）内孔尺寸较小，镗 1∶20 锥孔、$\phi32mm$ 孔及 15° 斜面时需掉头装夹。

2. 确定装夹方案

（1）内孔加工　定位基准：内孔加工时以外圆定位；装夹方式：用自定心卡盘夹紧。

（2）外轮廓加工　定位基准：确定零件轴线为定位基准；装夹方式：加工外轮廓时，为保证一次安装加工出全部外轮廓，需要设计一圆锥心轴装置，如图 8-27 所示双点画线部分，用自定心卡盘夹持心轴左端，心轴右端留有中心孔并用尾座顶尖顶紧，以提高工艺系统的刚度。

（3）螺纹加工　定位基准：确定零件轴线为定位基准；装夹方式：用自定心卡盘夹持，夹持处需用铜皮保护。

3. 确定加工顺序及走刀路线

加工顺序按由内到外、由粗到精、由近到远的原则确定，在一次装夹中尽可能加工出较多的工件表面。结合本零件的结构特征，可先加工内孔各表面，然后加工外轮廓表面。由于该零件为小批量生产，走刀路线的设计不必考虑最短进给路线或最短空行程路线，外轮廓表面的车削走刀路线可沿零件轮廓顺序进行，如图 8-28 所示。

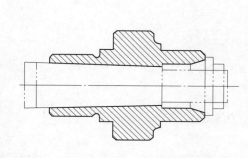

图 8-27　外轮廓车削装夹方案

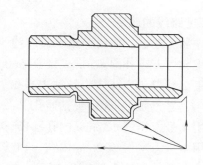

图 8-28　外轮廓加工走刀路线

4. 刀具的选择

将所选定的刀具参数填入轴承套数控加工刀具卡片（见表 8-6）中，以便于编程和操作管理。

注意：车削外轮廓时，为防止副后面与工件表面发生干涉，应选择较大的副偏角，必要时可作图检验。本例中选 $\kappa'_r = 55°$。

5. 切削用量的选择

根据被加工表面的质量要求、刀具材料和工件材料，参考切削用量手册或有关资料选取切削速度与每转进给量。

背吃刀量的选择因粗、精加工而有所不同。粗加工时，在工艺系统刚性和机床功率允许的情况下，尽可能取较大的背吃刀量，以减少进给次数；精加工时，为保证零件表面粗糙度要求，背吃刀量取 0.1~0.4 mm 较为合适。

表 8-6　轴承套数控加工刀具卡片

产品名称或代号				零件名称	轴承套	零件图号	
序号	刀具号	刀具规格名称	数量	加工表面		刀尖半径/mm	备注
1	T01	45°硬质合金端面车刀	1	车端面		0.5	25mm×25mm
2	T02	φ5mm 中心钻	1	钻 φ5mm 中心孔			
3	T03	φ26 mm 钻头	1	钻底孔			
4	T04	镗刀	1	镗内孔各表面		0.4	20mm×20mm
5	T05	93°右偏刀	1	自右至左车外表面		0.2	25mm×25mm
6	T06	93°左偏刀	1	自左至右车外表面			
7	T07	60°外螺纹车刀	1	车 M45 螺纹			
编制	×××	审核	×××	批准	×××	××年 ×月×日	共 1 页　第 1 页

6. 工艺路线的确定

1) 先加工左端。棒料伸出卡盘外约 50mm，找正后夹紧，用 1 号刀平端面。

2) 用 5 号刀车外圆 φ50mm 处至 φ60mm，长 28mm。

3) 用 2 号刀 φ5mm 中心钻钻中心孔。

4) 用 3 号刀 φ26mm 钻头钻通孔。

5) 用 4 号刀粗镗 φ32mm 内孔、15°斜面及 C0.5 倒角。

6) 用 4 号刀精镗 φ32mm 内孔、15°斜面及 C0.5 倒角。

7) 卸下工件，掉头使零件加工出的 φ60mm 外圆右端面与卡盘端面紧密接触后夹紧，用 4 号刀粗镗 1∶20 锥孔。

8) 用 4 号刀精镗 1∶20 锥孔。

9) 工件装上心轴，用 5 号刀自右至左粗车外轮廓。

10) 用 6 号刀自左至右粗车外轮廓。

11) 用 6 号刀自左至右精车外轮廓。

12) 用 5 号刀自右至左精车外轮廓。

13) 卸下心轴，改用自定心卡盘，用 7 号刀粗车 M45 螺纹。

14) 用 7 号刀精车 M45 螺纹。

7. 数控加工工艺卡片的拟订

将前面分析的各项内容综合成数控加工工艺卡片，见表 8-7。

表 8-7　轴承套数控加工工艺卡片

工厂名称		产品名称或代号		零件名称	零件图号
		数控车工艺分析实例		轴承套	
工序号	程序编号	夹具名称		使用设备	车间
001		自定心卡盘和自制心轴			

工步号	工步内容	刀具号	刀具规格/mm	主轴转速/(r/min)	进给速度/(mm/min)	背吃刀量/mm	备注
1	先加工左端，棒料伸出卡盘外约50mm，找正后夹紧，平端面	T01	25×25	320		1	
2	车外圆 φ50mm 处至 φ60mm，长 28 mm	T05	25×25	320	40	1	
3	钻 φ5mm 中心孔	T02	φ5	950		2.5	
4	钻底孔至 φ26mm，钻通	T03	φ26	200		13	
5	粗镗 φ32mm 内孔、15° 斜面及 C0.5 倒角	T04	20×20	320	40	0.8	
6	精镗 φ32mm 内孔、15° 斜面及 C0.5 倒角	T04	20×20	400	25	0.2	
7	掉头装夹，粗镗 1∶20 锥孔	T04	20×20	320	40	0.8	
8	精镗 1∶20 锥孔	T04	20×20	400	20	0.2	
9	心轴装夹，自右至左粗车外轮廓	T05	25×25	320	40	1	
10	自左至右粗车外轮廓	T06	25×25	320	40	1	
11	自左至右精车外轮廓	T06	25×25	400	20	0.1	
12	自右至左精车外轮廓	T05	25×25	400	20	0.1	
13	卸下心轴，改为自定心卡盘装夹，粗车 M45 螺纹	T07	25×25	320	480	0.4	
14	精车 M45 螺纹	T07	25×25	320	480	0.1	
编制	×××　审核　×××　批准　×××			××年 ×月×日	共 1 页	第 1 页	

【任务拓展与练习】

1. 加工图 8-29 所示的支轴，零件材料为 45 钢，大批量生产，根据要求编制该零件的数控加工工艺。

2. 加工图 8-30 所示的双键套零件，零件材料为 45 钢，热处理硬度要求为 24～28HRC，中批量生产。根据图样要求编制该零件的数控车削工艺。

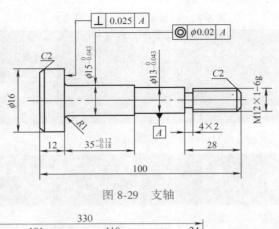

图 8-29 支轴

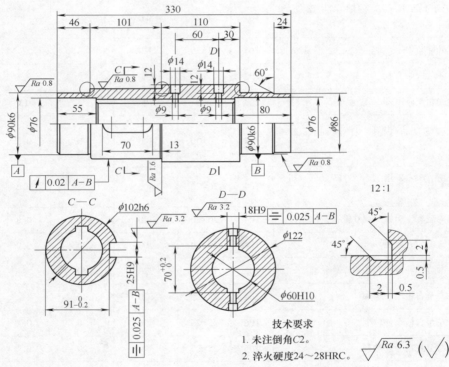

技术要求

1. 未注倒角C2。
2. 淬火硬度24～28HRC。

图 8-30 双键套

【课题引入】

生产图 9-1 所示的集成块，材料为 42CrMo，调质处理后表面硬度为 280 ~ 320HBW，生产纲领为 500 件/年，为该零件制订机械加工工艺规程。

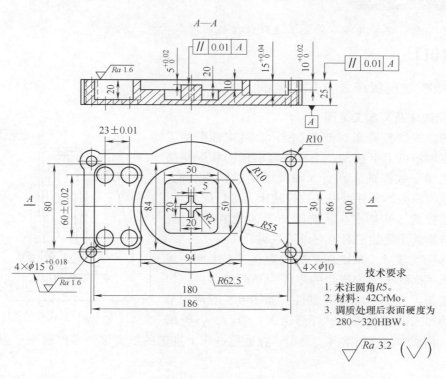

图 9-1 集成块

【课题分析】

该产品为典型的板类零件，产品形状清晰，结构要素包含平面，内、外轮廓和通孔。凹槽中间的凸台（岛屿）和内、外轮廓有椭圆和多处圆弧，形状相对复杂，同时各结构要素间有相互位置要求，尺寸精度、表面质量要求较高，用普通铣床加工难以保证产品质量。

数控铣削是机械加工中最常用和最主要的数控加工方法之一，它除了能铣削普通铣床所能铣削的各种零件表面外，还能铣削普通铣床不能铣削的需 2 ~ 5 坐标联动的各种平面轮廓和立体轮廓。根据数控铣床的特点，考虑使用数控铣床加工本工件。

任务一 数控铣削认知

知 识 点

1. 数控铣削机床及其加工范围。
2. 数控铣削加工工艺的主要内容。
3. 数控铣削常用刀具。

技 能 点

能够识读具体零件图，选择数控铣削内容、机床及铣刀。

【相关知识】

一、数控铣削机床及其加工范围

1. 数控铣床及其加工范围

典型的立式数控铣床如图 9-2 所示，其主轴带动刀具旋转，主轴箱可上下移动，工作台可沿横向和纵向移动。由于大部分数控铣床具有 3 轴及以上的联动功能，因此具有空间曲面的零件可以在数控铣床上进行加工。

根据数控铣床的特点，从铣削加工的角度来考虑，适合数控铣削的主要加工对象有以下三类。

（1）平面类零件 加工面平行或垂直于水平面，或加工面与水平面的夹角为定角的零件为平面类零件，如箱体类、盘类、套类、板类等零件，如图 9-3 所示。平

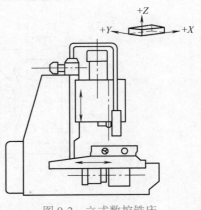

图 9-2 立式数控铣床

面类零件的加工内容包括内、外形轮廓，肋台，各类槽形及台肩，孔系和花纹图案等。目前，在数控铣床上加工的绝大多数零件属于平面类零件。

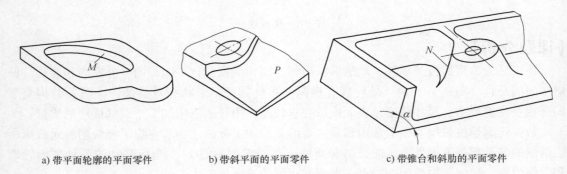

a) 带平面轮廓的平面零件　　b) 带斜平面的平面零件　　c) 带锥台和斜肋的平面零件

图 9-3 平面类零件

平面类零件的特点是各个加工面是平面，或可以展开成平面。如图9-3中的曲线轮廓面 M 和锥台面 N 展开后均为平面。

平面类零件是数控铣削加工对象中最简单的一类零件，一般只需用三坐标数控铣床的两坐标联动（即两轴半坐标联动）就可以加工出来。

（2）变斜角类零件　加工面与水平面的夹角呈连续变化的零件称为变斜角类零件，如飞机上的整体梁、框、橡条与肋等，检验夹具与装配型架等也属于变斜角类零件。图9-4所示为飞机上的一种变斜角梁橡条，该零件的上表面在第2肋至第5肋的斜角从3°10′均匀变化为2°32′，从第5肋至第9肋再均匀变化为1°20′，从第9肋至第12肋又均匀变化为0°。

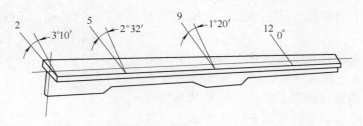

图 9-4　变斜角类零件

变斜角类零件的变斜角加工面不能展开为平面，但在加工中，加工面与铣刀圆周接触的瞬间为一条线，最好采用四坐标或五坐标数控铣床摆角加工。在没有上述机床时，可采用三坐标数控铣床进行两轴半坐标近似加工。

（3）曲面类零件　加工面为空间曲面的零件称为曲面类零件，如模具、叶片和螺旋桨等。曲面类零件的加工面不能展开为平面，加工时加工面与铣刀始终为点接触。加工曲面类零件一般采用三坐标数控铣床。当曲面较复杂、通道较狭窄、会伤及毗邻表面及刀具需要摆动时，应采用四坐标或五坐标铣床及加工中心，必要时需配备球头铣刀。

2. 加工中心及其加工范围

如果给数控铣床配上刀库和自动换刀装置就构成了加工中心，图9-5a所示为立式加工

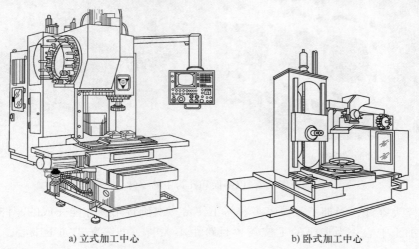

a) 立式加工中心　　　　　　　b) 卧式加工中心

图 9-5　加工中心

中心。加工中心的刀库可以存放数十把刀具，由自动换刀装置进行调用和更换。工件在加工中心上一次装夹可完成多项加工内容，生产率比数控铣床大大提高。图 9-5b 所示为卧式加工中心，它不仅具有回转刀库，有的机床还具有交换托盘，当一个工件正在加工时，可以在交换托盘内装夹下一个工件。当前一个工件加工完毕时，下一个将要加工的工件会自动移动到工作台上，从而节约了工件装夹的时间。图 9-6 所示为利用加工中心加工的发动机箱体。

针对加工中心的工艺特点，加工中心适宜加工形状复杂、加工内容多、要求较高、需要使用多种类型的普通机床和众多的工艺装备且经多次装夹和调整才能完成加工的零件，其主要加工对象有下列几种。

图 9-6　发动机箱体

（1）既有平面又有孔系的零件　加工中心具有自动换刀装置，在一次安装中，可以完成零件平面的铣削，孔系的钻削、镗削、铰削、铣削及攻螺纹等多工步加工，加工的部位可以在一个平面上，也可以在不同的平面上。因此，既有平面又有孔系的零件是加工中心首选的加工对象，这类零件常见的有箱体类零件和盘、套、板类零件。

1）箱体类零件。箱体类零件一般要进行多工位孔系及平面加工，如图 9-7a 所示，其精度要求较高，特别是形状精度和位置精度要求较严格，通常要经过铣、钻、扩、镗、铰、锪、攻螺纹等工步，需要的刀具较多，在普通机床上加工难度大，工装套数多，精度不易保证。在加工中心上一次安装可完成普通机床 60%～95% 的工序内容，零件各项精度的一致性好，质量稳定，生产周期短。

a) 箱体类零件

b) 盘类零件

图 9-7　以平面和孔为主的零件

加工箱体类零件，当加工工位较多、需工作台多次旋转角度才能完成的零件时，一般选卧式镗铣类加工中心；当加工的工位较少且跨距不大时，可选立式加工中心，从一端进行加工。

2）盘、套、板类零件。这类零件端面上有平面、曲面和孔系，径向也常分布一些径向孔，如图 9-7b 所示的盘类零件。加工部位集中在单一端面上的盘、套、板类零件宜选择立式加工中心，加工部位不位于同一方向表面上的零件宜选择卧式加工中心。

（2）结构形状复杂、普通机床难加工的零件　主要表面由复杂曲线、曲面组成的零件，加工时需要多坐标联动加工，这在普通机床上是难以完成的，甚至无法完成的，加工中心是加工这类零件的最有效设备。这类典型零件中最常见的有以下几类。

1）凸轮类。这类零件有各种曲线的盘形凸轮、圆柱凸轮、圆锥凸轮和端面凸轮等，加工时可根据凸轮表面的复杂程度，选用三轴、四轴或五轴联动的加工中心。

2）整体类叶轮。整体叶轮常见于空气压缩机、航空发动机的压气机和船舶水下推进器等，它除具有一般曲面加工的特点外，还存在许多特殊的加工难点，如通道狭窄、刀具很容易与加工表面和临近曲面产生干涉等。图 9-8 所示为叶轮，其叶面是典型的三维空间曲面，加工这样的型面时，可采用四轴以上的加工中心。

3）模具类。常见的模具有锻压模具、铸造模具、注射模具及橡胶模具等。图 9-9 所示为某型眼镜的注射模具，由于工序高度集中，动模、静模等关键件基本上可在一次安装中完成全部的机加工内容，尺寸累计误差及修配工作量小，同时模具的可复制性强、互换性好。

图 9-8　叶轮

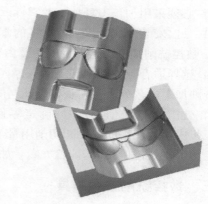

图 9-9　眼镜的注射模具

（3）外形不规则的异形零件　异形零件是指外形不规则的零件，这类零件大多要点、线、面多工位混合加工。由于其外形不规则，在普通机床上只能采取工序分散的原则进行加工，需用工装较多，周期较长。利用加工中心多工位点、线、面混合加工的特点，可以完成大部分甚至全部工序的内容。

（4）加工精度较高的中小批量零件　针对加工中心加工精度高、尺寸稳定的特点，对加工精度较高的中小批量零件，选择加工中心加工，容易获得所要求的尺寸精度和形状、位置精度，并可得到很好的互换性。

二、数控铣削加工工艺

制订数控铣削加工工艺时，首先选择适合在数控铣床或加工中心上加工的内容，以充分发挥数控铣削的优势，然后对铣削加工内容进行详尽的工艺设计。

1. 数控铣削的加工内容

（1）适宜数控铣削加工的零件　在选择数控铣削加工内容时，应充分发挥数控铣床的优势和关键作用。适宜采用数控铣削加工的内容如下：

1）工件上的曲线轮廓。包括直线、圆弧、螺纹或螺旋曲线，特别是由数学表达式给出的非圆曲线与列表曲线等曲线轮廓。

2）已给出数学模型的空间曲线或曲面。

3）形状虽然简单，但尺寸繁多、检测困难的部位。

4）用普通机床加工时难以观察、控制及检测的内腔和箱体内部等。

5）有严格尺寸要求的孔或平面。

6）能够在一次装夹中顺带加工出来的简单表面或形状。

7）采用数控铣削加工能有效提高生产率、减轻劳动强度的一般加工内容。

（2）不适宜数控铣削加工的零件

1）只需简单粗加工的零件。

2）需长时间占用机床和人工调整的零件。

3）毛坯上余量不太充分或需加工不稳定部位的零件。

4）必须采用细长刀具加工的零件。

5）一次安装完成零星工位加工的零件。

2. 数控铣削加工工艺设计的主要内容

1）选择适合数控铣削加工的内容，结合加工表面的特点和数控设备的功能对零件进行数控铣削加工工艺分析，初步设定适当的工艺措施。

2）铣削加工工艺设计。即确定零件加工的总体方案、定位基准、装夹方案、加工路线、工步内容及使用的刀具和切削用量等。

3）确定数控加工前的调整方案，如对刀方案、换刀点、刀具预调和刀具补偿方案等。

三、数控铣削常用刀具

1. 数控铣削刀具的要求

与普通机床加工相比，数控加工对刀具提出了更高的要求。数控铣削刀具与普通机床所用的铣削刀具相比，主要要求有以下几点：

1）刚性好（尤其是粗加工刀具）、精度高、抗震及热变形小。

2）互换性好，便于快速换刀。

3）寿命长，铣削性能稳定、可靠。

4）刀具的尺寸便于调整，以减少换刀调整时间。

5）刀具应能可靠地断屑或卷屑，以利于切屑的排除。

6）系列化、标准化，以利于编程和刀具管理。

2. 数控铣刀的类型与选用

铣削刀具选择得合理与否，直接决定了加工质量和加工效率。刀具的选择是在数控编程的人机交互状态下进行的，应根据加工材料的性能、铣削用量、工件结构形状、加工方式、机床加工能力和承受负荷以及其他相关因素来选择刀具。刀具选择的总原则是安装调整方便、刚性好、寿命长、精度高。在满足加工要求的前提下，应该尽量选择较短的刀柄，以提高刀具加工的刚性。

（1）数控铣刀的类型　数控铣削加工常用的刀具主要有立铣刀、面铣刀、球头铣刀、圆鼻刀、鼓形刀和锥形刀等。

（2）数控铣刀的选用

1）根据加工工件的形状结构选择。为了合理加工工件及选择铣削刀具，必须先分析被加工工件的形状、尺寸大小和材料硬度等条件。一般加工平面零件时，宜采用面铣刀；加工凸台、凹槽时，可选择镶硬质合金刀片的玉米铣刀或高速钢立铣刀；对一些立体自由曲面型面和变化斜角轮廓外形的加工，常采用球头铣刀、圆鼻刀、锥形刀和盘形刀。但在进行自由曲面加工时，由于球头铣刀的端部铣削速度为零，因此为保证加工精度，铣削间距一般取得很小，故球头铣刀常用于曲面的精加工。而圆鼻刀在表面加工质量和铣削效率方面都优于球头铣刀，因此只要在保证不过切的前提下，无论是曲面的粗加工还是精加工，都应优先选择圆鼻刀。

图9-10所示为根据不同结构形状所选用的铣削刀具。

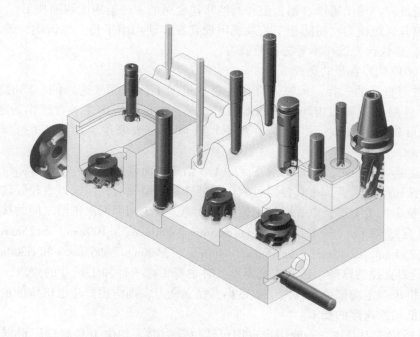

图9-10　不同铣刀适合加工的结构形状

2）根据不同加工工序选择。在复杂模具零件的数控加工中，一般需要划分粗加工、半精加工和精加工工序。粗加工时选择大刀具、大铣削量，其铣削量一般为1~5mm，以提高粗加工的效率；半精加工时宜选择比粗加工时小的刀具，其铣削量一般为0.3~1mm；精加工时根据零件轮廓最小圆角选用小于圆角的刀具，从而提高加工表面的质量，其铣削量一般在0.5mm以下。

另外，刀具的寿命和精度与刀具价格关系极大。在大多数情况下，选择好的刀具虽然增加了刀具成本，但由此带来了加工质量和加工效率的提高，可以使整个加工成本大大降低。

3. 可转位铣刀

（1）可转位铣刀的类型与选用

1）可转位面铣刀：主要用于加工较大平面，有平面粗铣刀、平面精铣刀和平面粗精复合铣刀三种。

2）可转位立铣刀：主要用于加工凸台、凹槽、小平面和曲面等，有立铣刀、孔槽铣刀、球头立铣刀、R立铣刀（圆鼻刀）、T形槽铣刀、倒角铣刀、螺旋立铣刀和套式螺旋立铣刀等。

3）可转位槽铣刀：主要有三面刃铣刀、两面刃铣刀和精切槽铣刀。

4）可转位专用铣刀：用于加工某些特定零件，其形式和尺寸取决于所用机床和零件的加工要求。

（2）可转位铣刀齿数（齿距）的选择

1）粗齿铣刀：大余量粗加工、铣削软材料、切削宽度较大、机床功率较小时选用。

2）中齿铣刀：通用系列，应用范围广泛，具有较高的金属切除率和切削稳定性。

3）密齿铣刀：用于铸铁、铝合金和其他非铁金属的大进给速度切削加工。

4）不等分齿距铣刀：可防止工艺系统出现共振，使切削平稳。在铸钢、铸铁件的大余量粗加工中，建议优先选用不等分齿距铣刀。

（3）可转位铣刀直径的选择

1）面铣刀直径的选择。面铣刀直径主要是根据工件宽度来选择的，同时要考虑机床的功率、刀具的位置和刀齿与工件的接触形式等，也可将机床主轴直径作为选取的依据。面铣刀直径可按 $D = 1.5d$（d 为主轴直径）选取。一般来说，面铣刀的直径应比切宽大 $20\% \sim 50\%$。

在批量生产时，也可按工件切削宽度的 1.6 倍选择面铣刀直径。粗铣时面铣刀直径要小些，因为粗铣切削力大，选小直径刀可减小切削转矩；精铣时，面铣刀直径要选得大些，尽量包容工件整个加工宽度，以提高加工精度和效率，减少相邻两次进给之间的接刀痕迹。

面铣刀直径规格（外径）主要有 $\phi63mm$、$\phi80mm$、$\phi100mm$、$\phi125mm$、$\phi160mm$、$\phi200mm$、$\phi250mm$、$\phi315mm$、$\phi350mm$、$\phi400mm$、$\phi500mm$、$\phi630mm$ 和 $\phi800mm$。

2）立铣刀直径的选择。选择立铣刀直径时主要考虑工件加工尺寸的要求，并保证刀具所需功率在机床额定功率范围以内。如是小直径立铣刀，则应主要考虑机床的最高转速能否达到刀具最低切削速度的要求。

（4）可转位铣刀刀片　一般用户选用可转位铣刀时，均由刀具制造厂根据用户加工的材料及加工条件配备相应牌号的硬质合金刀片。

4. 数控铣削工具系统

（1）数控铣削工具系统的类型与选择

1）数控铣削工具系统的类型。数控铣削刀具可分为 TSG（整体式）和 TMG（模块式）两种。整体式刀具在早期是应用最广泛、最有效的铣削刀具，其切削刃与刀柄连接成一体。模块式刀具是由通用刀具、通用连接刀柄及少量专用刀柄连接而成的。目前，模块式刀具已成为铣削刀具中的主流，在数量上达到了整个数控刀具的 $30\% \sim 40\%$，其金属切除量占切除量总数的 $80\% \sim 90\%$。

① 镗铣类整体式工具系统。图 9-11 所示为镗铣类整体式工具系统。整体式装夹系统针

对不同的刀具配备刀柄，刀柄规格、品种繁多。用于装夹刀具的接口有弹簧夹头型、莫氏锥度型、侧固型、钻夹头型以及丝锥夹头、面铣刀和镗刀杆等，用于刀具装配中装夹方式不改变或不宜使用模块式刀柄的场合。

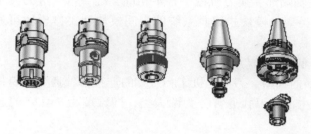

图 9-11　镗铣类整体式工具系统

　　② 镗铣类模块式工具系统。图 9-12 所示为镗铣类模块式工具系统。模块式装夹系统由柄部（与机床配合的主柄模块）、中间连接块（连接模块，或称连接杆）、工作头部（夹持刀具的工作模块）三部分组成，如图 9-13 所示。通过不同规格的中间模块连接各种工作头，装夹不同类型的刀具，可以用很少的组件组装成种类非常多的刀柄。

　　我国制定了 TSG（整体式）、TMG（模块式）两大类刀具装夹系统，它们都采用 JT 系列刀柄作为标准刀柄，考虑到 BT 刀柄在我国数量较多，所以将 BT 系列作为非标准刀柄的首位来推荐。

　　2）数控铣削工具系统的选择。整体式刀具系统装夹刀具的工作部分与其在机床上安装定位用的柄部是一体的，刀具刚性好，但如果所用刀具类型多，则刀柄规格就多，刀柄对机床与零件的变换适应能力就会较差。

图 9-12　镗铣类模块式工具系统

　　模块式刀具系统的每把刀柄都可通过各种系列化的模块组装而成，可针对不同的加工零件和机床，采取不同的组装方案，从而提高刀柄的适应能力和利用率，比较先进。但一套模块价格比较昂贵，选择时应在满足使用要求的前提下，兼顾技术先进性与经济合理性。

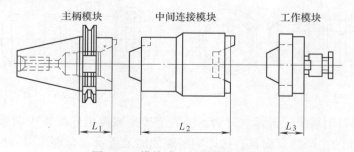

图 9-13　模块式工具系统的组成

　　① 对一些长期反复使用、不需要拼装的简单刀具，应配备整体式刀具系统，使刀具系

统刚性好，价格便宜（如加工零件外轮廓用的立铣刀刀柄和钻夹头刀柄等）。

② 在加工孔径、孔深经常变化的多品种、小批量零件时，宜选用模块式刀具系统，以取代大量整体式镗刀柄，降低加工成本。

③ 当现有机床主轴端部、换刀机械手各不相同，准备再购进刀具系统时，宜选用模块式刀具系统。因为各类型号模块式刀具系统的中间模块和工作模块可通用，从而可减少投资，提高刀具系统的利用率。

（2）数控铣削刀柄的类型与选择

1）数控铣削刀柄的类型。刀柄是机床和刀具的连接体，通过拉钉固定在机床主轴装刀孔上。现有加工中心主轴装刀孔通常分为两大类，即锥度为 7∶24 的通用系统和 1∶10 的 HSK 真空系统。

① 7∶24 通用刀柄。锥度为 7∶24 的刀柄通常有五种标准和规格，即 DIN 2080（德国标准，简称 NT）、DIN 69871（德国标准，简称 JT）、ISO 7388/1（国际标准，简称 IT 或 IV）、MAS BT（日本标准，简称 BT）和 ANSI/ASME（美国标准，简称 CAT 或 CT）。NT 型刀柄是在传统型机床上通过拉杆将刀柄拉紧的，不能用机床的机械手装刀，只能手动装刀，国内也称为 ST；其他四种刀柄均是在加工中心上通过刀柄尾部的拉钉将刀柄拉紧。目前，国内使用最多的是 DIN 69871 型和 MAS BT 型两种刀柄。

我国国家标准 GB/T 10944.1—2013 和 GB/T 10944.4—2013 在形式、尺寸上与国际标准 ISO 7388/1 完全相同（国际标准 ISO 7388/1 又是参照德国标准 DIN 69871-1 中的 A 型工具锥柄指定的），只是增加了一些必要的技术要求，标注了表面粗糙度及几何公差，以保证刀柄的制造质量，满足自动加工中刀具的重复换刀精度要求。

② 1∶10HSK 刀柄。7∶24 锥面是与机床主轴孔的 7∶24 锥面接触定位连接的，在高速加工、连接刚性和重合精度三方面有局限性。为适应高速加工，出现了锥度为 1∶10 的 HSK 刀柄。HSK 真空刀柄靠刀柄的弹性变形，不但刀柄的 1∶10 锥面与机床主轴孔的 1∶10 锥面接触，而且刀柄的法兰盘面与主轴面也紧密接触。刀柄与主轴锥面和端面两面同时定位和夹紧。

固定在锥柄尾部且与主轴内拉紧机构相配的拉钉也已标准化，ISO 7388 和 GB/T 10944.3—2013、GB/T 10944.5—2013《自动换刀用 7∶24 圆锥工具柄 第 5 部分：拉钉的技术条件》对此做了规定。标准中的拉钉分为 A 型和 B 型两种，分别如图 9-14 和图 9-15 所示。选用哪种拉钉要根据机床主轴拉紧机构的尺寸确定。

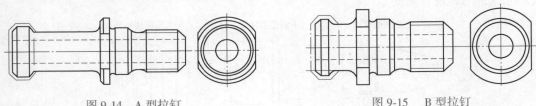

图 9-14 A 型拉钉   图 9-15 B 型拉钉

2）数控铣削刀柄系统的选择。刀柄系统的选择是数控机床配置中的重要内容之一，它不仅影响数控机床的生产率，而且直接影响零件的加工质量。合理选用刀柄系统，可在经济的条件下取得事半功倍的效果。

刀柄类型首先取决于机床类型（所加工零件的类型决定机床的类型，也就决定了刀柄的大类），接下来又取决于机床主轴装刀柄孔的规格。

① 普通转速加工中心。其机床主轴孔都采用 ISO 规定的 7∶24 锥孔，常用的有 40 号、45 号、50 号，个别的还有 30 号和 35 号，应与相应号数的刀柄配合。数字 40 和 50 表示的是刀柄大端直径（如 40 代表直径为 ϕ44.45mm，50 代表直径为 ϕ69.85mm）。刀柄大端直径越大，则刚性越好。

选择时，如果机床规格较小，则刀柄规格也应选小的，但小规格刀柄对加工大尺寸孔和长孔很不利。所以对于一台机床，如果有大规格的刀柄可以选择，则应该尽量选择大的，但大规格刀柄对刀库容量和换刀时间有影响，进而影响到机床生产率。

同一种锥面规格的刀柄又有 JT、IT、BT、CAT 等标准，它们规定的机械手夹持尺寸不相同，刀柄的拉紧钉尺寸也不相同，在选择时必须考虑周全。

对已经拥有一定数量数控机床的用户或即将采购一批数控机床的用户，应尽可能选择互相能通用的、单一标准的刀柄系列。

② 高速加工中心。近年来加工中心向高速化方向发展，实验数据表明：当主轴转速超过 10000r/min 时，7∶24 锥孔由于离心力的作用会有一定胀大，将影响刀柄的定位精度。为此，高速加工时，目前应用较多的是 HSK 高速刀柄。国外现今流行的热胀冷缩紧固式刀柄，其刚性较好，但是刀具可换性较差，一个刀柄只能安装一种连接直径的刀具，并且比较昂贵。

【任务实施】

1. 选择加工设备

该零件的加工内容包括内、外形轮廓，肋台，各类槽形及台肩、孔系，其中多个图形要素形状较复杂，且有较高的尺寸精度和较小的表面粗糙度值要求，普通铣床无法加工。

该零件生产纲领为批量生产，零件材料为 42CrMo 钢，热处理调质 280~320HBW。数控加工能有效保证加工质量，降低工人劳动强度，提高生产率。

该零件的铣削加工选择立式数控铣床或立式加工中心。

2. 选择数控铣削刀具

该零件由平面、外形、内腔、岛屿和孔等结构特征组成，结合零件尺寸，选择刀具类型如下：

1）上、下大平面：硬质合金面铣刀。

2）外轮廓：立铣刀。

3）内腔、岛屿、槽：键槽铣刀、平底立铣刀。

4）孔：ϕ5mm 中心钻、钻头和铰刀等。

【任务拓展与练习】

1. 数控铣削的主要加工对象有哪些？

2. 数控铣削对刀具有哪些要求？如何合理选择数控铣床刀具？

3. 在数控机床上加工零件时，如何选择数控刀具工具系统？

任务二　集成块数控铣削加工工艺分析

知识点

1. 数控铣削零件加工工艺性分析。
2. 工序的划分和装夹方法的确定。
3. 铣削加工顺序和进给路线的确定。
4. 顺铣与逆铣。
5. 数控铣削切削用量的确定。

技能点

能够分析具体零件的加工工艺性，确定装夹方式，拟定加工顺序，确定切削用量。

【相关知识】

一、数控铣削零件加工工艺性分析

零件的结构设计会影响或决定其加工工艺性的好坏。根据数控铣削加工的特点，从以下几方面来考虑结构工艺性。

1. 零件图样尺寸的正确、合理标注

由于加工程序是以准确的坐标点来编制的，因此各图形几何要素间的相互关系（如相切、相交、垂直和平行等）应明确，各种几何要素的条件要充分，应无引起矛盾的多余尺寸或影响工序安排的封闭尺寸等。

尺寸标注还应符合数控加工的特点，如课题八中所述。

2. 保证获得要求的加工精度

虽然数控机床精度很高，但对一些特殊情况，如过薄的底板与肋板，因为加工时产生的切削拉力及薄板的弹性退让极易引起切削面的振动，使薄板的厚度尺寸精度难以得到保证，其表面粗糙度值也将增大。根据实践经验，对于面积较大的薄板，当其厚度小于 3mm 时，就应在工艺上充分重视这一问题。

3. 尽量统一零件轮廓内圆弧的有关尺寸

轮廓内圆弧半径 R 常常限制刀具的直径。如图 9-16 所示，工件被加工轮廓的高度低，转接圆弧半径也大，可以采用较大直径的铣刀来加工，这样在加工其底板面时，进给次数可相应减少，表面加工质量也会好一些，因此工艺性较好；反之，数控铣削工艺性较差。一般来说，当 $R \leqslant 0.2H$（H 为被加工轮廓面的最大高度）时，可以判定零件上该部位的工艺性不好。

侧壁与底平面相交处的圆角半径 r（见图 9-17）对零件的铣削工艺性也有影响，且 r 值越小越好。r 越大，铣刀端刃铣削平面的能力越差，效率越低。当 r 大到一定程度时，甚至必须用球头铣刀进行加工，而这是应当避免的。因为铣刀与铣削平面接触的最大直径 $d = D - 2r$（D 为铣刀直径），当 D 越大而 r 越小时，铣刀端刃铣削平面的面积越大，加工平面的能

力越强，铣削工艺性也越好。当铣削的底面面积较大，底部圆弧 r 也较大时，只能用两把 r 不同的铣刀来铣削，其中一把刀的 r 小些，另一把刀的 r 符合零件图样的要求，分两次进行铣削加工。

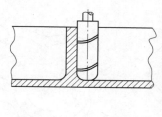

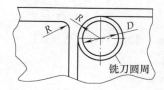

图 9-16　肋板的高度与内转接圆弧
对零件铣削工艺性的影响

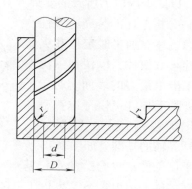

图 9-17　底板与肋板的转接圆弧
对零件铣削工艺性的影响

一个零件上的这种凹圆弧半径在数值上的一致性对数控铣削的工艺性也显得相当重要。一般来说，即使不能寻求完全统一，也要力求将数值相近的圆弧半径分组靠拢，达到局部统一，以尽量减少铣刀规格与换刀次数，并避免因频繁换刀增加的零件加工面上的接刀痕而降低表面质量。

4. 保证基准统一

有些零件需要在铣完一面后再重新安装铣削另一面，由于数控铣削时不能采用通用铣床加工时常用的试切法来接刀，往往会因为零件的重新安装而接不好刀。这时，最好采用统一的基准定位，因此零件上应有合适的孔作为定位基准孔。如果零件上没有基准孔，也可以专门设置工艺孔作为定位基准，如可在毛坯上增加工艺凸台或在后续工序要铣去的余量上设基准孔。

5. 分析零件的变形情况

零件在数控铣削加工时的变形不仅影响加工质量，而且当变形较大时，将使加工不能继续进行下去。这时应当考虑采取一些必要的工艺措施进行预防，如对钢件进行调质处理，对铸铝件进行退火处理，对于不能用热处理方法解决的，也可考虑粗、精加工及对称去余量等常规方法。

6. 毛坯的结构工艺性

除了上面讲到的有关零件的结构工艺性外，有时还要考虑到毛坯的结构工艺性。因为在数控铣削加工零件时，加工过程是自动的，毛坯余量的大小、如何装夹等问题在选择毛坯时就要仔细考虑好，否则一旦毛坯不适合数控铣削，加工将很难进行下去。根据经验，确定毛坯的余量和装夹方式时应注意以下两点。

（1）毛坯加工余量应充足和尽量均匀　毛坯主要指锻件、铸件。锻模时的欠压量与允许的错模量会造成余量的不等；铸造时会因砂型误差、收缩量及金属液体的流动性差不能充满型腔等造成余量的不等；此外，锻造、铸造后，毛坯的挠曲与扭曲变形量的不同也会造成加工余量不充分、不稳定。因此除板料外，不论是锻件、铸件还是型材，只要准备采用数控加工, 其加工面均应有较充分的余量。

对于热轧的中、厚铝板, 经淬火时效后很容易在加工中、加工后出现变形现象, 所以需要考虑在加工时要不要分层切削, 以及分几层切削, 一般应尽量做到各个加工表面的切削余量均匀, 以减少内应力所致的变形。

（2）分析毛坯的装夹适应性
主要考虑毛坯在加工时定位和夹紧的可靠性与方便性, 以便在一次安装中加工出尽量多的表面。对于不便于装夹的毛坯, 可以考虑在毛坯上另外增加装夹余量或工艺凸台、工艺凸耳等辅助基准。如图9-18所示, 由于该工件缺少合适的定位基准, 可在毛坯上铸出三个工艺凸耳, 在工艺凸耳上加工出定位基准孔。

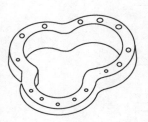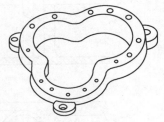

图 9-18　增加毛坯工艺凸耳

7. 数控铣削加工的尺寸精度

数控铣削加工所能得到的经济精度和表面粗糙度值见表9-1。

表 9-1　数控铣削加工的经济精度和表面粗糙度值

加工表面	加工方法	经济公差等级 IT	表面粗糙度值 $Ra/\mu m$
平面	粗铣	13~11	50~12.5
	精铣	10~8	6.3~1.6
孔	钻孔	12~11	25~12.5
	粗镗	12~11	12.5~6.3
	半精镗	9~8	3.2~1.6
	精镗、铰	8~7	1.6~0.8

普通数控机床和加工中心的加工精度可达±(0.01~0.005)mm, 精密级加工中心的加工精度可达±(11~1.5)μm。

二、工序划分和装夹方法的确定

1. 工序的划分

数控铣床的加工对象根据机床的不同也是不一样的, 立式数控铣床一般适合加工平面凸轮、样板、形状复杂的平面或立体零件以及模具的内、外型腔等; 卧式数控铣床适合加工箱体、泵体和壳体类零件。

在数控铣床上加工零件时, 工序比较集中, 一般只需一次装夹即可完成全部工序的加工。根据数控机床的特点, 为了提高数控机床的使用寿命, 保持数控铣床的精度, 降低零件的加工成本, 通常将零件的粗加工, 特别是零件的基准面、定位面安排在普通机床上进行加工, 其加工工序的划分在参照课题一中工序划分的原则和方法的基础上, 经常使用的有以下几种方法。

（1）刀具集中分序法　这种方法是按所用刀具来划分工序, 用同一把刀具加工完成所有可以加工的部位, 然后换刀。这种方法可以减少换刀次数, 缩短辅助时间, 减少不必要的定位误差。

（2）粗、精加工分序法　对于尺寸精度要求高的或形状容易发生变化的零件，按粗、精加工分开的原则，先粗加工，再半精加工，最后精加工。

（3）加工部位分序法　对于加工内容较多的工件，可以将其按结构特点分为外形、内腔、平面和曲面等，按不同的部位进行工序划分，即先加工平面、定位面，再加工孔；先加工简单的几何形状，再加工复杂的几何形状；先加工精度比较低的部位，再加工精度比较高的部位。

（4）安装分序法　对于加工内容较少，一次安装就可以完成所有加工内容的工件，以一次安装作为一道工序。

2. 零件装夹方法的确定和夹具的选择

在数控加工中，既要保证加工质量，又要减少辅助时间，提高加工效率，因此要注意选用能准确和迅速定位并夹紧工件的装夹方法和夹具，应尽量使零件的定位基准与设计基准及测量基准重合，以减少定位误差。工件在数控铣床上的装夹方法与在普通铣床上一样，所使用的夹具往往并不是很复杂，有简单的定位、夹紧机构即可。为了不影响进给和切削加工，在装夹工件时一定要将加工部位敞开，选择夹具时应尽量做到在一次装夹中将零件要求加工的表面都加工出来。零件的定位、夹紧方式及夹具的选择参照课题五中所述。

（1）数控铣床的夹具　数控铣床常用的夹具是机用虎钳，先把机用虎钳固定在工作台上，找正钳口，再把工件装夹在机用虎钳上。这种方式装夹方便，应用广泛，适于装夹形状规则的小型工件。

（2）加工中心的夹具　数控回转工作台是各类数控铣床和加工中心的理想配套附件，有立式工作台、卧式工作台和立卧两用回转工作台等不同类型产品。立卧回转工作台在使用过程中可分别以立式和水平两种方式安装于主机工作台上。工作台工作时，利用主机的控制系统或专门配套的控制系统完成与主机相协调的各种必需的分度回转运动。

三、数控铣削加工顺序和进给路线的确定

1. 数控铣削加工顺序

在确定了某个工序的加工内容后，要进行详细的工步设计，即安排这些工序内容的加工顺序，同时考虑程序编制时刀具运动轨迹的设计。一般将一个工步编制为一个加工程序，因此，工步顺序实际上就是加工程序的执行顺序。

一般数控铣削采用工序集中的方式，这时工步的顺序就是工序分散时的工序顺序，可以按一般切削加工顺序安排的原则进行。通常按照从简单到复杂的原则，先加工平面、沟槽、孔，再加工内腔、外形，最后加工曲面；先加工精度要求低的表面，再加工精度要求高的部位等。

在安排数控铣削加工工序的顺序时，还应注意以下问题：

1）上道工序的加工不能影响下道工序的定位与夹紧，中间穿插有通用机床加工工序的也要综合考虑。

2）一般先进行内形、内腔加工工序，后进行外形加工工序。

3）以相同定位、夹紧方式或同一把刀具加工的工序，最好连续进行，以减少重复定位的次数与换刀次数。

4）在同一次安装中进行的多道工序，应先安排对工件刚性破坏较小的工序。

总之，工序顺序的安排应根据零件的结构和毛坯状况以及定位安装与夹紧的需要综合考虑。

2. 平面类零件铣削进给路线的确定

平面铣削加工是一种 2.5 轴的加工方法，所创建的刀具轨迹用于铣削平面层中的材料。它的加工特点是分层加工，即先在水平方向完成 X 轴和 Y 轴的联动加工。该层加工完成后，Z 轴进刀到下一层加工，以此类推，直至完成整个零件的加工。

合理地选择进给路线不但可以提高切削效率，还可以提高零件的表面精度。在确定进给路线时，首先应遵循课题一所要求的原则。对于数控铣床，还应重点考虑几个方面：能保证零件的加工精度和表面粗糙度的要求；使走刀路线最短，既可简化程序段，又可减少刀具空行程时间，提高加工效率；应使数值计算简单、程序段数量少，以减少编程工作量。

（1）寻求最短加工路线 如加工图 9-19a 所示零件上的孔系，图 9-19b 所示的走刀路线为先加工完外圈孔后，再加工内圈孔。若改用图 9-19c 所示的走刀路线，减少了空刀时间，则可节省近一倍的定位时间，提高了加工效率。

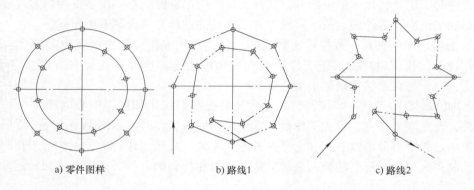

a) 零件图样　　　　　　　　b) 路线1　　　　　　　　c) 路线2

图 9-19　最短走刀路线的设计

（2）最终轮廓一次走刀完成 为保证工件轮廓表面加工后的表面粗糙度要求，最终轮廓应安排在最后一次走刀中连续加工出来。

图 9-20a 所示为用行切方式加工内腔的走刀路线，这种走刀路线能切除内腔中的全部余量，不留死角，不伤轮廓。但行切法将在两次走刀的起点和终点间留下残留高度，而达不到要求的表面粗糙度值。所以，可采用图 9-20b 所示的走刀路线，先用行切法，最后沿周向环切一刀，光整轮廓表面，能获得较好的效果。图 9-20c 所示也是一种较好的走刀路线。

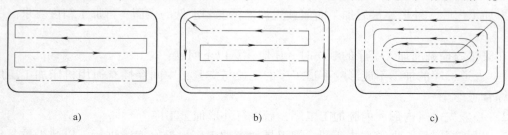

a)　　　　　　　　　　b)　　　　　　　　　　c)

图 9-20　铣削内腔的三种走刀路线

（3）选择切入和切出方向 铣削平面类零件外、内轮廓时，一般采用立铣刀侧刃或键槽铣刀进行切削。为减少接刀痕迹，保证零件表面质量，需要精心设计刀具的切入和切出程序。

铣削外表面轮廓时，如图 9-21 所示，铣刀的切入和切出点应沿零件轮廓曲线的延长线切入和切出零件表面，而不应沿法向直接切入零件，以避免加工表面产生划痕，保证零件轮廓光滑。

铣削封闭的内轮廓表面时，若内轮廓曲线允许外延，则应沿切线方向切入和切出。若内轮廓曲线不允许外延，如图 9-22 所示，则刀具只能沿内轮廓曲线的法向切入和切出，并将其切入、切出点选在零件轮廓两几何元素的交点处。当内部几何元素相切无交点时，为防止刀补取消时在轮廓拐角处留下凹口，刀具切入和切出点应远离拐角，如图 9-23 所示。

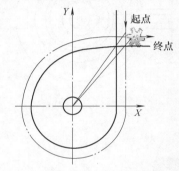

图 9-21　刀具切入和切出时的外延

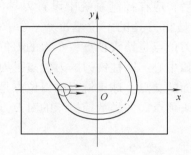

图 9-22　内轮廓加工刀具的切入和切出

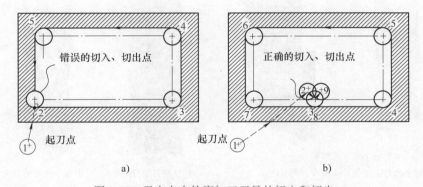

图 9-23　无交点内轮廓加工刀具的切入和切出

四、确定刀具与工件的相对位置

对于数控机床来说，在加工开始时，确定刀具与工件的相对位置是很重要的，这一相对位置是通过确认对刀点来实现的。对刀点是指通过对刀确定刀具与工件相对位置的基准点。对刀点可以设置在被加工零件上，也可以设置在夹具上与零件定位基准有一定尺寸联系的某一位置。对刀点往往选择在零件的加工原点，其选择原则如下：

1）所选的对刀点应使程序编制简单。

2）对刀点应选择在容易找正、便于确定零件加工原点的位置。

255

3）对刀点应选在加工时检验方便、可靠的位置。

4）对刀点的选择应有利于提高加工精度。

如加工图 9-24 所示的零件，当按照图示路线编制数控加工程序时，选择夹具定位元件圆柱销的中心线与定位平面 A 的交点作为加工的对刀点。显然，这个对刀点也恰好是加工原点。

在使用对刀点确定加工原点时，就需要进行对刀。所谓对刀是指使刀位点与对刀点重合的操作。每把刀具的半径与长度尺寸都是不同的，刀具装在机床上后，应在控制系统中设置刀具的基本位置。刀位点是指刀具的定位基准点。如图 9-25 所示，钻头的刀位点是钻头顶点；车刀的刀位点是刀尖或刀尖圆弧中心；圆柱铣刀的刀位点是刀具中心线与刀具底面的交点；球头铣刀的刀位点是球头的球心点或球头顶点。各类数控机床的对刀方法是不完全一样的。

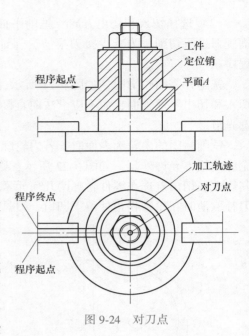

图 9-24　对刀点

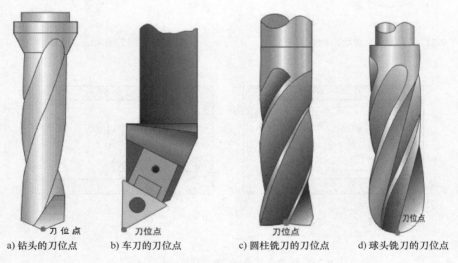

a) 钻头的刀位点　　b) 车刀的刀位点　　c) 圆柱铣刀的刀位点　　d) 球头铣刀的刀位点

图 9-25　刀位点

换刀点是为加工中心、数控车床等采用多刀进行加工的机床而设置的，因为这些机床在加工过程中要自动换刀。对于手动换刀的数控铣床，也应确定相应的换刀位置。为防止换刀时碰伤零件、刀具或夹具，换刀点常常设置在被加工零件的轮廓之外，并留有一定的安全量。

五、数控铣削顺铣与逆铣

1. 顺铣与逆铣

图 9-26 所示为使用立铣刀进行切削时的顺铣与逆铣示意图，切削点处切削速度的方向

与工件相对移动方向相同的为顺铣，反之为逆铣。为便于记忆，将顺铣、逆铣归纳为：用立铣刀切削工件外轮廓时，绕工件外轮廓顺时针走刀为顺铣，如图 9-27a 所示，绕工件外轮廓逆时针走刀为逆铣，如图 9-27b 所示；切削工件内轮廓时，绕工件内轮廓逆时针走刀为顺铣，如图 9-28a 所示，绕工件内轮廓顺时针走刀为逆铣，如图 9-28b 所示。

图 9-26　顺铣与逆铣

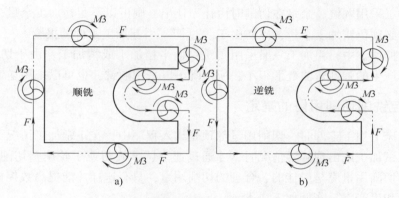

图 9-27　顺铣、逆铣与走刀的关系（一）

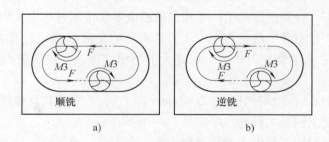

图 9-28　顺铣、逆铣与走刀的关系（二）

2. 顺铣与逆铣对切削的影响

立铣刀装在主轴上时，相当于悬臂梁结构，在切削加工时刀具会产生弹性弯曲变形，如图 9-29 所示。

从图 9-29a 可以看出，当用立铣刀顺铣时，刀具在切削时会产生让刀现象，即切削时出现"欠切"；而用立铣刀逆铣时，如图 9-29b 所示，刀具在切削时会产生啃刀现象，即切削时出现"过切"。这种现象在刀具直径越小、刀柄伸出越长时越明显，所以在选择刀具时，从提高生产率、减小刀具弹性弯曲变形的影响等方面考虑，应选大的直径，但须满足 $R_{刀}<R_{轮廓min}$，而且装刀时刀柄尽量伸出得短些。

课题九　集成块数控铣削的加工工艺

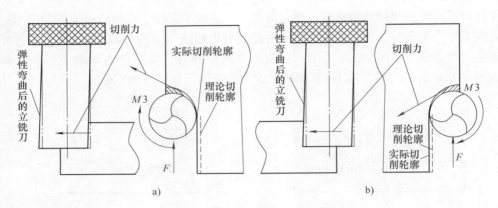

图 9-29　顺铣、逆铣对切削的影响

如果粗加工采用顺铣，余量在切削时由让刀让出，则可以不留精加工余量，而粗加工采用逆铣时，则必须留精加工余量，以防由于"过切"引起加工工件的报废。

因此在数控加工中，粗加工一般采用顺铣；而半精加工或精加工，由于切削余量较小，切削力使刀具产生的弹性弯曲变形很小，所以既可以采用顺铣，也可以采用逆铣。

六、数控铣削切削用量的确定

在数控机床上加工零件时，切削用量都预先编入程序中，在正常加工情况下，不予人工改变。只有在试加工或出现异常情况时，才通过速率调节旋钮或手轮调整切削用量。因此，程序中选用的切削用量应是最佳的、合理的切削用量，只有这样才能提高数控机床的加工精度、刀具寿命和生产率，降低加工成本。

铣削时采用的切削用量应在保证工件加工精度和刀具寿命，以及保证不超过机床允许的动力和转矩的前提下，获得最高的生产率和最低的成本。铣削过程中，如果能在一定的时间内切除较多的金属，就有较高的生产率。从刀具寿命的角度考虑，切削用量选择的次序是：根据侧吃刀量 a_e 先选大的背吃刀量 a_p，再选大的进给速度 v_f，最后选大的铣削速度 v_c（最后转换为主轴转速 n）。

对于高速加工中心（主轴转速在 10000r/min 以上），为发挥其高速旋转的特性，减少主轴的重载磨损，其切削用量选择的次序应是：$v \rightarrow F \rightarrow a_p\ (a_e)$。

在选择切削用量时要充分保证刀具能加工完一个零件，或保证刀具寿命不低于一个工作班，最少不低于半个工作班的工作时间。

1. 背吃刀量 a_p 或侧吃刀量 a_e

背吃刀量 a_p 为平行于铣刀轴线测量的切削层尺寸，单位为 mm。面铣时，a_p 为切削层深度；圆周铣削时，a_p 为被加工表面的宽度。侧吃刀量 a_e 为垂直于铣刀轴线测量的切削层尺寸，单位为 mm。面铣时，a_e 为被加工表面的宽度；圆周铣削时，a_e 为切削层深度，如图 9-30 所示。

背吃刀量或侧吃刀量的选取主要由加工余量和对表面质量的要求确定。

1）当工件表面粗糙度值要求为 $Ra25 \sim 12.5\mu m$ 时，如果圆周铣削加工余量小于 5mm，端面铣削加工余量小于 6mm，则粗铣一次进给就可以达到要求。但是在余量较大，工艺系统刚性较差或机床动力不足时，须分两次进给完成加工。

2）当工件表面粗糙度值要求为 $Ra12.5 \sim 3.2\mu m$ 时，应分为粗铣和半精铣两步进行。粗铣时背吃刀量或侧吃刀量的选取同前，粗铣后留 $0.5 \sim 1.0mm$ 的余量，在半精铣时切除。

3）当工件表面粗糙度值要求为 $Ra3.2 \sim 0.8\mu m$ 时，应分为粗铣、半精

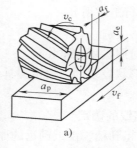
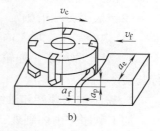

图 9-30 铣削加工的切削用量

铣、精铣三步进行。半精铣时背吃刀量或侧吃刀量取 $1.5 \sim 2mm$；精铣时，圆周铣侧吃刀量取 $0.3 \sim 0.5mm$，面铣刀背吃刀量取 $0.5 \sim 1mm$。

2. 进给量 f 与进给速度 v_f 的选择

铣削加工的进给量 f（单位为 mm/r）是指刀具转一周，工件与刀具沿进给运动方向的相对位移量；进给速度 v_f（单位为 mm/min）是单位时间内，工件与铣刀沿进给方向的相对位移量。进给速度与进给量的关系为

$$v_f = nf$$

式中 n——主轴转速（r/min）。

进给量与进给速度是数控铣床加工切削用量中的重要参数，可根据零件的表面粗糙度、加工精度要求、刀具及工件材料等因素，参考切削用量手册进行选取或通过先选取每齿进给量 f_z，再根据公式 $f = zf_z$（z 为铣刀齿数）来计算。

粗铣时铣削力大，进给量的提高主要受刀具强度、机床、夹具等工艺系统刚性的限制，根据刀具形状、材料以及被加工工件材质的不同，在强度、刚度许可的条件下，进给量应尽量取大值；精铣时，限制进给量的主要因素是加工表面的表面粗糙度，为了减小工艺系统的弹性变形，减小已加工表面的表面粗糙度值，一般采用较小的进给量，每齿进给量的确定可参考附录 B 中铣刀的进给量（单位为 mm/齿）选取。

3. 切削速度 v_c

在背吃刀量和进给量选好后，应在保证合理的刀具寿命、机床功率等因素的前提下确定切削速度，具体参见附录 B 中铣刀的切削速度（m/min）。

主轴转速 n（r/min）与铣削速度 v_c（m/min）及铣刀直径 d（mm）的关系为

$$n = \frac{1000v_c}{\pi d}$$

也可参考有关切削用量手册中的经验公式，通过计算选取主轴转速。

【任务实施】

1. 数控铣削工序和装夹方法的确定

（1）工序的确定   数控铣削加工中工序的划分有刀具集中分序法，粗、精加工分序法，加工部位分序法和安装分序法。在实际生产中，可以将这几种方法合理地结合在一起。

工序安排上应根据数控加工的特点，选用工序集中的原则，在一次安装中完成尽可能多的加工内容。

集成块加工工序的安排可以先按照安装分序法进行工序划分，在此基础上再按照不同加

工部位和粗、精加工分序法进行工序划分。

（2）装夹方法的确定

1）内腔加工。加工内腔时用机用虎钳装夹。

2）外轮廓加工。外轮廓形状较复杂，通用夹具装夹无法加工，需要设计专用铣夹具进行装夹。

2. 铣削加工顺序和进给路线的确定

加工顺序按由内到外、由粗到精、由近到远的原则确定，结合本零件的结构特征，可先加工内腔各表面，然后加工外轮廓表面。

由于该零件为中批量生产，走刀路线的设计需考虑最短进给路线或最短空行程路线，在进行计算机辅助编程时应加以考虑。外轮廓表面铣削走刀路线可沿零件轮廓顺序进行。

3. 数控铣削顺铣与逆铣的选择

根据前面所述，为了记忆方便，在数控加工中，不管粗加工还是精加工，一般都采用顺铣。

4. 数控铣削切削用量的确定

切削用量可参考切削用量手册或有关资料选取。粗加工时，为提高生产率，选取较大的背吃刀量和较低的切削速度；精加工时，为保证零件表面粗糙度的要求，背吃刀量应比较小，切削速度应大些。

【任务拓展与练习】

1. 在数控铣床上加工零件，分析零件图样时主要考虑哪些方面？
2. 数控铣削加工顺序和进给路线的确定原则是什么？

任务三　集成块数控铣削加工工艺规程的制订

 技 能 点

能根据集成块的加工内容制订合理的数控铣削加工工艺规程。

【任务实施】

一、零件图工艺分析

该集成块零件是典型的板类零件，由内外形轮廓、肋台、各类槽形及台肩、孔系等组成，零件图尺寸标注完整，几何要素完整、准确。其中多个图形要素形状较复杂，且有较高的尺寸精度和较小的表面粗糙度值要求。该零件生产纲领为中批量生产，零件材料为42CrMo钢，热处理调质280~320HBW。

通过上述分析，为保证加工质量，精加工应通过数控铣削完成。

二、确定装夹方案

（1）内腔加工　加工内腔时用机用虎钳装夹。机用虎钳可以限制工件的五个自由度，

仍有 $\overrightarrow{x}$ 没有得到限制，属于不完全定位。为保证加工质量和提高生产率，可以在工件右侧靠端部设置一支承钉，实现完全定位。

（2）外轮廓加工　外轮廓形状较复杂，用通用夹具装夹无法加工，需要设计专用铣夹具进行装夹。专用铣夹具定位方案可以选用"一面两孔"，用工件的底平面和两对角处的 $\phi15\text{mm}$、$\phi10\text{mm}$ 孔作为定位基面。

三、确定加工顺序及走刀路线

（1）加工顺序的确定　加工顺序按由先基准后其他、先面后孔、先粗后精的原则确定，同时应在一次装夹中尽可能加工出较多的工件表面，即工序集中。结合本零件的结构特征，在数控加工前，可以在普通铣床上加工出 210mm×130mm×27mm 的长方体，然后在数控机床上加工出内腔和外轮廓。

数控加工顺序可大致安排如下：

1）精铣上、下大平面。

2）粗铣内腔，粗铣右端缺口宽 30mm 的槽。

3）精铣内腔，精铣右端缺口宽 30mm 的槽，钻、铰 $4×\phi15^{+0.018}_{0}\text{mm}$ 孔，钻 $3×\phi10\text{mm}$ 孔，右下端 $\phi10\text{mm}$ 孔钻、铰至 $\phi10^{+0.015}_{0}\text{mm}$（铣外轮廓定位用）。

4）粗铣外轮廓。

5）精铣外轮廓。

（2）走刀路线的确定　走刀路线设计如前所述，加工内腔时在计算机辅助编程中应考虑最短进给路线或最短空行程路线；外轮廓表面铣削走刀路线可沿零件轮廓顺序进行。

四、刀具选择

由于该零件内轮廓型腔过渡圆弧的原因，一把键槽铣刀是不能完成所有加工的，可选择 $\phi16\text{mm}$、$\phi12\text{mm}$ 铣刀粗、精加工椭圆槽、左右月牙槽和右端缺口。用 $\phi8\text{mm}$、$\phi4\text{mm}$ 铣刀分别粗、精加工中间方形槽和十字星。

该零件外轮廓的粗加工选择立铣刀，考虑加工效率，刀具直径可选得大一些，如选择直径为 $\phi20\text{mm}$ 的刀具；精加工时应保证零件轮廓的正确性，刀具直径适当选小些，可选直径为 $\phi8\text{mm}$ 的刀具。

集成块零件的长宽尺寸为 206mm×125mm，在综合考虑加工效率、加工精度和一般机床功率的基础上具体选择，粗铣可选直径为 $\phi80\text{mm}$ 的刀具，精铣选择直径为 $\phi160\text{mm}$ 的刀具。

将所选定的刀具参数填入集成块数控加工刀具卡片（见表 9-2）中，以便于编程和操作管理。

表 9-2　集成块数控加工刀具卡片

产品名称或代号			零件名称	集成块	零件图号		
序号	刀具号	刀具规格名称/mm	数量		加工表面（尺寸/mm）		备注
1	T01	硬质合金面铣刀 $\phi160$	1	铣上、下平面			
2	T02	$\phi20$ 硬质合金立铣刀	1	粗铣外轮廓			
3	T03	$\phi8$ 硬质合金立铣刀	1	精铣外轮廓			

（续）

序号	刀具号	刀具规格名称/mm	数量	加工表面（尺寸/mm）	备注
4	T04	$\phi3$ 中心钻	1	钻中心孔	
5	T05	$\phi14.8$ 麻花钻	1	钻 $\phi15H7$ 孔至尺寸 $\phi14.8$	
6	T06	$\phi15$ 铰刀	1	铰 $4\times\phi15$	
7	T07	$\phi9.8$ 麻花钻	1	钻 $\phi10$ 孔至尺寸 $\phi9.8$	
8	T08	$\phi10$ 麻花钻	1	钻 $\phi10$ 孔至尺寸 $\phi10$	
9	T09	$\phi10$ 铰刀	1	铰 $\phi10$	
10	T10	$\phi16$ 键槽铣刀	1	粗加工椭圆槽、月牙槽、右端缺口 30 宽槽	
11	T11	$\phi12$ 键槽铣刀	1	精加工椭圆槽、月牙槽、右端缺口 30 宽槽	
12	T12	$\phi8$ 键槽铣刀	1	粗加工中间方形槽、十字星	
13	T13	$\phi4$ 键槽铣刀	1	精加工中间方形槽、十字星	
编制		审核		批准	共 页 第 页

五、数控加工工艺卡片的拟订

将前面分析的各项内容综合成表 9-3 所示的集成块数控加工工艺卡片。

表 9-3 集成块数控加工工艺卡片

零件名称	集成块	零件图号				夹具名称		机用虎钳、专用夹具	
设备名称及型号									
材料名称及牌号	42CrMo	硬度		280~320HBW		工序名称	数控综合加工	工序号	
工步号	工步内容	切削用量			刀具		量具	夹具
		主轴转速 $n/$（r/min）	进给速度 v_f /（mm/min）	背吃刀量 a_p/mm	编号	名称	名称	名称
1	精铣 A 面	1000	100	1	T01	$\phi160$mm 面铣刀	0~125mm 游标卡尺	机用虎钳
2	精铣上平面	1000	100	1	T01	$\phi160$mm 面铣刀	0~125mm 游标卡尺	机用虎钳
3	孔加工	1200	120		T04	$\phi3$mm 中心钻		机用虎钳
4	钻 $4\times\phi15H7$ 孔至 $\phi14.8$mm	500	80		T05	$\phi14.8$mm 麻花钻		机用虎钳
5	铰 $4\times\phi15H7$ 孔	300	50		T06	$\phi15$mm 铰刀	$\phi15H7$ 量规	机用虎钳
6	钻右下角 $\phi10$mm 孔至 $\phi9.8$mm	600	100		T07	$\phi9.8$mm 麻花钻		机用虎钳
7	钻其余 $3\times\phi10$mm 孔	550	80		T08	$\phi10$mm 麻花钻		机用虎钳
8	铰右下角 $\phi10$mm 孔至 $\phi10$ H7	600	40		T09	$\phi10$mm 铰刀	$\phi15H7$ 量规	机用虎钳
9	粗铣椭圆槽、月牙槽、右端缺口	800	500		T10	$\phi16$mm 键槽铣刀	0~125mm 游标卡尺	机用虎钳

工步号	工步内容	切削用量			刀具		量具	夹具
		主轴转速 n/(r/min)	进给速度 v_f/(mm/min)	背吃刀量 a_p/mm	编号	名称	名称	名称
10	精铣椭圆槽、月牙槽、右端缺口	1000	60		T11	φ12mm 键槽铣刀	0~125mm 游标卡尺	机用虎钳
11	粗铣中间方形槽、十字星	1200	50		T12	φ8mm 键槽铣刀	0~125mm 游标卡尺	机用虎钳
12	精铣中间方形槽、十字星	1500	20		T13	φ4mm 键槽铣刀	0~125mm 游标卡尺	机用虎钳
13	粗加工外轮廓面	600	80		T02	φ20mm 硬质合金立铣刀	0~125mm 游标卡尺	一面两销定位专用夹具
14	精加工外轮廓面	1200	50		T03	φ8mm 硬质合金立铣刀	0~125mm 游标卡尺	一面两销定位专用夹具

【任务拓展与练习】

1. 如图 9-31 所示的槽形凸轮零件，在铣削加工前，该零件是一个经过加工的圆盘，圆盘直径为 φ280mm，带有两个基准孔 φ35mm 及 φ12mm。孔 φ35mm 及 φ12mm 的 X 面已加工完毕，本工序是在铣床上加工槽。该零件的材料为 HT200，试分析其数控铣削加工工艺。

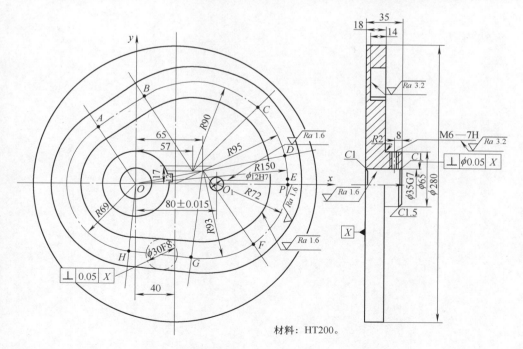

材料：HT200。

图 9-31 槽形凸轮零件

2. 拟定图9-32所示盖板的数控铣削加工工艺，填写数控加工工艺卡和刀具卡。生产批量为小批量，材料为HT200。

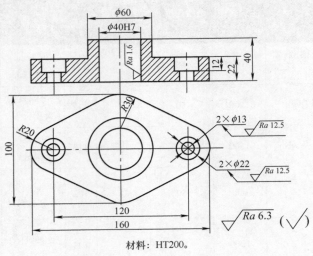

材料：HT200。

图9-32　盖板

【课题引入】

　　某模具厂接到订单，要求生产图 10-1 所示的儿童玩具（玩具材料为 ABS）的注射模模具。现为制造该模具型芯制订机械加工工艺规程。

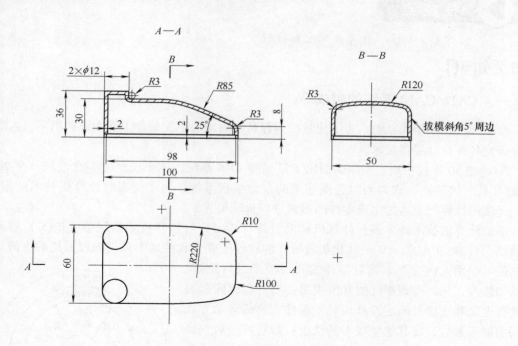

图 10-1　儿童玩具

【课题分析】

　　该产品的结构相对复杂，上部由复杂曲面构成，曲面之间为圆弧过渡且圆角半径小，零件上有 5°的拔模斜角。由于该产品是玩具，不属于精密的结构件，因此产品的外观质量要求相对较高，而尺寸公差、几何公差等要求不严格。

　　数控加工有加工效率高、质量稳定、对工人技术要求较低、一次装夹可以完成复杂曲面的加工等特点，所以数控加工在模具制造行业的应用越来越广泛，地位也越来越重要。

　　本课题可以选用 NX 的 CAD/CAM 功能来完成此塑料玩具零件的三维造型，在此基础上设计制造该玩具的模具型芯。

任务一　CAD/CAM 集成数控系统认知

知识点

1. CAD/CAM 系统的组成。
2. CAD/CAM 集成数控编程系统的应用。
3. 常见的 CAD/CAM 软件。

技能点

了解 CAD/CAM 系统的工作过程。

【相关知识】

一、CAD/CAM 系统的组成

自 20 世纪 50 年代以来，为了使数控编程员从烦琐的手工编程工作中解脱出来，人们一直在研究各种自动编程技术。

20 世纪 50 年代中期，美国研制出了最早的 APT 系统。该系统经过多次改进，在 20 世纪 70 年代发展成熟，成为当时普遍使用的自动编程系统。由于受当时计算机技术的限制，人们无法在计算机上通过生成零件图形来进行自动编程。

随着计算机技术的发展，计算机辅助设计（CAD）与计算机辅助制造（CAM）逐渐走向成熟。目前，CAD/CAM 一体化集成形式的软件已成为数控加工自动编程系统的主流。这些软件可以用人机交互方式对零件的几何模型进行绘制、编辑和修改，从而得到零件的几何模型；然后对机床和刀具进行定义和选择，确定刀具相对于零件表面的运动方式和切削加工参数，使其能生成刀具轨迹；最后经过后置处理，即按照特定机床规定的文件格式生成加工程序。这类软件一般都具有加工轨迹的仿真功能，可用于验证走刀轨迹和加工程序的正确性。使用这类软件对加工程序的生成和修改都非常方便，大大提高了编程效率。

一个集成化的 CAD/CAM 数控编程系统一般由几何造型、刀具轨迹生成、刀具轨迹编辑、刀具轨迹验证、后置处理、图形显示、几何模型内核、运行控制和用户界面等部分组成，它们的层次结构如图 10-2 所示。

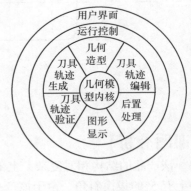

图 10-2　CAD/CAM 集成数控编程系统的组成

二、CAD/CAM 集成数控编程系统的应用

在使用一个 CAD/CAM 集成数控编程系统进行零件数控加工编程之前，应对该系统的功能及使用方法有一个比较全面的了解。

1. CAD/CAM 系统的功能

（1）了解系统的功能框架　　了解 CAD/CAM 集成数控编程系统的总体功能框架，包括造型设计、二维工程绘图、装配、模具设计、制造等功能模块以及每一个功能模块所包含的内容，特别应关注造型设计中的草图设计、曲面设计、实体造型及特征造型功能，因为这些是数控编程的基础。

（2）了解系统的数控加工编程能力　　一个系统的数控编程能力主要体现在以下几个方面。

1）适用范围：车削、铣削和线切割等。

2）可编程的坐标数：点位、二坐标、三坐标、四坐标及五坐标。

3）可编程的对象：多坐标点位加工编程、表面区域加工编程（是否具备多曲面区域的加工编程）、轮廓加工编程、曲面交线及过渡区域加工编程、型腔加工编程和曲面通道加工编程等。

4）有无刀具轨迹的编辑功能，有哪些编辑手段，如刀具轨迹变换、裁剪、修正、删除、转置、匀化（刀位点加密、浓缩和筛选）、分割及连接等。

5）有无刀具轨迹验证功能，有哪些验证手段，如刀具轨迹仿真、刀具运动过程仿真、加工过程模拟和截面法验证等。

（3）熟悉系统的界面和使用方法　　通过系统提供的手册示例或教程，熟悉系统的操作界面和风格，掌握系统的使用方法。

（4）了解系统的文件管理方式　　零件的数控加工程序是以文件形式存在的。在实际编程时，往往还要构造一些中间文件，如零件模型（或加工单元）文件、工作过程文件（日志文件）、几何元素（曲线、曲面）的数据文件、刀具文件、刀位源文件和机床数据文件等。在使用系统之前，应熟悉系统对这些文件的管理方式以及它们之间的关系。

2. CAD/CAM 系统的应用

（1）分析加工零件　　当拿到待加工零件的零件图样或工艺图样（特别是复杂曲面零件和模具图样）时，首先应对零件图样进行仔细的分析，内容包括以下几个方面。

1）分析待加工表面。一般来说，在一次加工中，只需对加工零件的部分表面进行加工。这一步骤的内容：确定待加工表面及其约束面，并对其几何定义进行分析，必要时需对原始数据进行一定的预处理，确保所有几何元素的定义具有唯一性。

2）确定加工方法。根据零件毛坯形状以及待加工表面及其约束面的几何形态，并根据现有机床设备条件，确定零件的加工方法及所需的机床设备和工夹量具。

3）选择合适的刀具。可根据加工方法和加工表面及其约束面的几何形态选择合适的刀具类型及刀具尺寸。对于某些复杂曲面零件，则需要对加工表面及其约束面的几何形态进行数值计算，根据计算结果才能确定刀具类型和刀具尺寸。这是因为对于一些复杂曲面零件的加工，希望所选择的刀具加工效率高，同时又希望所选择的刀具符合加工表面的要求，且不与非加工表面发生干涉或碰撞。不过在某些情况下，加工表面及其约束面的几何形态的数值计算很困难，只能根据经验和直觉选择刀具，这时便不能保证所选择的刀具是合适的，在刀具轨迹生成之后，需要进行一定的刀具轨迹验证。

4）确定编程原点及编程坐标系。一般根据零件基准面（或孔）的位置以及待加工表面及其约束面的几何形态，在零件毛坯上选择一个合适的编程原点及编程坐标系（也称工件坐标系)。

5)确定加工路线并选择合理的工艺参数。

(2)对加工零件进行几何造型 对加工表面及其约束面进行造型是数控加工编程的第一步。对于 CAD/CAM 集成数控编程系统来说,一般可根据几何元素的定义方式,在前述零件分析的基础上,对加工表面及其约束面进行几何造型。几何造型就是利用计算机辅助编程软件的图形绘制、编辑修改、曲线曲面造型等有关指令将零件被加工部位的几何图形准确地绘制在计算机屏幕上,与此同时,在计算机内自动形成零件的图形数据文件,作为下一步计算刀位轨迹的依据。

(3)刀具轨迹生成及编辑 计算机辅助编程的刀具轨迹生成是面向屏幕上的图形交互进行的。一般可在所定义的加工表面(或加工单元)上确定其外法向矢量方向,并选择一种进给方式,根据所选择的刀具(或定义的刀具)和加工参数,系统将自动生成所需的刀具轨迹。所要求的加工参数包括安全平面、主轴转速、进给速度、线性逼近误差、刀具轨迹间的残留高度、切削深度、加工余量和进刀/退刀方式等。当然,对于某一加工方式来说,可能只要求其中的部分加工参数。一般来说,数控编程系统对所要求的加工参数都有一个默认值。

刀具轨迹生成后,若系统具备刀具轨迹显示及交互编辑功能,则可以将刀具轨迹显示出来,如果有不妥之处,可在人机交互方式下对刀具轨迹进行适当的编辑与修改。

刀具轨迹计算的结果存放在刀位源文件中。

(4)验证刀具轨迹 如果系统具有刀具轨迹验证功能,对于可能过切、干涉与碰撞的刀位点,可采用系统提供的刀具轨迹验证手段进行检验。

(5)后置处理 后置处理的目的是形成数控指令文件。由于各种机床使用的数控系统不同,所以所用的数控指令文件的代码及格式也有所不同。根据所选用的数控系统,调用其机床数据文件,运行数控编程系统提供的后置处理程序,可将刀位源文件转换成 G 代码格式的数控加工程序。

三、常用 CAD/CAM 软件简介

1. CAXA 制造工程师

CAXA 制造工程师是由我国研制开发的全中文、具有卓越工艺性的数控编程软件。它全面支持图标菜单、工具条和快捷键,用户还可以自由创建符合自己习惯的操作环境。它既具有线框造型、曲面造型和实体造型的设计功能,又具有生成二至五轴的加工代码的数控加工功能,可用于加工具有复杂三维曲面的零件。它为数控加工行业提供了从造型、设计到加工代码生成、加工仿真、代码校验等一体化的解决方案,其特点是易学易用、价格较低,已在国内众多企业和研究院所得到应用。

2. NX

NX 由德国 Siemens PLM Software 公司开发经销,不仅具有复杂造型和数控加工的功能,还具有管理复杂产品装配、进行多种设计方案的对比分析和优化等功能。该软件具有较好的二次开发环境和数据交换能力,其庞大的模块群为企业提供了从产品设计、产品分析、加工装配、检验到过程管理、虚拟运作等全系列的技术支持。由于该软件运行对计算机的硬件配置有很高要求,其早期版本只能在小型机和工作站上使用。随着微型计算机配置的不断升

级，该软件已开始在微型计算机上使用。目前，该软件在国际 CAD/CAM/CAE 市场上占有较大的份额。NX CAD/CAM 系统具有丰富的数控加工编程功能，是目前市场上数控加工编程能力最强的 CAD/CAM 集成系统之一。

3. Creo

Creo 是美国参数技术公司（PTC）研制和开发的软件，它开创了三维 CAD/CAM 参数化的先河。该软件具有基于特征、全参数、全相关和单一数据库的特点，可用于设计和加工复杂的零件。另外，它还具有零件装配、机构仿真、有限元分析、逆向工程、同步工程等功能。该软件也具有较好的二次开发环境和数据交换能力。

Creo 已广泛应用于模具、工业设计、汽车、航天和玩具等行业，并作为当今世界机械 CAD/CAE/CAM 领域的新标准而得到业界的认可和推广，是现今主流的 CAD/CAM/CAE 软件之一。

4. Mastercam

Mastercam 是由美国 CNC Software 公司推出的基于 PC 平台的 CAD/CAM 软件，它具有很强的加工功能，尤其在对复杂曲面自动生成加工代码方面，具有独到的优势。Mastercam 主要针对数控加工，零件的设计造型功能不强，但对硬件的要求不高，且操作灵活、易学易用、价位适中，对广大的中小企业来说是理想的选择，是经济有效的全方位的软件系统，是工业界及学校广泛采用的 CAD/CAM 系统。

【任务拓展与练习】

1. 简述常用 CAD/CAM 软件数控编程系统的组成。
2. 利用 CAD/CAM 软件进行数控加工的工作过程包括哪些内容？

任务二　模具加工常用刀具的选择

1. 模具零件的加工方法。
2. 模具加工常用的刀具材料。
3. 模具常用刀具类型的选择。

掌握模具常用刀具类型和常用刀具材料，并能合理进行选择。

【相关知识】

一、模具零件的加工方法

模具零件的加工方法根据加工条件和工艺方法可分为三大类，即通用机床加工、数控机床加工和特种工艺加工。

1. 通用机床加工

通用机床加工模具零件主要依靠工人的熟练技术，利用铣床、车床等进行粗加工和半精加工，然后由钳工修整、研磨、抛光。这种工艺方案生产率低、周期长、质量也不易保证，但设备投资较少，机床通用性强，作为精密加工、电加工之前的粗加工和半精加工又不可少，因此仍被广泛采用。

2. 数控机床加工

数控机床加工是指采用数控铣、加工中心等机床对模具零件进行粗加工、半精加工、精加工，以及采用高精度的成形磨床、坐标磨床等进行热处理后的精加工，并采用三坐标测量仪进行检测。这种工艺降低了对熟练工人的依赖程度，其生产率高，特别是一些复杂零件，采用通用机床加工很困难，不易加工出合格的产品，采用数控机床加工则很理想。

3. 特种工艺加工

所谓特种工艺，主要是指电火花加工、电解加工、挤压、精密铸造和电铸等成形方法。

二、模具零件加工常用的刀具材料

近年来，随着模具制造业的发展，对模具零部件材料本身的要求也在提高，超硬刀具材料如 CBN（立方氮化硼）、PCD（聚晶金刚石）刀具和新型硬质合金刀具被大量采用。

在国内模具用户所选择的刀具材料中，使用最多的是硬质合金刀具，约占 60%。超硬刀具使用率有了明显提高，在半精镗和精镗工序中很多就采用了立方氮化硼刀片，切削速度达到了新高度，刀具寿命也大为延长。

1. 硬质合金

硬质合金是高速切削时的刀具材料。高速度、高精度一直是切削加工追求的目标。硬质合金刀具材料因具有较高的耐热性（耐热温度达 $800 \sim 1000℃$）和较高的切削速度（为高速钢的 $4 \sim 10$ 倍，切削中碳钢时可达 $100m/min$ 以上），所以在生产实际中得到了普遍的应用，已成为主流的刀具材料。根据 GB/T 18376.1—2008，常用的硬质合金分为三类，其牌号及用途见附录中的表 A-2。

（1）P 类硬质合金　相当于原钨钛钴类（YT）硬质合金，主要成分为 WC+TiC+Co，常用牌号有 P01、P10、P20、P30 和 P40。YT 代号后的数字为该牌号合金中 TiC 的质量分数。P 类硬质合金具有很高的硬度、较高的耐热性和较好的耐磨性，主要用于加工长切屑的钢铁材料，用蓝色作为标志。其中，P01 适合精加工，P10、P20 适合半精加工，P30、P40 适合粗加工。特别需要指出的是，P 类硬质合金不适宜切削含 Ti 元素的不锈钢和钛合金，这是因为刀具和工件中的 Ti 元素之间的亲和作用会加剧刀具的磨损。

（2）K 类硬质合金　相当于原钨钴类（YG）硬质合金，主要成分为 WC+Co，常用牌号有 K01、K10、K20、K30 和 K40。YG 代号后的数字为该牌号合金中钴的质量分数。K 类硬质合金主要用于加工短切屑（崩碎状）的钢铁材料、非铁金属和非金属材料及含 Ti 元素的不锈钢，用红色作为标志。

（3）M 类硬质合金　相当于原钨钛钽（铌）钴类（YW）硬质合金，主要成分为 WC+TiC+TaC（NbC）+Co，常用牌号有 M10、M20、M30 和 M40。M 类硬质合金主要用于加工钢铁材料和非铁金属，用黄色作为标志。其中，精加工可用 M10，半精加工可用 M20，粗加工可用 M30。

该类硬质合金具有高的耐热性和高温硬度，能用来切削钢或铸铁，所以又称通用硬质合金。

2. 立方氮化硼

立方氮化硼是以六方氮化硼（俗称白石墨）为原料，利用超高温高压技术转化而成的。它是 20 世纪 70 年代发展起来的新型刀具材料，晶体结构与金刚石类似。

立方氮化硼有很高的硬度（仅次于金刚石）、耐热性（1300~1500℃），优良的化学稳定性（远优于金刚石）和导热性以及低的摩擦因数。虽然它的导热性比金刚石差，但仍比其他材料高得多，抗弯强度和断裂韧性介于硬质合金和陶瓷之间。

立方氮化硼与铁族元素的亲和性很低，所以它是高速切削钢铁材料、加工淬硬钢及高温合金等难加工材料的较理想的刀具材料。立方氮化硼可以进行高速切削，切削速度比硬质合金高 3~5 倍，在 1300℃ 高温下能够轻快、锋利地切削，性能无比卓越，使用寿命是硬质合金的 20~200 倍。使用立方氮化硼刀具可加工以前只能用磨削方法加工的特种钢材，且能获得很高的尺寸精度和极小的表面粗糙度值，实现以车代磨。

3. 金刚石

金刚石刀分为天然金刚石、人造聚晶金刚石和复合金刚石刀片三类。金刚石有极高的硬度、良好的导热性及小的摩擦因数。该类刀具有很长的使用寿命（比硬质合金刀具寿命高几十倍以上）、稳定的加工尺寸精度（可加工几千到几万件）以及小的工件表面粗糙度值（车削非铁金属可达到 0.06μm），并可在纳米级稳定切削。除少数超精密加工及特殊用途外，工业上多使用人造聚晶金刚石（PCD）作为刀具材料或磨具材料。

人造聚晶金刚石（PCD）刀具是用人造金刚石颗粒通过添加 C、硬质合金、NiCr、Si-SiC 以及陶瓷结合剂在高温（1200℃ 以上）、高压下烧结成形的刀具。它具有极高的硬度和耐磨性，非常高的导热性和很低的热膨胀系数，其切削刃非常锋利，刃面表面粗糙度值很小，摩擦因数低，因此金刚石刀具是目前高速切削（2500~5000m/min）铝合金较理想的刀具材料。但由于碳对铁的亲和作用，特别是在高温下，金刚石能与铁发生化学反应，因此它不适宜切削铁及其合金工件。金刚石刀具主要适用于非铁合金的高精度加工，如铝合金、铜合金和镁合金等，也用于加工钛合金、金、银、铂以及各种陶瓷制品。各种非金属材料如石墨、橡胶、塑料、玻璃等，使用 PCD 刀具的加工效果都很好。PCD 现已被广泛用于制造加工高硬度、高耐磨的机械密封件的精密磨削用砂轮。

近来研制成的复合人造金刚石刀片则是在硬质合金基体上烧结上一层厚约 0.5mm 的金刚石制作而成的，是金刚石刀具的一种发展方向。

4. 陶瓷

陶瓷刀具是以 Al_2O_3（氧化铝）或以 Si_3N_4（氮化硅）为基体再添加少量的金属，在高温下烧结而成的一种刀具材料，其硬度可达 91~95HRA，耐磨性比硬质合金高十几倍，适合加工冷硬铸铁和淬火钢。陶瓷刀具具有良好的抗黏结性能，与多种金属的亲和力小，化学稳定性好，即使在熔化时与钢也不发生化合作用。陶瓷刀具最大的缺点是脆性大、抗弯强度和冲击韧度低，热导率低。

近几年来，陶瓷刀具无论在品种和使用领域方面都有较大的发展。这主要由于高硬度难加工材料的不断增多，迫切需要解决刀具寿命问题，同时由于钨资源的日渐缺乏，钨矿的品位越来越低，而硬质合金刀具材料中要大量使用钨，这也在一定程度上促进了陶瓷刀具的发展。

三、模具常用刀具类型的选择

1. 刀具选择关注的内容

模具加工要选择适合粗加工到精加工的刀具，首先要关注以下几个方面的内容。

1）仔细研究模具的槽形。

2）定义最小的圆角半径要求和最大的型腔。

3）初步估算需切除材料的总量。通常，采用常规加工方法和刀具进行大尺寸模具的粗加工和半精加工更为有效，精加工时采用数控高速切削则会获得更高的生产率。

2. 刀具的选择原则

加工工艺应至少划分为三种工序类型，即粗加工、半精加工和精加工，有时还涉及超精加工（主要为高速切削用）。

每一道切削工序都必须使用专用的和优化的切削刀具。模具中有许多由曲面构成的型腔，加工曲面时，为了保证刀具切削刃与加工轮廓在切削点相切，进而避免切削刃与工件轮廓发生干涉，球头铣刀（主要为整体硬质合金）（图10-3）是适合所有工序的首选刀具。为保证加工精度，球头铣刀的切削行距一般取得很密，而使用具有特殊性质的刀片式铣刀也完全可能达到同样的加工精度并提高生产率。因此，在保证不过切的前提下，无论是曲面的粗加工还是精加工，都应优先选择平头刀、圆鼻刀（图10-4）和圆刀片刀具。

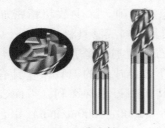

图 10-3　球头铣刀

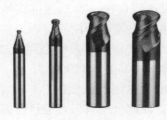

图 10-4　圆鼻刀

常规模具制造时，刀具选择如下。

粗加工：圆刀片刀具和圆鼻刀（即平头刀，刀尖呈圆弧倒角状）。

半精加工：圆刀片刀具、圆刀具和球头铣刀。

精加工：圆刀片刀具（可以使用的地方）、圆刀具和球头铣刀（主要）。

背铣：大头细颈的球头铣刀、立铣刀、圆刀片刀具和圆刀具。

【任务拓展与练习】

1. 模具零件加工常用的刀具材料有哪些？

2. 模具铣削加工刀具的类型如何选择？

任务三　模具型芯的数控加工

 知 识 点

1. 模具零件数控加工工艺措施。

2. 曲面铣削工艺设计。

 技能点

能对模具型芯进行加工工艺分析，编制数控加工工艺文件，并利用 CAD/ CAM 软件实施。

【相关知识】

一、模具零件数控加工工艺措施

1. 模具材料的选择

模具材料的选择除应满足模具工作条件的要求外，还要考虑模具的加工工艺性，要精选材料。模具的制造一般都要经过锻造、切削加工和热处理等几道工序。为保证模具的制造质量，降低生产成本，其材料应具有良好的可锻性、可加工性、淬硬性、淬透性及可磨削性，还应具有小的氧化、脱碳敏感性和淬火变形开裂倾向。

2. 合理安排工序，精化零件毛坯

在模具的生产过程中，不可能靠一两台数控铣床完成零件的全部加工工序，而是要与普通铣床、车床等通用设备配合使用。所以在工序的安排上，应考虑生产节拍和生产能力是否平衡，在保证高精度、高效率的前提下，数控加工和普通加工的经济性应合理，发挥数控加工和通用设备加工各自的特长。因此数控加工前的毛坯应尽量精化，除去铸、锻、热处理时产生的氧化硬层，只留少量加工余量，并加工出基准面和基准孔等。

3. 合理选择切削用量

数控机床的刚性强、热稳定性好、功率大，在加工中应尽可能选择较大的切削用量，这样既可满足加工精度要求，又提高了效率。

4. 合理选择装夹方式

有些零件由于切削内应力、热变形、装夹位置合理性和夹具夹紧变形等原因，必须经过多次装夹。因此，不能一味追求快速装夹而不顾加工的合理性。

5. 合理安排加工顺序

1）重切削、粗加工、去除零件毛坯上大部分余量的内容，如粗铣大平面、粗铣曲面、粗镗孔等。

2）加工发热量小、精度要求不高的内容，如半精铣平面、半精镗孔等。

3）在模具加工中精铣曲面。

4）钻中心孔、钻小孔、攻螺纹。

5）精镗孔、精铣平面、铰孔。

此外，在重切削、精加工时要加充足的切削液，粗加工后至精加工之前要有充分的冷却时间，在加工中尽量减少换刀次数，减少空行程移动量。

二、曲面铣削工艺设计

航空、汽车、能源、国防、生活制品等各行业中普遍存在复杂的自由曲面，其模具形状复杂，精度要求高。曲面加工质量和加工效率的高低在整个模具生产过程中举足轻重，因此需要对曲面的加工工艺进行认真分析。

1. 铣削刀具路径的设计

（1）粗铣　在粗加工过程中，采用螺旋式的刀具路径，可使空程走刀的次数减到最少，从而可以缩短模具部件的整体加工时间。此外，施加于刀具上的负荷更加均匀一致，可以减少刀具的磨损，降低刀具损坏的概率。

粗铣钢件时应根据被加工曲面给出的余量，用圆鼻刀按等高面一层一层地铣削。这种粗铣效率高，粗铣后的曲面类似于山坡上的梯田，台阶的高度视粗铣精度而定，每次切削量及步距应根据机床具体情况和材料的情况而定。粗铣有型面的铸件时，一般先用球头铣刀清角，然后用较大直径的球头铣刀粗铣去除型面余量。

（2）半精铣　半精铣的目的是铣掉"梯田"的台阶，使被加工表面更接近于理论曲面。采用球头铣刀加工，一般为精加工工序留出 0.5mm 左右的加工余量。半精加工的行距和步距可比精加工大，一般情况下半精加工的步距是精加工步距的 2~3 倍。

（3）精加工　精加工的目的是最终加工出理论曲面。用球头铣刀精加工曲面时一般用行切法。对敞开性比较好的零件而言，行切的折返点应选在曲面表面的外面，即在编程时，应把曲面向外延伸一些，这样可以避免刀具在进给方向连续切削。对敞开性不好的零件表面，由于折返时切削速度的变化，很容易在已加工表面及干涉面上留下由停顿和振动产生的刀痕。所以在加工和编程时，一是要在折返时降低进给速度，二是要在编程时使被加工曲面的折返点稍离开干涉面。对曲面与干涉面相贯线应单做一个清根程序另外加工，这样便可使被加工曲面与干涉面光滑连接，而不致产生很大的刀痕，也有利于钳工抛光。

2. 曲面铣削的注意事项

（1）球头铣刀铣削刀尖处的速度　球头铣刀在铣削曲面时，其刀尖处的切削速度很低，用球头铣刀垂直于被加工面铣削比较平缓的曲面时，球头铣刀刀尖切出的表面质量比较差。所以应适当地提高主轴转速，另外应避免用刀尖切削，这样工件的表面粗糙度值较小，一般不用抛光。

（2）避免刀具垂直下刀　平底圆柱铣刀有两种，一种铣刀的端面有顶尖孔，其端刃不过中心；另一种的端面无顶尖孔，端刃相连且过中心。在铣削曲面时，有顶尖孔的面铣刀绝对不能像钻头似的向下垂直进刀，除非预先钻有工艺孔，否则会把铣刀顶断。如果使用无顶尖孔的面铣刀，则可以垂直向下进刀，但由于切削刃角度太小，进给力很大，所以也应尽量避免。最好的办法是向斜下方进刀，进到一定深度后再用侧刃横向切削。在铣削凹槽面时，可以预钻出工艺孔以便下刀。用球头铣刀垂直进刀的效果虽然比平底的面铣刀要好，但也因进给力过大、影响切削效果的缘故，最好不使用这种下刀方式。

（3）修锉余量的安排　在铣削模具型腔时，应根据加工表面的表面粗糙度适当掌握修锉余量。对于铣削比较困难的部位，如果加工表面粗糙度值较大，应适当多留些修锉余量；而对于平面、直角沟槽等容易加工的部位，应尽量减小加工表面粗糙度值，减少修锉工作量，从而避免因大面积修锉而影响型腔曲面的精度。

（4）曲面铣削过程控制　铣削曲面零件的过程中，如果发现零件材料热处理不好、有裂纹、组织不均匀等现象，应及时停止加工，以免浪费工时。而且在铣削模具型腔比较复杂的曲面时，一般需要较长的周期，因此在每次开机铣削前，应对机床、夹具、刀具进行适当的检查，以免在中途发生故障而影响加工精度，甚至造成废品。

【任务实施】

1. 模具型芯的设计

为了制造该玩具的模具型芯，首先应绘制玩具的三维立体图，然后由玩具三维立体图生成模具型芯图，接着对模具型芯进行工艺分析，编制有关工艺文件，最后运用 NX 的 CAM 功能生成生产制作的数控加工程序。

（1）玩具零件三维设计　绘制玩具零件三维图，然后在 NX 的 MoldWizard 模块中调入玩具的立体模型。根据模具的分型步骤，先添加模仁工件，如图 10-5 中的虚线所示，再对产品上的所有表面进行划分，分型线以外的为型腔面（和分型面一起切割出型腔），分型线以内的为型芯面（和分型面一起切割出型芯），如图 10-5 所示。

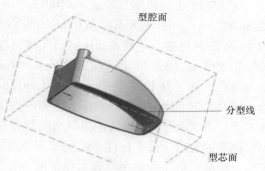

图 10-5　玩具零件表面划分

（2）玩具模具型芯的设计　将分型线向外拉大形成形状中空的分型面，分型面是共有的，如图 10-6 所示。切割型腔时，用型腔面和分型面一起切割模仁毛坯体而出；切割型芯时，用型芯面和分型面一起切割模仁毛坯体而出，如图 10-7 所示。

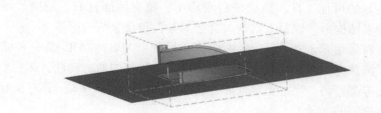

图 10-6　模具分型面

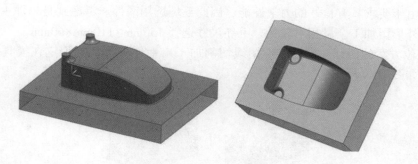

图 10-7　分出模具的型芯和型腔

2. 模具型芯的结构工艺性分析

根据一出二的模具结构，型芯安装平衡布局，而且为了减小切削量，将模具型芯设计为分体嵌件，如图 10-8 所示。

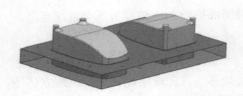

图 10-8　模具的型芯嵌件结构

玩具四周线架由 $R220mm$、$R100mm$、$R10mm$ 和 $60mm×50mm$ 围成，其中 $R220mm$ 与 $60mm$ 宽上、下侧边相切，$R100mm$ 与右侧 $50mm$ 边相切，并用 $R10mm$ 与 $R100mm$、$R220mm$ 圆弧过渡，四周表面由挤出实体提取表面的方法得到。玩具上部线架由直线与 $25°$ 斜线和 $R85mm$ 圆弧相切以及 $R120mm$、$R3mm$ 圆弧组成。边界由扫描方法得到，顶部曲面为网格曲面。玩具左上部还有两个 $φ12mm$ 的挤出实体，整个零件外部有 $5°$ 的拔模斜角。模具型芯外部所用曲面由玩具实体产生，因此该模具型芯无法用普通机床加工，用加工中心并利用 NX 的 CAM 功能编制数控加工程序方可进行加工。

该零件无尺寸公差标注，也无几何公差标注。因此可以得出结论，该产品的外观质量要求相对较高，应是加工中要致力保证的。

3. 模具型芯的加工工艺分析

（1）毛坯设计　该零件是塑料模具的型芯。塑料模具的寿命除取决于模具结构设计以及模具使用和维护条件外，主要还取决于模具材料的基本性能是否适应模具的制造要求和使用条件。因此，合理选用模具材料应以模具结构和使用条件为依据。模具材料以钢材为主。制模钢材应具有良好的可加工性，热处理后变形小，抛光性能良好，耐磨、耐腐蚀，强度高，常用品种有碳素结构钢、碳素工具钢、合金工具钢和合金结构钢等。

本塑料玩具材料采用苯乙烯-丁二烯-丙烯腈共聚物（ABS）。ABS 是一种综合性能十分好的树脂，无毒，微黄色，在比较大的温度范围内具有较高的冲击韧性，热变形温度比聚酰胺、聚氯乙烯尼龙等都要高，尺寸稳定性好，收缩率为 $0.4\%～0.7\%$，具有良好的成型加工性，成型的塑件有良好的光泽。

根据以上条件综合考虑，该模具型芯材料选用具有良好可加工性且具有综合性能的 40Cr。

该零件由于要求具有良好的力学性能，因此毛坯选用锻件。考虑到是单件生产，锻件选用自由锻，外形留加工余量相对较大，毛坯尺寸选择 $150mm×110mm×60mm$。

（2）定位方案的拟订　模芯零件用线切割加工出毛坯外形，可固定在模具的安装板上定位加工，如图 10-9 所示。

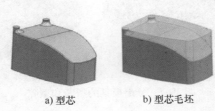

a) 型芯　　　　　b) 型芯毛坯

图 10-9　单个型芯和型芯毛坯

（3）工艺方案的拟订　坯料为长方体，制品分型面加工的切削量较大，应先在普通机床上加工成长方体，然后在线切割机床上切割侧面外形，最后在精雕机上进行半精加工和精加工。

模具型芯属于单件生产，根据数控加工工序的划分原则，结合该零件的形状特点，在设计数控加工顺序时以工序集中为原则，粗、精加工分序法和加工部位分序法结合使用。

4. 制订模具型芯的加工工艺卡片

（1）工步顺序　本零件为模具型芯，属于单件生产，如前所述按粗、精加工分序法和加工部位分序法结合使用安排加工顺序，以减少换刀次数，提高加工效率。因此总体加工顺序安排如下：粗加工分型面→粗加工曲面→精加工分型面→精加工止口顶面→半精加工铣削曲面→精加工铣削曲面。

（2）刀具的确定　由于该模具是由平面、曲面构成的外形，所以需要采用平刀、球头刀进行加工。模具毛坯在线切割完后，在精雕机上进行全面加工。曲面粗加工一般采用平底刀，每刀的背吃刀量为 0.2mm，这样可以减少刀具的空行程时间，而且可以保证粗加工后型面余量相对均匀。精加工时为保证曲面质量采用球头刀，其数控加工刀具卡片见表 10-1。

表 10-1　数控加工刀具卡片

产品名称或代号			零件名称	模具型芯	零件图号		
序号	刀具号	刀具规格及名称/mm	数量	加工表面		刀长/mm	备注
1	T01	φ6 平底刀	1	粗加工型芯		实测	
2	T02	φ4 球头铣刀	1	精加工型芯		实测	
编制		审核		批准		共　页	第　页

（3）确定切削用量（略）

（4）编制数控加工工序卡　本课题利用 NX 进行刀具路径编制并对零件进行加工，其具体加工工序见表 10-2。

表 10-2　数控加工工序卡片

零件名称	模具型芯	零件图号				夹具名称		平口钳	
设备名称及型号									
材料名称及牌号		40Cr	硬度			工序名称		数控加工	工序号
工步号	工步内容		切削用量			刀具		量具	夹具
			主轴转速 n/(r/min)	进给速度 v_{f}/(mm/min)	背吃刀量 a_{p}/mm	编号	名称	名称	名称
1	线切割型腔毛坯								
2	粗加工型芯，预留 0.2mm 余量		4000	75360	0.2	T01	φ6mm 平底刀		模具固定板、压板
3	等高轮廓铣，精加工型芯		5000	47100	0.2	T02	φ4mm 球头刀		模具固定板、压板

5. 生成加工程序

利用 NX 的铣削加工模块，按表 10-2 进行加工，生成刀具路径并模拟切削模具型芯效果，最终效果如图 10-10 和图 10-11 所示。

图 10-10 型芯粗加工模拟效果

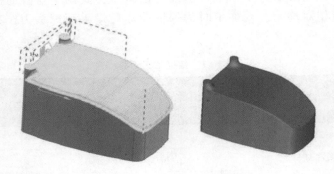

图 10-11 型芯精加工模拟效果

检查刀具路径正确后，执行后置处理操作，针对不同的数控系统，选用不同的后置处理模块系统自动生成加工程序。

对由 NX 软件生成的程序还需根据需要进行手动修改，重点是对程序头和尾进行处理（如以默认的 FANUC 后置处理模块生成的程序，增加工件坐标系指令 G54 或 G55、G56、G57、G58、G59）。如果是三轴数控机床，应将程序中的 A0 删除，即关闭第四轴，并在移动 X、Y 轴之前将刀具沿 Z 轴抬到安全高度。

6. 数控程序的传输和加工

利用 NX 软件的数据传输功能，将加工程序传输至数控铣床或加工中心进行数控加工。如果受到数控系统存储容量的限制，还可以采用在线加工的方法，即一边传输程序一边完成加工，但程序不会存储到数控系统中。

型腔的加工，也是用类似的方法加工出型芯电极，然后用电脉冲加工而成。

【任务拓展与练习】

1. 曲面铣削工艺设计应注意哪些问题？

2. 编制在加工中心上铣削图 10-12 所示遮罩凸模的加工工艺。

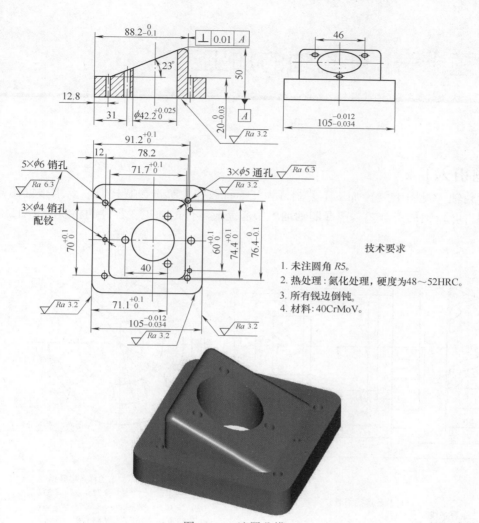

图 10-12　遮罩凸模

技术要求

1. 未注圆角 R5。
2. 热处理：氮化处理，硬度为48～52HRC。
3. 所有锐边倒钝。
4. 材料：40CrMoV。

【课题引入】

叶轮轴（见图 11-1）加工工艺制订为江苏省数控大赛选拔赛样题。要求根据图样要求，合理制订叶轮轴加工工艺，选择四轴加工中心完成零件的加工，零件的材质为 2A12。

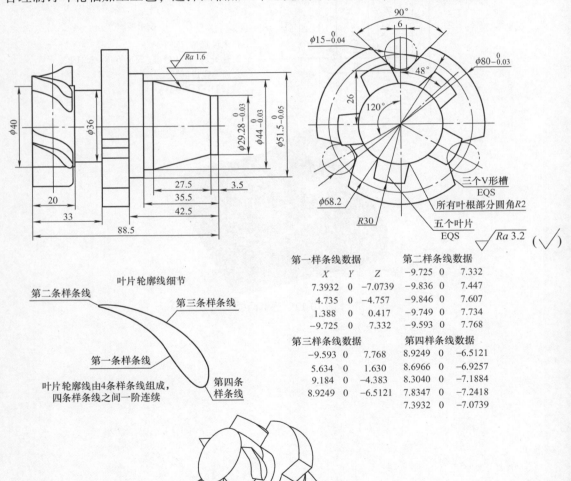

第一样条线数据			第二样条线数据		
X	Y	Z			
7.3932	0	-7.0739	-9.725	0	7.332
4.735	0	-4.757	-9.836	0	7.447
1.388	0	0.417	-9.846	0	7.607
-9.725	0	7.332	-9.749	0	7.734
			-9.593	0	7.768

第三样条线数据			第四样条线数据		
-9.593	0	7.768	8.9249	0	-6.5121
5.634	0	1.630	8.6966	0	-6.9257
9.184	0	-4.383	8.3040	0	-7.1884
8.9249	0	-6.5121	7.8347	0	-7.2418
			7.3932	0	-7.0739

图 11-1　叶轮轴

【课题分析】

从零件的图样看，本零件的主要特征有圆锥体、圆柱体、叶片体、V形槽等，其中叶片体和V形槽为圆周均匀分布的特征，且彼此间有相互位置要求。叶片体的轮廓线为由若干点构成的样条曲线，除圆锥体的表面粗糙度值为 $Ra1.6\mu m$ 外，其余表面粗糙度值均为 $Ra3.2\mu m$；零件尺寸精度要求较高的是V形槽及轴肩的外圆尺寸。叶轮轴的材料是 2A12，属于硬铝合金。根据零件的加工要求分析，三轴加工中心无法完成加工。

任务一　多轴加工认知

 知识点

1. 多轴加工。
2. 多轴数控机床。
3. 五轴加工中心的分类。
4. 车铣复合加工。
5. 高速加工。

 技能点

1. 了解多轴加工的特点。
2. 了解常见多轴机床的适用范围。
3. 了解多轴加工技术的发展。
4. 了解高速加工的优点。

【相关知识】

一、多轴数控机床及其加工范围

所谓多轴数控机床是指具备四个或四个以上可控轴（一般来说为三个线性轴加上一个或多个旋转轴），并且这些坐标轴可以在 CNC 系统控制下进行联动的数控机床。多轴数控加工能同时控制四个以上坐标轴联动，将数控铣、数控镗、数控钻等功能组合在一起，工件在一次装夹后，可以对加工面进行铣、镗、钻等多工序加工，有效地避免了由多次装夹造成的定位误差，能缩短生产周期，提高加工精度。通常所说的多轴数控加工是指四轴以上的数控加工，其中具有代表性的是五轴数控加工，主要用于航空、航天、军事、科研、精密器械、高精医疗设备等行业，常用于解决叶轮（见图 11-2）、航空发动机的风扇叶片（见图 11-3）、船用螺旋桨、重型发电机转子、汽轮机转子、大型柴油机曲轴（见图 11-4）等的加工。

图 11-2　叶轮

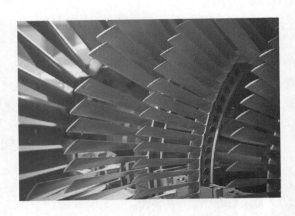

图 11-3　航空发动机的风扇叶片

图 11-4　大型柴油机曲轴

　　随着数控技术的发展，多轴数控加工机床正在得到越来越广泛的应用。其主要优点有：减少零件的装夹次数，缩短辅助时间，提高定位精度；可以加工三轴数控加工机床无法加工的斜角和倒钩等区域；用更短的刀具从不同的方位去接近零件，增加了刀具刚性；让刀具沿零件面法向倾斜，改善了切削条件，避免了球头切削；使用侧刃切削，可获得较好表面，提高加工效率；可用锥度刀代替圆柱刀，柱面铣刀代替球头刀加工。

　　多轴技术的发展使原本复杂零件的加工变得容易了许多，并且缩短了加工周期，提高了表面的加工质量。例如汽车前照灯模具（见图 11-5）的精加工，用双转台五轴联动机床进行加工，由于大灯模具的特殊光学效果要求，用于反光的众多小曲面对加工精度和表面质量都有非常高的要求，特别是表面质量几乎要求达到镜面效果。采用高速切削工艺装备及五轴联动机床用球铣刀切削出镜面的效果，就变得很容易，而过去较为落后

图 11-5　汽车前照灯模具

的加工工艺手段则几乎不可能实现。现代模具普遍使用球头铣刀进行加工，球头铣刀为模具加工带来的好处非常明显。但是如果用立式加工中心的话，其底面的线速度为零，这样底面的表面质量会很差，如果使用四、五轴联动机床加工技术加工模具，则可以克服上述不足。

11

CHAPTER

1. 多轴机床的类型

数控铣床一般是 X、Y、Z 三轴联动，加工中心一般也是三轴联动。如果在上面两种机床的工作台上加一个数控分度头，并使其和原来的三轴联动，就变成了四轴联动数控铣床。如果在工作台上安装一个数控回转工作台，在数控回转工作台上再安装一个数控分度头，就变成了五轴联动数控铣床。这样可以加工特别复杂的曲面零件，不需要多次装夹，大大提高了零件加工精度。

目前常见的多轴数控机床有四轴加工中心（见图 11-6）和五轴加工中心（见图 11-7）。

图 11-6　四轴加工中心

2. 五轴加工中心的结构

（1）根据主轴方向分类　五轴加工中心根据主轴的方向可分为立式和卧式两种。

1）立式五轴加工中心。这类加工中心的回转轴有两种形式。一种是工作台回转轴（见图 11-8），设置在床身上的工作台可以环绕 X 轴回转，定义为 A 轴，A 轴的工作范围为 $-120°\sim30°$。工作台的中间还设有一个回转台，在图示的位置上环绕 Z 轴回转，定义为 C 轴，C 轴均可做 360° 回转。通过 A 轴与 C 轴的组合，固定在工作台上的工件除了底面之外，其余五个面都可以由立式主轴进行加工。A 轴和 C 轴的最小分度值一般为 0.001°，这样又可以把工件细分成任意角度，加工出倾斜面、倾斜孔等。A 轴和 C 轴如与 X、Y、Z 三直线轴实现联动，就可加工出复杂的空间曲面，但这需要高档数控系统、伺服系统及软件的支持。这种设置方式的优点是主轴的结构比较简单，主轴刚性非常好，制造成本比较低。但一般工作台不能设计得太大，承重也较小，特别是当 A 轴回转角度大于或等于 90° 时，切削工件时

课题十一　叶轮轴的加工工艺

283

会对工作台造成很大的承载力矩。

　　另一种是依靠立式主轴头的回转，如图 11-9 所示。主轴前端是一个回转头，能自行环绕 Z 轴做 360°旋转，称为 C 轴；回转头上还带有可环绕 X 轴旋转的 A 轴，旋转范围一般为±90°以上，可实现上述同样的功能。这种设置方式的优点是主轴加工非常灵活，工作台也可以设计得非常大，客机庞大的机身、巨大的发动机壳都可以在这类加工中心上进行加工。这种设计还有一大优点：使用球面铣刀加工曲面时，当刀具中心线垂直于加工面时，由于球面铣刀顶点的线速度为零，故顶点切出的工件表面质量会很差，采用主轴回转的设计，令主轴相对工件转过一个角度，使球面铣刀避开顶点切削，保证有一定的线速度，即可提高表面加工质量。这种结构非常适合模具的高精度曲面加工，

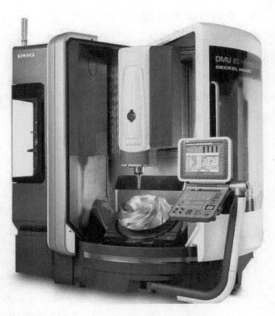

图 11-7　五轴加工中心

这是工作台回转式加工中心难以做到的。为了达到回转的高精度，高档的回转轴还配置了圆光栅尺反馈装置，分度精度都在几秒以内，但这类主轴的回转结构比较复杂，制造成本也较高。

图 11-8　配置工作台回转轴的立式五轴加工中心

　　2）卧式五轴加工中心。此类加工中心的回转轴也有两种形式。一种是卧式主轴摆动作为一个回转轴（见图 11-10），再加上工作台的一个回转轴，实现五轴联动加工。这种设置方式简便、灵活，如需要主轴立、卧转换，工作台只需分度定位，即可简单地配置为立、卧转换的三轴加工中心。由主轴立、卧转换配合工作台分度，对工件实现五面体加工，制造成本低且非常实用。此外，还可对工作台设置数控轴，最小分度值为 0.001°，但不做联动，成为立、卧转换的四轴加工中心，适应不同加工要求，价格非常具有竞争力。

图 11-9　立式主轴回转的五轴加工中心

另一种为传统的工作台回转轴（见图 11-11）。设置在床身上的工作台 A 轴的工作范围一般为 $-100°\sim20°$，工作台的中间也设有一个回转台 B 轴，B 轴可双向做 $360°$ 回转。这种卧式五轴加工中心的联动特性比第一种方式好，常用于加工大型叶轮的复杂曲面。回转轴也可配置圆光栅尺反馈，分度精度可达到几秒，但这种回转轴结构比较复杂，价格也较昂贵。

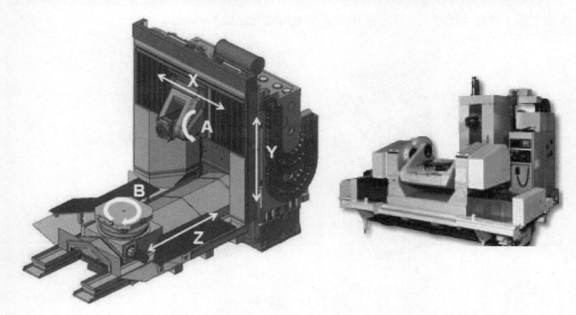

图 11-10　主轴摆动的卧式五轴加工中心　　　图 11-11　传统的卧式五轴加工中心

卧式加工中心的主轴转速一般在 10000r/min 以上，进给速度可达 $30\sim60$m/min，主轴电动机功率为 $22\sim40$kW，刀库容量按需要可从 40 把增加到 160 把，加工能力远远超过一般立式加工中心，是加工重型机械时的首选。

（2）根据旋转轴的结构及位置分类　五轴加工中心根据旋转轴的结构及位置可分为以下三种基本形式：双转台式、双摆头式和转台加摆头式。

1）双转台式（见图 11-12）五轴加工中心。其特点是能通过工作台的摆动和旋转改变工件相对刀具的姿态，而机床主轴保持不变，可以有效地利用机床空间，使加工范围扩大，机床刚性好。但受旋转台的限制，不适合加工大型零件，主要应用于中小型五轴加工中心上。

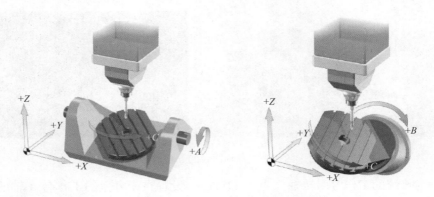

图 11-12　双转台式

2）双摆头式（见图 11-13）五轴加工中心。其特点是能通过主轴头的摆动和旋转改变刀具的姿态，而机床工作台保持不变，可以加工非常复杂的曲面，如船舶螺旋桨。这种结构能加工的工件尺寸比较大，主要应用于重型龙门式五轴加工中心上。

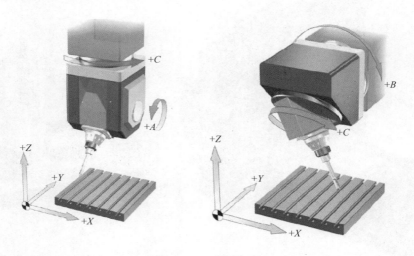

图 11-13　双摆头式

3）转台加摆头式（见图 11-14）五轴加工中心。其特点是能通过主轴头的摆动结合工作台的摆动改变刀具的姿态，可以加工较大的工件。这种结构主要应用于中小型五轴加工中心上。

3. 多轴加工的特点

（1）减少基准转换，提高加工精度　多轴数控加工的工序集成化不仅提高了工艺的有效性，而且由于零件在整个加工过程中只需一次装夹，加工精度更容易得到保证。

（2）减少工装夹具的数量和占地面积　尽管多轴数控加工中心单台设备的价格较高，

11 CHAPTER

但由于过程链的缩短和设备数量的减少，工装夹具数量、车间占地面积和设备维护费用也随之减少。

（3）缩短生产过程链，简化生产管理 多轴数控机床的完整加工大大缩短了生产过程链，而且由于只把加工任务交给一个工作岗位，不仅使生产管理和计划调度得到了简化，透明度也有了明显提高。工件越复杂，其相对传统工序分散生产方法的优势就越明显。同时由于生产过程链的缩短，在制品数量必然减少，可以简化生产管理，从而降低了生产运作和管理的成本。

（4）缩短新产品研发周期 对于航空航天、汽车等领域的企业，有的新产品零件及成形模具形状很复杂，精度要求也很高，因此，具备高柔性、高精度、高集成性和完整加工能力的多轴数控加工中心可以很好地解决新产品研发过程中复杂零件加工的精度和周期问题，大大缩短了研发周期，提高了新产品的成功率。

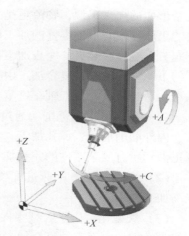

图 11-14 转台加摆头式

二、多轴数控技术的发展

五轴车铣技术是多轴数控加工技术中的典型技术，五轴车铣复合加工中心（见图 11-15）是五轴车铣技术的载体，是一种以车削功能为主，集成了铣削和镗削等功能，至少具有三个直线进给轴和两个圆周进给轴，且配有自动换刀系统的机床的统称。这种车铣复合加工中心是在三轴车削中心的基础上发展而来的，相当于一台车削中心和一台加工中心的复合，而车铣技术是 20 世纪 90 年代发展起来的复合加工技术，是一种在传统机械设计技术和精密制造技术基础上，集成了现代先进控制技术、精密测量技术和 CAD/CAM 应用技术的先进机械加工技术。

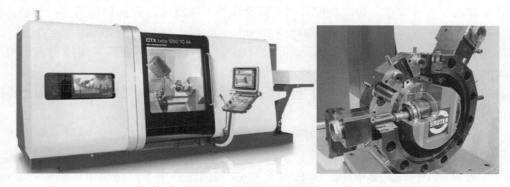

图 11-15 车铣复合加工中心

五轴车铣复合加工中心的先进性表现在其设计理念上。

在通常的机械加工概念中，一个零件的加工，少则需要一两道工序，多则需要上百道工序，要经过多台设备的加工来完成，要准备刀具、工装夹具等。对复杂的零件来说，有时一套工装的准备就需要几个月的时间，即使不考虑经济成本，几个月的时间也很可能错过许多商品机遇和战略机遇。在汽车、家电等批量生产行业，为了提高效率和自动化水平，广泛采用自动化生产线，庞大的物流系统构成了自动线很主要的一部分，也是故障多发的部分，对复杂形面的加工来说，物流更是一个大问题。零件的多次装夹和基准转换，有时会带来不必要的工序，同时也使零件的加工精度丧失。五轴车铣复合加工中心从设计概念上解决了这个问题，它是一次装夹，完成加工范围内的全部或绝大部分工序，实现了从复合加工到完整加工的飞跃。五轴车铣复合加工中心从产生至今，其技术已逐渐成熟并被国内外用户所接收和认可。从趋势上看，五轴车铣复合加工中心主要将向以下几个方向发展。

（1）更广的工艺范围　通过增加特殊功能模块，实现更多工序集成。例如，将齿轮加工、内外磨削加工、深孔加工、型腔加工、激光淬火、在线测量等功能集成到车铣中心上，真正做到所有复杂零件的完整加工。

（2）更高的效率　通过配置双动力头、双主轴、双刀架等功能，实现多刀同时加工，提高加工效率。

（3）大型化　由于大型零件一般是结构复杂、要求加工的部位和工序较多、安装定位较费时的零件，而车铣复合加工的主要优点之一是减少零件在多工序和多工艺加工过程中的多次重新安装调整和夹紧时间，因此采用车铣中心进行复合加工比较有利。所以，目前五轴车铣复合加工中心正向大型化发展。例如沈阳机床厂生产的HTM125系列五轴车铣中心，其回转直径达到了ϕ1250mm，加工长度可达10000mm，非常适合大型船用柴油机曲轴的车铣加工。

（4）结构模块化和功能可快速重组　五轴车铣中心的功能可快速重组是其能快速响应市场需求，并能抢占市场的重要条件，而结构模块化是五轴车铣中心功能可快速重组的基础。

三、高速加工技术

高速加工技术（High Speed Machining，HSM）被认为是21世纪最有发展前途的先进制造技术之一。高速加工技术拥有高效率、高精度及高表面质量等特征。有关高速加工的含义，通常有如下几种观点：切削速度很高，通常认为其速度超过普通切削的5~10倍；机床主轴转速很高，一般将主轴转速在10000~20000r/min以上定为高速切削；进给速度很高，通常可达15~50m/min，最高可达90m/min。对于不同的切削材料和所采用的刀具材料，高速切削的含义也不尽相同。高速加工技术的优点如下。

（1）提高切削效率　由于采用高速主轴，单位时间内的材料切除率大大增加。高速切削的材料去除率通常是常规切削的3~5倍。

（2）适用于薄壁加工　切削力的降低，尤其是径向切削力的降低，特别有利于薄壁细肋件等刚性差零件的精密加工。

（3）刀具和工件受热影响小　由于95%~98%的切削热来不及传给工件而被切屑带走，故特别适合加工容易产生热变形的零件。

（4）工件表面质量好　高速加工时，机床的激振频率特别高，远离了工艺系统的固有频率，因而工作平稳、振动小，加工的零件表面质量高。

（5）适用于高硬度材料的加工　在高速、大进给和小切削量的条件下，可完成高硬度材料和硬度高达40~62HRC淬硬钢的加工，不仅效率高出电加工（EDM）3~6倍，而且可获得十分高的表面质量（Ra0.4μm），基本上不用钳工抛光。

（6）刀具寿命长　适合进行高速切削的刀具，因刀具受力小，受热影响小，所以破损的概率很小，磨损也慢。

（7）实现绿色加工　采用高速干切削，可以少用或不用切削液，减少了对环境的污染。

（8）可代替其他加工工艺　目前较为常见的是代替铸造工艺，有时用高速加工技术加工一个型腔零件比用铸造加工方法更为经济。可以在同一台机床上，在一次装夹中完成零件所有的粗加工、半精加工和精加工，此即高速加工用于模具制造的"一次过"技术。

高速切削技术的发展和应用有赖于高速切削理论的研究和突破。在传统的切削机理中，金属的切削过程实质上是被切金属层在刀具的挤压作用下产生剪切滑移的塑性变形过程，切削速度和刀具寿命的关系被假想为线性关系。但是，1931年4月由德国物理学家萨洛蒙博士提出的著名的超高速切削理论假设打破了传统切削理论，根据其假设（见图11-16），在常规的切削速度范围（图中A区）内，切削温度随着切削速度的增大而提高。但是，当切削速度增大到某一数值 v_c

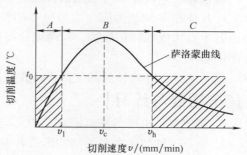

图 11-16　切削速度变化和切削温度的关系（萨洛蒙曲线）

后，切削速度再增大，切削温度反而下降，且 v_c 的值与工件材料的种类有关。对于每一种工件材料，存在一个从 v_1 到 v_h 的速度范围，在这个速度范围内（图中的B区），由于切削温度太高（高于刀具材料允许的最高温度 t_0），任何刀具都无法承受，切削加工不可能进行，这个范围被称为"死谷"。当切削速度越过"死谷"，在超高速区（图中的C区）时，切削温度反而降低，同时切削力也大幅度降低。

高速加工的切削速度范围随加工方法的不同而有所不同，见表11-1。

表 11-1　不同加工方法对应的高速加工切削速度范围

加工方法	切削速度/（m/min）
车削	700~7000
铣削	300~6000
磨削	5000~10000

高速加工切削速度范围因不同的工件材料而异，如图11-17所示。

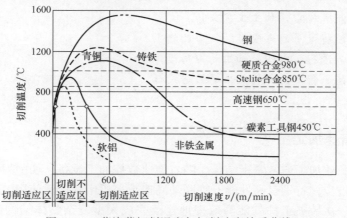

图 11-17　萨洛蒙切削温度与切削速度关系曲线

【任务实施】

由于本零件仅加工一件，属于单件生产，同时本零件的主要特征为圆锥体、圆柱体、叶片体及V形槽等，除圆锥体表面粗糙度值为$Ra1.6\mu m$外，其余表面粗糙度值均为$Ra3.2\mu m$，零件尺寸精度要求较高的是V形槽及轴肩的外圆尺寸。

圆锥体、圆柱体处可选用数控车削，利用数控车削保证圆柱尺寸、圆锥体锥度的正确性；叶片体和V形槽为圆周均匀分布的特征，且彼此间有相互位置要求。叶片体的轮廓线为由若干点构成的样条曲线，如课题分析中所述，三轴加工中心无法完成加工，可采用四轴加工中心加工。

综上所述，叶轮轴的加工选择卧式数控车床和四轴立式加工中心。

【任务拓展与练习】

1. 简述多轴机床的基本定义及加工特点。
2. 常见五轴加工中心的结构形式有哪几种？各种结构形式的特点是什么？
3. 简述高速切削的优点。

任务二　叶轮轴加工工艺规程的制订

　知 识 点

1. 高效加工工艺。
2. 高速加工工艺。
3. 旋转四轴。
4. 定向四轴。
5. 干涉面。
6. 刀路的复制。

　技 能 点

1. 能进行零件加工工艺分析。
2. 能将批量的点坐标转换为曲线。
3. 能进行旋转四轴加工的刀路设计。
4. 能进行定向四轴加工的刀路设计。

【相关知识】

一、高效高速加工工艺

多轴加工与高速加工通常紧密结合。随着高速数控加工设备、切削刀具和高速切削工艺等技术的发展与进步，特别是高性能五轴联动高速数控机床的广泛使用，使得在同一台高速数控机床上通过一次装夹工件就能高效率地连续完成大型复杂整体结构件的粗、精（可含半粗或与半精）高速切削加工，实现多工序复合加工、切削加工效率高与费用低廉的大中型复杂整体构件切削加工技术，这种切削加工技术被称为高效高速加工技术。在大型航空整体结构件的加工中，通常先采用高效加工技术进行高速粗加工，快速切除大部分余量，而后通过高速加工技术实施高速精加工，实现"一次装夹完成全部加工"的工艺策略。

1. 高效加工工艺

高效加工是一种高速粗加工工艺策略，主要用于高速粗加工和高速半粗加工，其关注的是切削加工效率，即要求有尽可能高的金属切除率，以取得短零件加工周期（即高效率）的高速加工为应用目标。高效加工通常采用中等高主轴转速、较大进给量、较高进给速度、适当大切宽和大切深的切削加工工艺策略。例如对铝合金材料，高效加工主轴转速通常为 $10000 \sim 15000$ r/min，每齿进给量为 $0.1 \sim 0.3$ mm/z，背吃刀量可为高速加工的几倍（取决于工件类型），刀具接触弧系数通常不大于 75%。如在立式加工中心上粗加工铝合金工件，使用 $\phi 50$ mm 的端铣刀，主轴转速为 10000r/min，背吃刀量为 9.5mm，切削宽度为 51mm，进给速度为 7620mm/min，切削速度为 1600m/min，每齿进给量为 0.152mm/z，金属切除率达 3690 cm^3/min。

2. 高速加工工艺

高速加工是一种高速精加工工艺策略，主要用于高速精加工或高速半精加工。其关注的是高主轴转速和进给率，即要求取得尽可能高的零件表面积切除速率，以快速取得高加工质量的高速加工为应用目标。高速加工一般采用高转速、高进给量、小背吃刀量，其切削速度伴随刀具材料超硬耐磨性的发展而不断提高。高速加工对加工轨迹的优化、切削方法和切削参数的选择要求很高。

（1）切削用量选择原则　高速铣削参数一般选择高的切削速度 v_c、中等的每齿进给量 f_z、较小的侧吃刀量 a_e。典型整体硬质合金立铣刀切削硬度为 $48 \sim 58$HRC 的淬硬钢时，粗加工选择 $v_c = 100$ m/min，$a_p = （6\% \sim 8\%）D$（D 为刀具直径），$a_e = （35\% \sim 40\%）D$，$f_z = 0.05 \sim 0.1$mm/z；半精加工选择 $v_c = 150 \sim 200$m/min，$a_p = （3\% \sim 4\%）D$，$a_e = （20\% \sim 40\%）D$，$f_z = 0.05 \sim 0.15$mm/z；精加工选择 $v_c = 200 \sim 250$m/min，$a_p = 0.1 \sim 0.2$mm，$a_e = 0.1 \sim 0.2$mm，$f_z = 0.02 \sim 0.2$mm/z。

（2）高速加工的进刀和退刀方式　高速加工时应尽量采用轮廓的切向进退刀方式，以保证刀路轨迹平滑，刀具在工件表面起降平稳。进行曲面加工时，刀具可以是 Z 向垂直进刀和退刀、曲面法向进刀和退刀、曲面正向与反向进刀和退刀、斜向或螺旋式进刀和退刀等。根据实际加工效果，曲面的切向进退刀和螺旋进退刀更适合高速加工。

（3）高速加工的移刀方式　高速加工的移刀方式是指行切中的行间移刀、环切中的环间移刀，以及等高加工的层间移刀等。普通数控移刀模式不适合高速加工的要求。如在行切移刀时，刀具多是直接垂直于原来行切方向的法向移刀，致使刀具路径中存在尖角；在环切的情况下，环间移刀也是从原来轨迹的法向直接移刀，也会致使刀路轨迹存在不平滑的情况；在等高加工中的层间移刀时，也存在移刀尖角。这些移刀方式都会导致高速机床频繁加减速，从而影响加工效率，阻碍高速加工优势的发挥。

高速加工中采用的切削用量较小，移刀运动量将急剧增加，这就要求刀路轨迹的移刀要平滑。螺旋曲线走刀是高速切削加工中较为有效的一种走刀方式，该种移刀方式由于移刀在空间完成，避免了环间圆弧切出与切入方法的弊端。

二、多轴加工工艺

多轴加工技术是现代制造业生产中的高端技术，因为其在缩短施工准备周期、降低工装成本及提高生产率等方面成效显著。多轴加工可以减少零件的装夹次数、缩短辅助时间、提高定位精度，可加工三轴无法加工的斜角和倒钩等区域，有效避免刀具干涉（见图 11-18 a）；对于直纹面类零件，使用侧刃切削一刀成形，可获得较高的表面质量，提高加工效率（见图 11-18b）；对一般立体型面，特别是较为平坦的大型表面，可用大直径端铣刀端面贴近表面进行加工（见图 11-18c）；可在一次装夹中对工件上的多个空间表面进行多面、多工序加工（见图 11-18d）；五轴加工时，刀具相对于工件表面可处于最有效的切削状态，零件表面上的误差分布均匀（见图 11-18e）；在某些加工场合，可采用较大尺寸的刀具避开干涉进行加工（见图 11-18f）。

目前，多轴加工技术中应用最广泛的是五轴加工，五轴加工工艺与常规的三轴加工工艺大体一致。从产品的加工质量及效率来看，加工工艺的选择建议按照"3+2"五轴定位、五轴联动的顺序进行选择，五轴加工工艺往往与高速高效加工工艺结合在一起，一般使用"3+2"模式进行半粗和半精加工，而不使用五轴联动；精加工时可使用"3+2"模式或五轴联动方式，但应尽可能使用"3+2"模式。

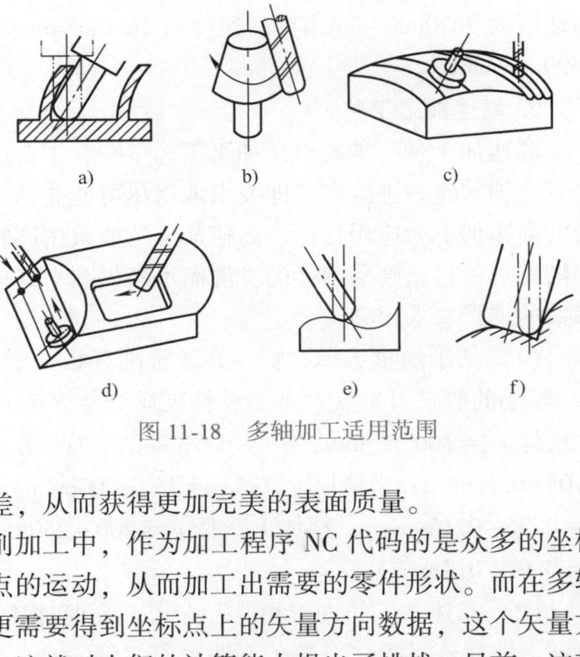

图 11-18　多轴加工适用范围

使用短的切削刀具是五轴加工的主要特征之一。短刀具可明显地降低刀具偏差，从而获得更加完美的表面质量。

在三坐标铣削加工和普通的两坐标车削加工中，作为加工程序 NC 代码的是众多的坐标点，控制系统通过坐标点来控制刀尖参考点的运动，从而加工出需要的零件形状。而在多轴加工中，不仅需要计算出点位坐标数据，更需要得到坐标点上的矢量方向数据，这个矢量方向在加工中通常用来表达刀具的刀轴方向，这就对人们的计算能力提出了挑战。目前，这项工作最经济的解决方案是通过计算机和 CAM 软件来完成。

常用的刀轴控制方式有以下几种。

1. 垂直于表面方式

所谓垂直于表面方式，是使刀具轴线始终平行于各切削点处的表面法向矢量，刀具底面紧贴加工表面，对切削层间的残余高度做最大限度的抑止，以减少走刀次数和获得较高的生产率。该方式一般用于大型平坦的无干涉凸曲面的端铣加工。

2. 平行于表面方式

平行于表面方式是指刀具轴线或素线始终处于各切削点的切平面内，对应的加工方式一般为侧铣。这种方式的重要应用是直纹面的加工，由圆柱或圆锥形刀具的侧刃与直纹面素线接触可以一刀加工成形，效率高且表面质量好。

3. 倾斜于表面方式

该方式由刀轴矢量 i 在局部坐标系中与坐标轴和坐标平面所成的两个角度 α 和 γ 定义，如图 11-19 所示。

图中，n 为曲面上切削点处的单位法矢，a 为曲面上切削点处沿进给方向的单位切矢，$\gamma = -a \times n$，(α, γ, n) 为曲面在切削点处的局部坐标系。α 为前倾角，它是刀轴矢量与垂直于进给方向的平面所成角度，可在端铣加工凹面时防止干涉；γ 为倾斜角，它是刀轴与曲面法矢的夹角，不属于某个截面，位于以法矢为轴线、γ 为顶角的圆锥上，但可由 α 角及指定沿走刀方向的左、右侧来确定刀轴的空间方向。倾斜方式是多坐标加工的一般控制方式，平行于法矢方式和垂直于法矢方式均可看作它的特殊情况。例如，垂直于表面方式等价于 $\alpha = \gamma = 0°$。

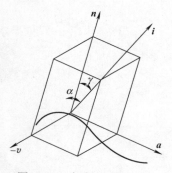

图 11-19　倾斜于表面方式
刀轴控制方式图

常见多轴加工（见表 11-2）主要包括曲线五轴加工、钻孔五轴加工、沿边五轴加工、多曲面五轴加工、沿面五轴加工、旋转四轴加工和通道五轴加工等。

表 11-2　多轴加工命令简介

命　　令	图　　示	说　　明
曲线五轴加工		用于对 2D、3D 曲线或曲面边界产生五轴加工刀具路径，可以加工出非常漂亮的图案、文字和各种曲线，其刀具位置的控制更加灵活
钻孔五轴加工		用于在曲面上的不同方向进行钻孔加工
沿边五轴加工		利用刀具的侧刃顺着工件侧壁进行切削，即可以设定沿着曲面边界进行加工

（续）

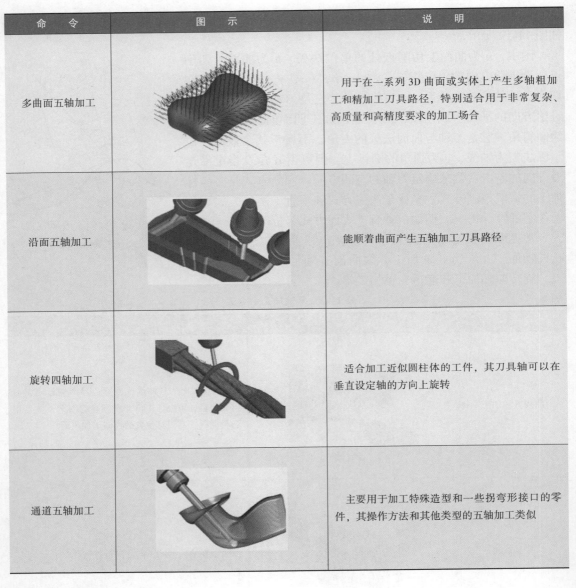

命　令	图　示	说　明
多曲面五轴加工		用于在一系列 3D 曲面或实体上产生多轴粗加工和精加工刀具路径，特别适合用于非常复杂、高质量和高精度要求的加工场合
沿面五轴加工		能顺着曲面产生五轴加工刀具路径
旋转四轴加工		适合加工近似圆柱体的工件，其刀具轴可以在垂直设定轴的方向上旋转
通道五轴加工		主要用于加工特殊造型和一些拐弯形接口的零件，其操作方法和其他类型的五轴加工类似

【任务实施】

一、零件的工艺分析

本零件只加工一件，属于单件生产，叶轮轴的材料是硬铝合金，建议采用硬铝合金棒料作为其加工毛坯，零件的主要加工过程为：锯料→车阶梯轴→铣叶片及 V 形槽→车锥面。其主要加工工艺过程见表 11-3，车削部分采用数控车床，铣削部分采用四轴加工中心加工，叶片采用四轴旋转刀路加工。V 形槽主要由平面构成，为提高效率和表面质量，建议采用四轴定向加工，利用 2D 的加工刀路，加工时先铣一个 V 形槽的直槽和 V 形面，然后利用刀路的旋转复制方法完成其他两个 V 形槽的加工。加工过程中注意将粗、精加工分开。

11
CHAPTER

表 11-3　叶轮轴的主要加工工艺过程

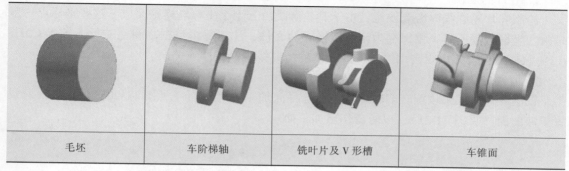

| 毛坯 | 车阶梯轴 | 铣叶片及 V 形槽 | 车锥面 |

二、数控加工工艺卡片的拟订

本例主要对四轴加工工艺部分进行设计，主要参考工步、刀具及切削参数设计见表 11-4。

表 11-4　叶轮轴四轴数控铣的主要参数

工步	工步内容	刀具号	刀具规格 /mm	主轴转速 /（r/min）	进给速度 /（mm/min）
1	粗铣叶片，留 0.5mm 余量	T01	$\phi10R3$ 圆鼻刀	3500	700
2	精铣叶片	T02	$\phi6$ 球头铣刀	6500	650
3	铣 V 形槽直槽	T03	$\phi10$ 平底刀	4500	1000
4	粗铣 V 形槽，留 0.3mm 余量	T04	$\phi6$ 平底刀	4500	900
5	精铣 V 形槽	T05	$\phi10$ 平底刀	6500	325

三、四轴加工操作主要过程

由于叶轮轴的叶片轮廓线比较复杂，其四轴加工一般采用自动编程方法。首先要完成实体建模，在建模过程中，要善于把复杂的零件分解为一个个最简单的特征进行组合，在特征的建模过程中尽量兼顾加工需要。叶轮轴的主要建模步骤见表 11-5。

表 11-5　叶轮轴的主要建模步骤

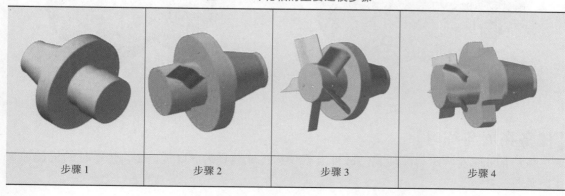

| 步骤 1 | 步骤 2 | 步骤 3 | 步骤 4 |

1. 叶片的建模

绘制叶片轮廓线时需要注意，由于其轮廓线由若干个坐标点连接而成，这些坐标点一般是由三坐标测量所得，要保存为记事本格式的文件，注意每组数据之间空一行。导入 CAD/CAM 软件后，首先由点自动生成曲线，然后由曲线生成实体或曲面。

2. 叶片的铣削

铣削叶片时，采用旋转四轴加工，在选择完加工叶片曲面（见图 11-20）后，要注意设置干涉曲面（见图 11-21），以防碰伤已加工面。

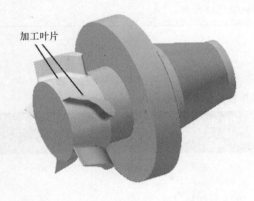

图 11-20　加工曲面的选取

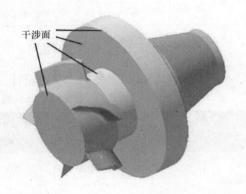

图 11-21　设置干涉曲面

3. V 形槽的铣削

建议采用四轴定向铣削，在加工完一个 V 形槽后，利用刀路的复制功能，完成其余两个 V 形槽的加工。从保证 V 形面的加工精度考虑，先铣削 V 形槽的直槽（见图 11-22），再铣削 V 形面（见图 11-23），这样可有效避免加工过程中产生的毛刺对 V 形面的破坏。

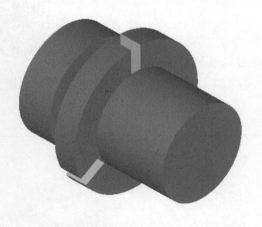

图 11-22　铣削直槽

图 11-23　铣削 V 形面

【任务拓展与练习】

生产图 11-24 所示的冷却套，材料为 40Cr，生成数量为 500 件。制订该零件的机械加工工艺流程。

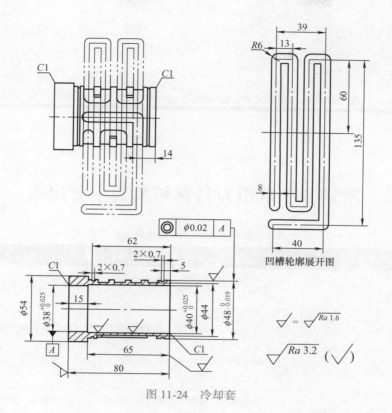

凹槽轮廓展开图

图 11-24 冷却套

$\bigvee = \sqrt{Ra\,1.6}$

$\sqrt{Ra\,3.2}\ (\sqrt{})$

附录 A   常用刀具材料及其主要用途

表 A-1   常用高速钢的牌号及其主要用途

牌 号		用 途
普通高速钢	W18Cr4V	通用性强，用于制造钻头、铰刀、铣刀、丝锥和成形刀具等
	W6Mo5Cr4V2	热塑性好，用于制造热轧钻头和承受冲击较大的刀具，如插齿刀等
高性能高速钢	W2Mo9Cr4Co8	是钴高速钢的典型牌号，用于加工高温合金、钛合金、超高强度钢、奥氏体型不锈钢等难加工材料
	W6Mo5Cr4V2Al	用于制造铣刀、成形刀具和拉刀等，可以提高刀具寿命，是采用 W18Cr4V 材料刀具寿命的 1.5 倍以上

表 A-2   常用硬质合金牌号及其主要用途

种类	牌号	相近旧牌号	主 要 用 途
P 类 钨钛钴类	P30	YT5	碳素钢、合金钢的粗加工，可用于断续切削
	P10	YT15	碳素钢、合金钢在连续切削时的粗加工、半精加工；也可用于断续切削时的精加工
	P01	YT30	碳素钢、合金钢的精加工
K 类 钨钴类	K30	YG8	铸铁、非铁金属及其合金、非金属材料的粗加工，也可用于断续切削
	K20	YG6	铸铁、非铁金属及其合金的半精加工和粗加工
	K10	YG3	铸铁、非铁金属及其合金的精加工和半精加工，不能承受冲击载荷
M 类 钨钛钽（铌）钴类	M10	YW1	高温合金、奥氏体锰钢和不锈钢等难加工材料及普通钢、铸铁、非铁金属及其合金的半精加工、精加工
	M20	YW2	高温合金、奥氏体锰钢和不锈钢等难加工材料及普通钢、铸铁、非铁金属及其合金的粗加工、半精加工

注：牌号中数字越大，Co 的含量越多，韧性越好，适用于粗加工；碳化物的含量越多，则热硬性越高，韧性越差，适用于精加工。

附录 B 切削用量

表 B-1　硬质合金及高速钢车刀粗车外圆和端面时的进给量

加工材料	车刀刀柄尺寸 B×H /（mm×mm）	工件直径 /mm	背吃刀量 a_p/mm				
			≤3	>3~5	>5~8	>8~12	12以上
			进给量 f/（mm/r）				
碳素结构钢和合金结构钢	16×25	20	0.3~0.4				
		40	0.4~0.5	0.3~0.4			
		60	0.5~0.7	0.4~0.6	0.3~0.5		
		100	0.6~0.9	0.5~0.7	0.5~0.6	0.4~0.5	
		400	0.8~1.2	0.7~1.0	0.6~0.8	0.5~0.6	
	20×30 25×25	20	0.3~0.4				
		40	0.4~0.5	0.3~0.4			
		60	0.6~0.7	0.5~0.7	0.4~0.6		
		100	0.8~1.0	0.7~0.9	0.5~0.7	0.4~0.7	
铸铁及铜合金	16×25	40	1.2~1.4	1.0~1.2	0.8~1.0	0.6~0.9	0.4~0.6
		60	0.6~0.8	0.5~0.8	0.4~0.6		
		100	0.8~1.2	0.7~1.0	0.6~0.8	0.5~0.7	
		400	1.0~1.4	1.0~1.2	0.8~1.0	0.6~0.8	
	20×30 25×25	40	0.4~0.5		0.4~0.7		
		60	0.6~0.9	0.8~1.2	0.7~1.0	0.5~0.8	
		100	0.9~1.3	1.2~1.6	1.0~1.3	0.9~1.1	0.7~0.9
		600	1.2~1.8				

表 B-2　按表面粗糙度值选择进给量的参考值

工件材料	表面粗糙度值 Ra/μm	切削速度范围 /（m/min）	刀尖圆弧半径 R/mm		
			0.5	1.0	2.0
			进给量 f/（mm/r）		
铸铁、青铜、铝合金	10~5	不限	0.25~0.40	0.40~0.50	0.50~0.60
	5~2.5		0.15~0.20	0.25~0.40	0.40~0.60
	2.5~1.25		0.10~0.15	0.15~0.20	0.20~0.35
碳钢及合金钢	10~5	<50	0.30~0.50	0.45~0.60	0.55~0.70
		>50	0.40~0.55	0.55~0.65	0.65~0.70
	5~2.5	<50	0.18~0.25	0.25~0.30	0.30~0.40
		>50	0.25~0.30	0.30~0.35	0.35~0.50
	2.5~1.25	<50	0.10	0.11~0.15	0.15~0.22
		50~100	0.11~0.16	0.16~0.25	0.25~0.35
		>100	0.16~0.20	0.20~0.25	0.25~0.35

表 B-3　车削碳钢及合金钢的切削速度

加工材料	硬度（HBW）	切削速度/（m/min）	
		高速钢车刀	硬质合金车刀
碳钢	125~175	36	120
	175~225	30	107
	225~275	21	90
	275~325	18	75
	325~375	15	60
	375~425	12	53
合金钢	175~225	27	100
	225~275	21	83
	275~325	18	70
	325~375	15	60
	375~425	12	45

表 B-4　车削铸铁及铸钢的切削速度

工件硬度（HBW）	硬质合金车刀的切削速度/（m/min）			
	灰铸铁	可锻铸铁	球墨铸铁	铸钢
100~140	110	150		78
140~190	75	110	110	68
190~220	66	85	75	60
220~260	48	69	57	54
260~320	27		马氏体 26	42
320~400			马氏体 8	

表 B-5　车削工具钢及耐热合金的切削速度

加工材料	切削速度/（m/min）	
	高速钢车刀	硬质合金车刀
高速钢（硬度 200~250HBW）	18	60
耐热合金	1.5~4.5	7.5~18
钛合金	6~18	24~53

表 B-6　车削不锈钢的切削速度

加工材料	硬度（HBW）	切削速度/（m/min）	
		高速钢车刀	硬质合金车刀
铁素体型不锈钢	135~185	30	90
奥氏体型不锈钢	135~185	24	75
	225~275	18	60
马氏体型不锈钢	135~175	30	100
	175~225	27	90
	275~325	15	60
	375~425	9	45

表 B-7　车削轻金属的切削速度

（单位：m/min）

加工材料	切削速度	
	高速钢车刀	硬质合金车刀
铸铝合金（未经热处理）	230	480
铸铝合金（热处理后）	180	360
冷拉可锻铝合金	180	360
热处理可锻铝合金	180	360
镁合金	240	600
铜合金	60~75	150~170

表 B-8　铣刀的切削速度

（单位：m/min）

工件材料	铣刀材料					
	碳素钢	高速钢	超高速钢	合金钢	YT	YG
铝合金	75~150	180~300		240~460		300~600
黄铜（软）	12~25	20~50		45~75		100~180
青铜	10~20	20~40		30~50		60~130
青铜（硬）		10~15	15~20			40~60
铸铁（软）	10~12	15~25	18~35	28~40		75~100
铸铁（硬）		10~15	10~20	18~28		45~60
铸铁（冷硬）			10~15	12~28		30~60
可锻铸铁	10~15	20~30	25~40	35~45		75~110
钢（低碳）	10~14	18~28	20~30		45~75	
钢（中碳）	10~15	15~25	18~28		40~60	
钢（高碳）		10~15	12~20		30~45	
合金钢					35~80	
合金钢（硬）					30~60	
高速钢			12~25		45~70	

表 B-9　铣刀的进给量

（单位：mm/z）

工件材料	铣刀类型					
	平铣刀	面铣刀	圆柱铣刀	成形铣刀	高速钢镶刃刀	硬质合金镶刃刀
铸铁	0.2	0.2	0.07	0.04	0.3	0.1
可锻铸铁	0.2	0.15	0.07	0.04	0.3	0.09
低碳钢	0.2	0.2	0.07	0.04	0.3	0.09
中、高碳钢	0.15	0.15	0.06	0.03	0.2	0.08
铸钢	0.15	0.1	0.07	0.04	0.2	0.08
镍铬钢	0.1	0.1	0.05	0.02	0.15	0.06
高镍铬钢	0.1	0.1	0.04	0.02	0.1	0.05
黄铜	0.2	0.2	0.07	0.04	0.03	0.21
青铜	0.15	0.15	0.07	0.04	0.03	0.1
铝	0.1	0.1	0.07	0.04	0.02	0.1
Al-Si 合金	0.1	0.1	0.07	0.04	0.18	0.08
Mg-Al-Zn	0.1	0.1	0.07	0.03	0.15	0.08
Al-Cu-Mg	0.15	0.1	0.07	0.04	0.02	0.1
Al-Cu-Si						

表 B-10　攻螺纹的切削速度

工件材料	铸　铁	钢及其合金	铝及其合金
切削速度 v_c/（m/min）	2.5~5	1.5~5	5~15

表 B-11　镗孔的切削用量

工序	刀具材料	工件材料					
		铸　铁		钢		铝及其合金	
		v_c/（m/min）	f/（mm/r）	v_c/（m/min）	f/（mm/r）	v_c/（m/min）	f/（mm/r）
粗镗	高速钢	20~25	0.4~1.5	15~30	0.35~0.7	100~150	0.5~1.5
	硬质合金	30~35		50~70		100~250	
半精镗	高速钢	20~35	0.15~0.45	15~50	0.15~0.45	100~200	0.2~0.5
	硬质合金	50~70		95~130			
精镗	高速钢	70~90	0.08	100~130	0.12~0.15	150~400	0.06~0.1
	硬质合金		0.12~0.15				

表 B-12　用高速钢钻孔的切削用量

工件材料	切削速度	钻头直径 d/mm			
		1~6	6~12	12~22	22~50
铸铁（硬度 160~200HBW）	v_c/（m/min）	16~24			
	f/（mm/r）	0.07~0.12	0.12~0.2	0.2~0.4	0.4~0.8
铸铁（硬质 200~241HBW）	v_c/（m/min）	10~18			
	f/（mm/r）	0.05~0.12	0.1~0.18	0.18~0.25	0.25~0.4
铸铁（硬度 300~400HBW）	v_c/（m/min）	5~12			
	f/（mm/r）	0.03~0.18	0.08~0.15	0.15~0.2	0.2~0.3
35、45	v_c/（m/min）	8~25			
	f/（mm/r）	0.05~0.1	0.1~0.2	0.2~0.3	0.3~0.45
15Cr、20Cr	v_c/（m/min）	12~30			
	f/（mm/r）	0.05~0.1	0.05~0.1	0.05~0.1	0.05~0.1
合金钢	v_c/（m/min）	8~18			
	f/（mm/r）	0.03~0.08	0.08~0.15	0.15~0.25	0.25~0.35
工件材料	切削速度	钻头直径 d/mm			
		3~8		8~25	25~50
纯铝	v_c/（m/min）	20~50			
	f/（mm/r）	0.03~0.2		0.06~0.5	0.15~0.8
铝合金（长切屑）	v_c/（m/min）	20~50			
	f/（mm/r）	0.02~0.25		0.1~0.6	0.2~1.0
铝合金（短切屑）	v_c/（m/min）	20~50			
	f/（mm/r）	0.03~0.1		0.05~0.15	0.08~0.36

（续）

工件材料	切削速度	钻头直径 d/mm			
		1~6	6~12	12~22	22~50
黄铜、青铜	v_c/（m/min）		60~90		
	f/（mm/r）		0.06~0.15	0.15~0.3	0.3~0.75
硬青铜	v_c/（m/min）		25~45		
	f/（mm/r）		0.05~0.15	0.12~0.25	0.25~0.5

附录 C 加工余量

表 C-1 外圆车削的加工余量　　　　　　　（单位：mm）

公称尺寸（直径 d）	直 径 余 量								直 径 公 差
	粗车		半精车				精　车		
			未经热处理		经热处理				精车余量公差
	≤200	>200~400	≤200	>200~400	≤200	>200~400	≤200	>200~400	
3<d≤6			0.5		0.8		0.3	0.35	-0.048~-0.075
6<d≤10	1.5	1.7	0.8	1.0	1.0	1.3	0.35	0.40	-0.058~-0.090
10<d≤18	1.5	1.7	1.0	1.3	1.3	1.5	0.40	0.40	-0.070~-0.110
18<d≤30	2.0	2.2	1.3	1.3	1.3	1.5	0.40	0.40	-0.084~-0.13
30<d≤50	2.0	2.2	1.4	1.5	1.5	1.5	0.40	0.40	-0.10~-0.16
50<d≤80	2.3	2.5	1.5	1.8	1.8	2.0	0.40	0.40	-0.12~-0.19
80<d≤120	2.5	2.8	1.5	1.8	1.8	2.0	0.45	0.50	-0.14~-0.22
120<d≤180	2.5	2.8	1.8	2.0	2.0	2.3	0.45	0.50	-0.16~-0.25

表 C-2 孔加工余量　　　　　　　（单位：mm）

公称尺寸 l	直径的余量					
	钻孔后			扩孔或粗镗孔后		半精铰后精铰
	扩孔	半精镗	精镗	粗铰	半精铰	
3<l≤6	—	—	—	—	0.15	0.05
6<l≤10	—	—	—	0.2	0.2	0.1
10<l≤18	0.8	0.5	0.3	0.2	0.2	0.1
18<l≤30	1.2	0.8	0.3	0.3	0.2	0.1
30<l≤50	1.5	1.0	0.4	—	—	—
50<l≤80	1.5	1.0	0.4	—	—	—
80<l≤120	2.0	1.3	0.5	—	—	—
120<l≤180	2.0	1.5	0.5	—	—	—

附录

表 C-3　铣平面的加工余量　　　　　　　　　（单位：mm）

零件厚度 m	荒铣后粗铣			粗铣后半精铣			半精铣后精铣		
	宽度≤150			宽度≤150			宽度≤150		
	加工表面不同长度的加工余量 n								
	≤100	100<n<250	250≤n≤400	≤100	100<n<250	250≤n≤400	≤100	100<n<250	250≤n≤400
3<m<30	1.0	1.2	1.5	0.5	0.6	0.6	0.15	0.2	0.2
30≤m≤50	1.0	1.5	1.5	0.5	0.7	0.7	0.2	0.2	0.2
m>50	1.2	1.7	2.0	0.7	0.7	0.8	0.2	0.2	0.3

附录 D　机械加工工艺定位与夹紧符号

表 D-1　定位符号

分　类		标注位置			
		独　立		联　动	
		标注在视图轮廓线上	标注在视图正面上	标注在视图轮廓线上	标注在视图正面上
主要定位点	固定式				
	活动式				
辅助定位点					

表 D-2　夹紧符号

分　类	标注位置			
	独　立		联　动	
	标注在视图轮廓线上	标注在视图正面上	标注在视图轮廓线上	标注在视图正面上
机械夹紧				
液压夹紧				
气动夹紧				
电磁夹紧				

表 D-3　定位、夹紧及装置符号综合标注示例

序号	说　明	定位、夹紧符号标注示意图	装置符号标注示意图
1	床头固定顶尖、床尾固定顶尖定位，拨杆夹紧		
2	床头固定顶尖、床尾浮动顶尖定位，拨杆夹紧		
3	床头内拨顶尖、床尾回转顶尖定位夹紧（轴类零件）	回转	
4	床头外拨顶尖、床尾回转顶尖定位夹紧（轴类零件）	回转	
5	弹簧夹头定位夹紧（套类零件）		
6	一端固定 V 形铁，工件平面垫铁定位，一端可调 V 形铁定位夹紧		可调

参考文献

[1] 陈洪涛. 数控加工工艺与编程 [M]. 北京：高等教育出版让，2003.

[2] 宋本基，张铭钧. 数控加工 [M]. 哈尔滨：哈尔滨工程大学出版社，2000.

[3] 杨伟群. 数控工艺培训教程（数控铣部分）[M]. 北京：清华大学出版社，2002.

[4] 程叔重. 数控加工工艺 [M]. 杭州：浙江大学出版社，2003.

[5] 兰建设. 机械制造工艺与夹具 [M]. 2版. 北京：机械工业出版社，2017.

[6] 蒋兆宏. 典型零件的数控加工工艺编制 [M]. 北京：高等教育出版让，2010.

[7] 杜可可. 机械制造技术基础课程设计指导 [M]. 北京：人民邮电出版社，2007.

[8] 王晓东，孙延娟. 数控加工工艺与刀具 [M]. 北京：高等教育出版社，2005.

[9] 唐应谦. 数控加工工艺学 [M]. 北京：中国劳动社会保障出版社，2000.

[10] 赵长明，刘万菊. 数控加工工艺及设备 [M]. 北京：高等教育出版社，2003.

[11] 宋放之. 数控机床多轴加工技术实用教程 [M]. 北京：清华大学出版社，2010.

[12] 何庆. 高速加工与数控编程 [M]. 北京：电子工业出版社，2009.